제3판

R을 활용한 탐색적 자료분석

허명회 지음

자유아카데미

머 리 말

이 책은 2000년에 펴낸 허명회·문승호의 《탐색적 자료 분석》의 R 버전이다. R의 장점을 살리고자 특히 이변량 및 다변량 자료의 탐색 부분을 대폭 보강하였고 동적 그래픽스 부분을 추가하였다. (R은 오픈 소스의 통계 소프트웨어/언어이다).

이 책의 주제인 탐색적 자료 분석 (EDA, exploratory data analysis)은 데이터의 특징과 내재하는 구조를 알아내기 위한 통계적 기법들의 통칭이다. EDA는 최근 관심인 데이터 마이닝(data mining)의 기초이기도 하다. (데이터 마이닝은 대규모 자료에 내재하는 의미 있는 패턴 및 관계, 경향 등을 찾아내는 일련의 자료 분석 과정이다.)

2012년 개정판을 내면서, 보자기 플롯(bag plot)과 변수 순서화를 위한 끝잇기(endlink) 알고리즘을 추가하였다. 이 책에는 여러 개의 R 그래프가 있는데, R 코드를 실행해보면 책에 나와 있는 것보다 훨씬 멋있게 나온다.

2024년 제3판을 내면서, 13장 군집화와 14장 나무모형을 추가하였다. 군집화에서는 개체 군집화와 변수 군집화를 모두 다루었는데 왜 이제까지 자료탐색에서 이 중요한 토픽들이 누락되어 있었을까 의아하다. 나무모형은 기계학습에서 초석이 되는 중요한 기법으로 일종의 탐색적 자료기법으로도 의미가 깊다. 기계적 EDA의 일종이기 때문이다.

부록으로, 2006년 고려대학교 학부 강의 중 만들었던 평가(시험) 문제와 4개의 과제를 붙였고 또한 리포트 예를 과제와 사례도 구분하여 넣었다. 리포트에서 격(格)·식(式)도 내용에 못지않게 중요하다.

통계학에 대한 최근 사회 인식의 급속한 호전은 그간 통계학계의 숨은 정성의 결실일 것이다. 사회의 점증하는 기대와 새로운 문제 해결에 지속적으로 부응해야 한다는 책임감을 느낀다.

2007년 1월, 2012년 1월, 2024년 1월

허 명 회 (stat420@korea.ac.kr)

차 례

1장. R 언어	1
2장. 탐색적 자료 분석이란?	37
3장. 줄기와 잎	51
4장. 수치요약과 상자그림, 여러 그룹의 비교	65
5장. 자료의 재표현	85
6장. 확률 플롯의 활용	105
7장. 2원 자료 · 빈도 표의 탐색	125
8장. 시계열 자료의 탐색	141
9장. 로버스트 선형회귀	161
10장. 이변량 자료 탐색	175
11장. 다변량 자료 탐색	193
12장. R의 동적 그래픽스	217
13장. 군집화	239
14장. 나무 모형	251
참고 및 관련 문헌	261
부록 A. 평가	263
부록 B. 과제	273
부록 C. 리포트 예	283
실습 파일	295
찾아보기	297

세부 차례

1장. R 언어 /1

2장. 탐색적 자료 분석이란? /37

2.1 EDA
2.2 네 가지 주제
2.3 그래프의 유용성
2.4 기본철학
2.5 성공사례
2.6 요약

3장. 줄기와 잎 /51

3.1 줄기-잎 그림
3.2 줄기 수 줄이기와 늘이기
3.3 히스토그램과의 비교
3.4 또 다른 사례
3.5 요약

4장. 수치요약과 상자그림, 여러 그룹의 비교 /65

4.1 다섯수치요약
4.2 분위수
4.3 전통적인 수치요약과의 비교
4.4 상자그림
4.5 특이점
4.6 여러 묶음 수치자료의 비교
4.7 요약

5장. 자료의 재표현 /85
5.1 멱승·로그·지수 변환에 의한 재표현
5.2 재표현의 목적
5.3 재표현의 활용사례
5.4 표준화 변환
5.5 요약

6장. 확률 플롯의 활용 /105
6.1 정규확률 플롯
6.2 각종 임의수의 모의생성 방법
6.3 정규확률 플롯의 여러 패턴
6.4 지수분포와 와이블 분포모부너의 확률 플롯
6.5 두 표본의 등화
6.6 요약

7장. 2원 자료·빈도 표의 탐색 /125
7.1 2원 자료 표의 분해
7.2 적합 모형의 검토
7.3 가구 소비지출 사례
7.4 2원 빈도 표 분석
7.5 요약

8장. 시계열 자료의 탐색 /141
8.1 시계열 평활이란?
8.2 평활방법
8.3 사례분석
8.4 계절형 시계열의 분해

8.5 자기상관과 다중 시계열

8.6 주가 사례: 임의보행

8.7 요약

9장. 로버스트 선형회귀 /161

9.1 최소제곱 추정 vs 대안적 방법

9.2 다중선형회귀

9.3 회귀모형의 대안적 추정 방법

9.4 요약

10장. 이변량 자료 탐색 /175

10.1 산점도와 흐트림

10.2 밀도 추정과 보자기 그림

10.3 조각별 선형회귀

10.4 산점도 평활기 LOWESS

10.5 요약

11장. 다변량 자료 탐색 /193

11.1 별 그림

11.2 산점도 행렬

11.3 조건부 플롯

11.4 평행좌표 플롯과 변수 순서화

11.5 차원축소에 의한 시각화: 주성분분석

11.6 비모수적 다중 회귀: LOESS

11.7 공간자료의 표현

11.8 요약

12장. R의 동적 그래픽스 /217

12.1 rgl

12.2 iplots

12.3* rggobi

12.4 나오며

13장. 군집화 /239

13.1 들어가기

13.2 k-평균 군집화

13.3 변수 군집화

13.4* 군집화 결과의 시각화

13.5 요약

14장. 나무 모형 /251

14.1 분류를 위한 나무 모형

14.2 회귀를 위한 나무 모형

14.3 요약

참고 및 관련 문헌 /261

부록 A. 평가 /263

부록 B. 과제 /273

부록 C. 리포트 예 /283

실습 파일 /295

찾아보기 /297

1장. R 언어

R의 소개

SAS, SPSS, Minitab, … 등은 대표적인 통계 소프트웨어이다. 어느 하나라도 잘 쓰기 위해서는 웬만큼은 공부를 해야 한다. 그래서 누구나 어느 하나에 익숙해지면 다른 것으로 바꾸려 하지 않는다.

R은 또 하나의 통계 소프트웨어이자 언어이다. 왜 새로 하나를 배우라고 하나?

첫째 이유는 R이 공짜(freeware)이기 때문이다. 요즘 웬만한 소프트웨어는 값이 노트북과 맞먹는다. 배보다 배꼽이 더 크다.

둘째 이유는 꽤 좋기 때문이다. SAS, SPSS, Minitab, … 등 상용 소프트웨어들은 철저하게 팩키지화 되어 있다. 팩키지 여행 상품과 같다. 사용자가 자유롭게 움직이기 어렵게 되어 있다. 반면 R은 팩키지일 뿐만 아니라 일종의 언어이다. 새롭게 표현할 수 있고 새로운 것을 개발할 수 있다.

셋째 이유는 전세계의 1급 연구자들이 개발한 각종 알고리즘들을 인터넷을 통하여 쉽게 획득하여 활용할 수 있다는 점이다. 이것은 R이 오픈소스(open source) 소프트웨어이기 때문에, 그리고 R이 통계 언어이기 때문에 가능하다.

R이 좋기만 한 것일까? 그렇게 좋다면 몇 10년간 통계 소프트웨어를 개발해온 빅3 회사들이 망하는 것은 시간문제이겠네... 아마도 그런 일은 없을 것이다.

SAS는 조금 다르지만 SPSS나 Minitab은 사용자 편의성을 극대화하여 거의 모든 것이 메뉴화 되어 있어 원하는 것을 메뉴에서 골라 콕콕 찍기만 하면 된다. 반면, R은 언어이다. 즉 말하고 듣고 쓰는 방법을 새로운 외국어를 학습하듯 배워야 한다. 그렇다고 겁먹지 말라. 진짜 외국어라도 많아야 100개 정도의 표현을 익히면 웬만한 소통엔 문제가 없다. Help로 도움을 받을 수 있다.

정확히 파악한 것은 아니지만 처리 가능한 자료 규모(scale)에 있어 제한이 있을 듯싶다. 그러나 학교 교실이나 연구실에서 몇 백 개 변수로 된 몇 백만 건의 자료를 분석하는 일은 매우 드물 것이므로 괜한 염려를 미리 할 필요는 없다.

소프트웨어가 처음엔 좋더라도 지속적으로 개량되지 않으면 도태되는 것은 시간 문제이다. R은 어떨까? 지금은 좋은데 앞으로도 그럴까? R의 핵심(core) 부분 개발은 코어 팀(core team)이 지속적으로 하고 있다. 이에 대하여는 R의 공식 홈페이지인

`http://www.r-project.org`

를 참조하라. 이 사이트의 CRAN에서 R의 소스코드(source code)와 세계 각지에서 개발한 라이브러리(library), 즉 모듈들의 모둠을 내려 받을 수 있다. 지금 당장 앞의 인터넷 사이트를 방문하여 최근 R의 소스 파일 `R-4.3.2 for Windows` (2023년 12월 현재)을 설치하고 실행해보라 (관리자 권한으로). 다음이 영문 GUI가 설치된 R의 초기화면이다).

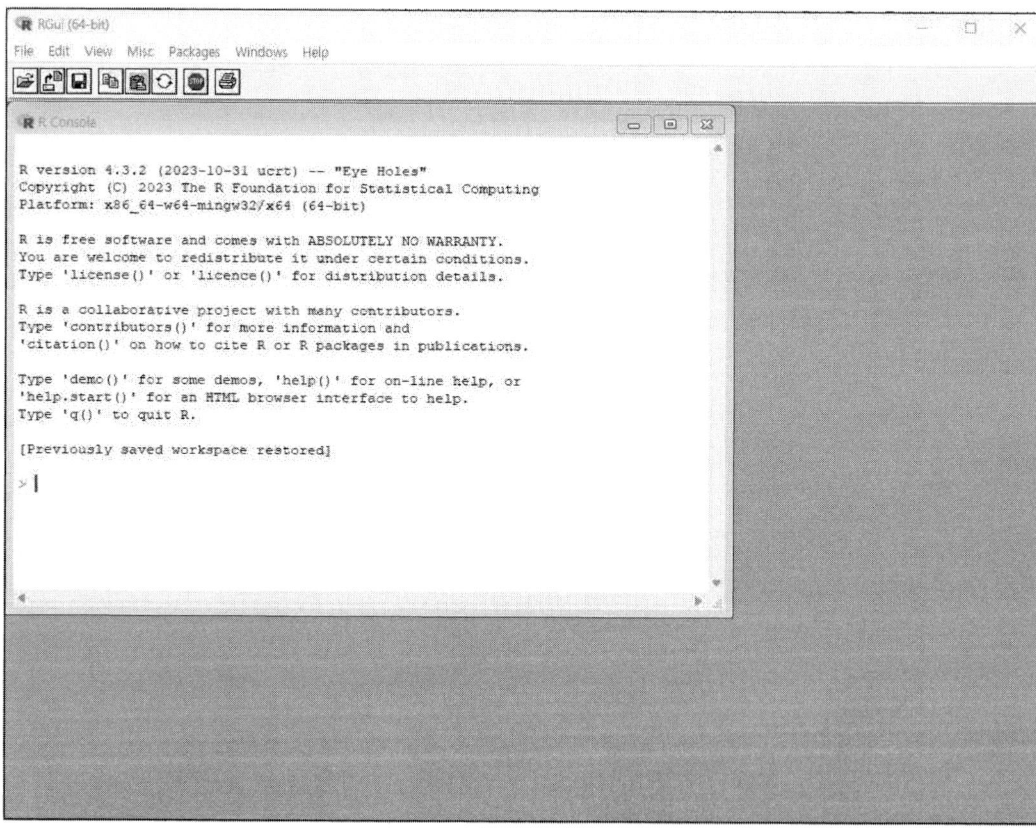

Tips: 설치도중에 다음과 같이 Help 스타일을 지정하는 것이 좋다.

- Startup options에서 customized startup
- Help Style에서 Plain text

GUI: R을 설치하여 실행하면 자동으로 GUI가 한글로 나오는데 아직은 한글 번역이 엉성하여 오히려 영문 GUI만 못하다. 편집(Edit) 메뉴에서 GUI preferences에 들어가서 언어(Language for menus and messages)를 'English'로 지정한 다음 R을 다시 실행하면 GUI가 영어로 바뀌게 된다.

아울러 DAAG라는 library를 내려 받아 설치해보기 바란다. DAAG는 Data Analysis and Graphics Using R의 저자들이 개발한 R의 라이브러리(팩키지)이다. R의 특정 라이브러리를 설치하려면, 1) R GUI의 Packages 메뉴에서 Install package(s)를 선택한 다음, 2) R의 국가별 자원공유 서버인 CRAN mirror를 Korea로 지정하고, 3) 알파벳 순서로 정렬된 팩키지 중에서 하나를 선택하여 실행시키면 된다.

텍스트 자료 읽기, 그리고 한 개의 자업

R에 들어가서 하는 첫 단계 작업은 자료 읽기이다. R이 여러 형태의 자료를 불러 올 수 있으나 여기서는 가장 단순한 텍스트 자료 읽기의 예를 들어 보겠다.

다음과 같은 형태의 "geyser299.txt"라는 자료가 F 드라이브의 R 디렉터리에 있다고 하자. 첫 줄에 변수 명이 들어 있는 경우이다.

```
waiting duration
80     4.02
71     2.15
57     4.00
 :
79     2.00
```

- R에 들어가 File 메뉴를 선택한다. File 메뉴에선 Change dir...를 선택한다. <그림 1>의 화면을 보라.
- Change directory 대화상자에 들어가 데이터 파일이 있는 디렉터리를 지정한다. <그림 2>를 보라.
- R Console 화면에서 다음과 같이 명령문을 입력한다 ('>'은 타이핑하지 않는다). <그림 3>을 보라.

<그림 1> R의 File 메뉴

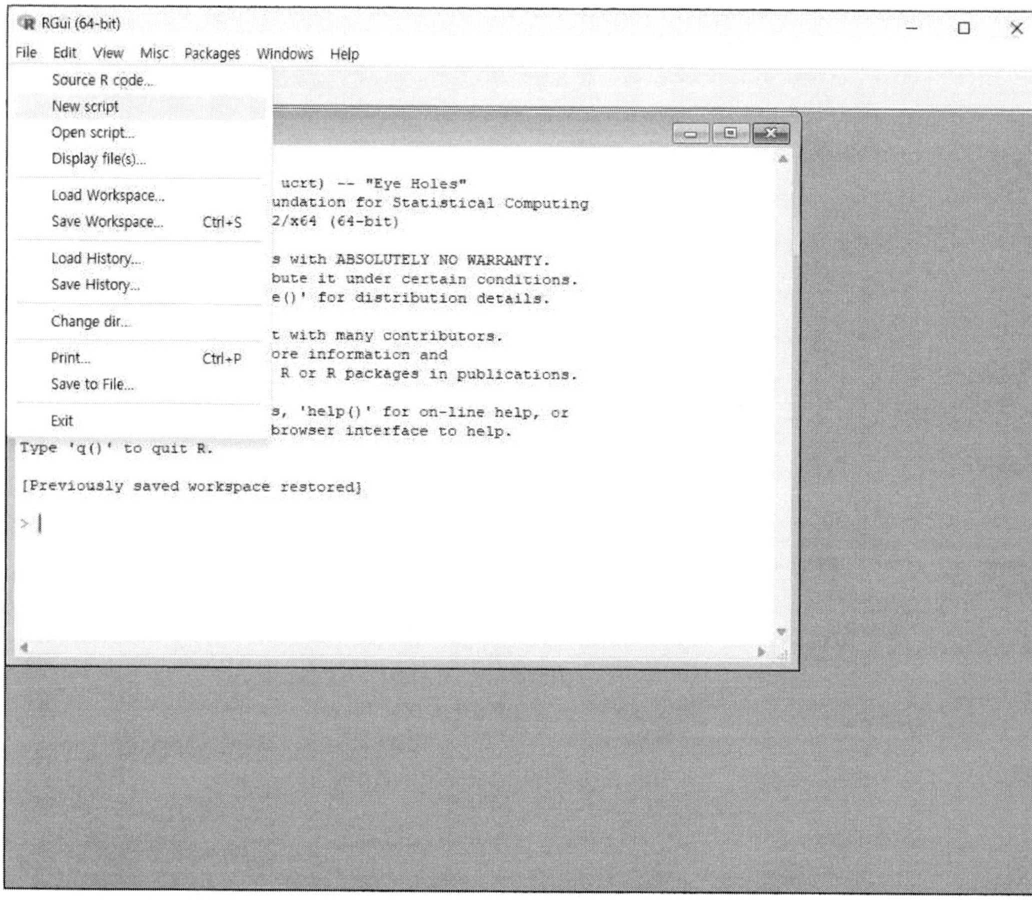

<그림 2> Change directory 대화상자

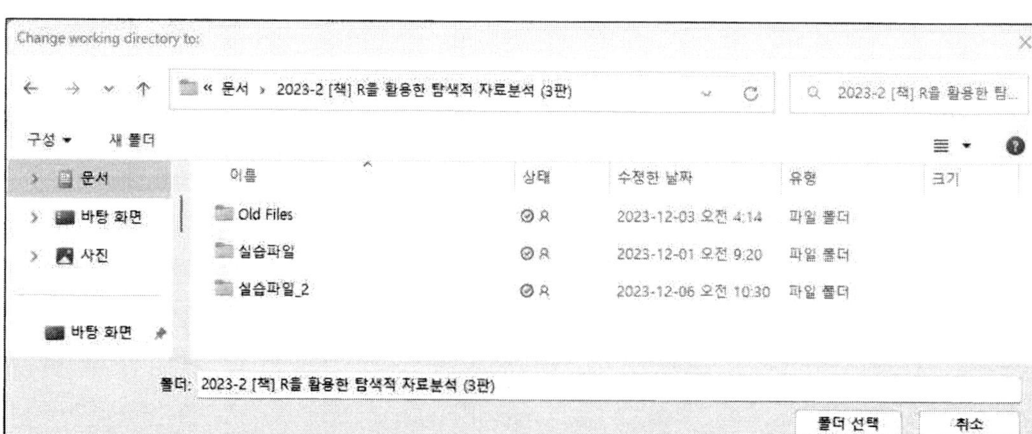

<그림 3> R Console 화면에서의 첫 명령문 입력

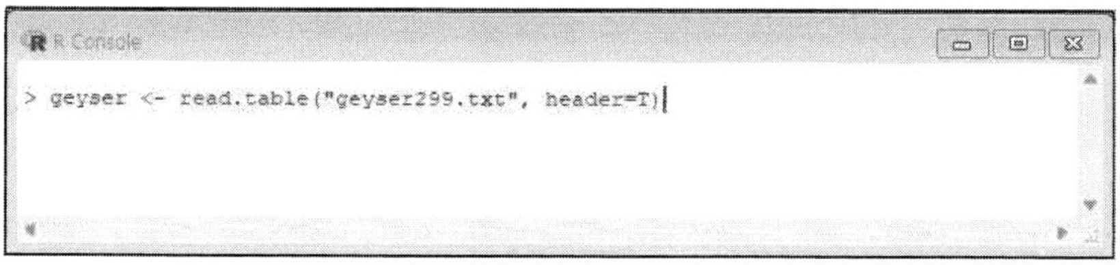


```
> geyser <- read.table("geyser299.txt", header=T)
```

그리고 엔터를 친다 (여기서 read.table은 테이블 형태의 텍스트 파일을 읽기 위한 함수이고 header=T는 파일의 첫 줄에 변수명이 있다는 뜻이다). 이어서

```
> geyser
```

를 타이핑하고 다시 엔터를 친다 (여기서 geyser는 R이 방금 읽은 데이터 세트를 지칭하는 이름이다). 다음 출력이 R Console에 나타날 것이다.

```
     waiting duration
1        80     4.02
2        71     2.15
3        57     4.00
:
299      79     2.00
```

모두 299개 레코드로 되어 있고 1개 레코드 당 2개 변수, waiting과 duration이 있는 자료임을 볼 수 있다. 이 자료는 미국 Yellowstone 국립공원의 Old Faithful이라는 간헐온천에서 열수분출 대기시간(waiting)과 지속시간(duration)을 분(min) 단위로 기록한 것이다.[1]

앞에서 geyser와 같이 데이터 세트 이름을 치면 데이터를 볼 수 있게 된다. 그러나 데이터를 이해하기 위하여 데이터 전체를 볼 필요가 있는 것은 아니다. 이런 경우 R Console에

```
> geyser[1:5,]
```

를 넣는다. 그리고 엔터 (앞으론 생략) 그러면 다음과 같이 데이터 세트 geyser의 첫 다섯 줄만 나타난다.

---

1) 간헐온천 Old Faithful에 대하여 더 알고 싶으면 다음 사이트를 참조하라.
https://en.wikipedia.org/wiki/Old_Faithful

```
  waiting duration
1      80     4.02
2      71     2.15
3      57     4.00
4      80     4.00
5      75     4.00
```

이제 변수 waiting에 대한 히스토그램을 만들고자 다음 명령문을 R Console에 넣어보자 (아래에서 'geyser$waiting'은 데이터 프레임 geyser에 속한 변수 waiting을 지칭한다.)

```
> hist(geyser$waiting)
```

R Graphics 창이 새로 만들어지면서 <그림 4>의 그래프가 나타날 것이다.

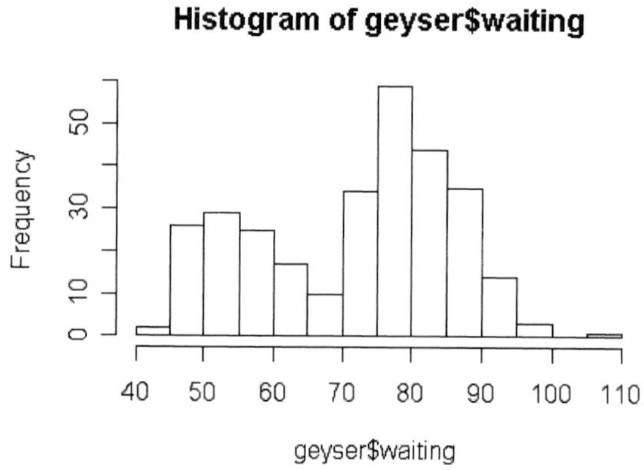

<그림 4> 히스토그램

그냥

```
> hist(waiting)
```

이라고 하면 안 될까? 시도해보기 바란다. 다음 메시지가 뜰 것이다.

```
Error in hist(waiting) : Object "waiting" not found
```

안 된다. 이것이 안 되는 이유를 잠시 후에 R의 방식으로 설명하게 될 것이다. 우리의 첫 작업을 일단 여기서 마치자. R Console에서

```
> quit()
```

를 타이핑하여 R을 종료한다.

R 함수, 데이터 프레임, 오브젝트

앞에서 몇 개의 R 함수를 쓴 바 있는데 각 함수의 사용법을 정확히 알아보기 위해서는 help()를 활용한다. 예컨대 read.table의 용법을 보기 위해선

```
> help(read.table)
```

을 넣는다. 그 결과로 <그림 5>와 같은 R Help 창이 만들어지면서 질의 항목에 대한 description, usage, arguments, details, value, note, references, see also 등이 나타난다. 그러나 이런 매뉴얼 식의 설명으로 모르던 함수를 정확히 구사하기는 쉽지 않다. 따라서 현실적으로는 비슷한 예를 모방하여 사용하게 된다.

<그림 5> R Help 창

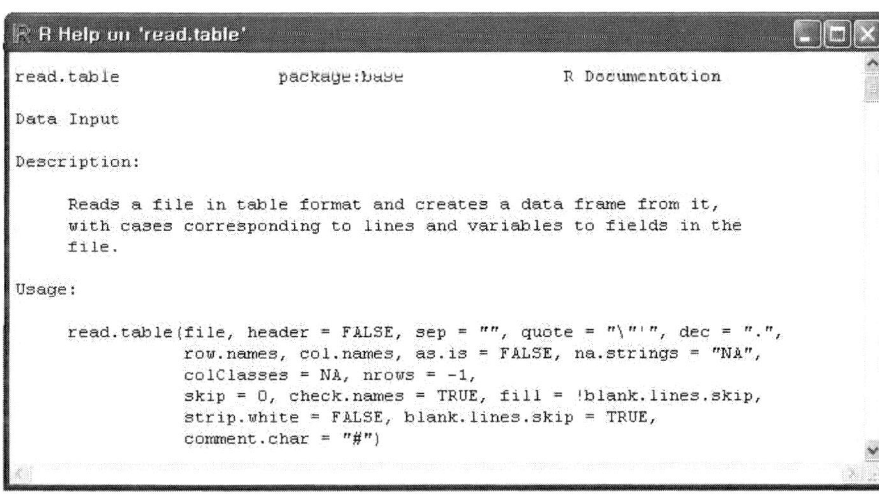

우리는 앞에서 "geyser299.txt"에서 자료를 불러들인 후 그것을 geyser에 넣었던 일이 있었는데 여기서 geyser는 데이터 프레임이라고 하는 1개의 오브젝트이다. 그러면 데이터 프레임(data frame)은 무엇이고 오브젝트(object, 객체)는 또 무엇인가?

데이터 프레임은 데이터 세트와 함께 이 데이터 세트에 대한 메타 정보로서 변수 이름, 변수나 레코드에 대한 레이블(label) 등을 포함하는 구조체(structure)이다. 데이터 프레임의 구조를 보기 위해선 str() 함수를 사용한다. 예컨대

```
> str(geyser)
```

를 수행하면 다음과 같이 geyser에 대한 메타 정보가 나타난다.

```
'data.frame':   299 obs. of  2 variables:
 $ waiting : int  80 71 57 80 75 77 60 86 77 56 ...
 $ duration: num  4.02 2.15 4 4 4 2 4.38 4.28 2.03 4.83 ...
```

오브젝트(object)는 현대 컴퓨터 과학에서 사용되는 다소 추상적인 개념으로 데이터 프레임 뿐만 아니라 함수, 산출 모형 등 독자적인 "것"을 말한다. 현재 R 작업 오브젝트에 어떤 것이 있는가를 보기 위해서는 `ls()` 함수를 쓴다. 예컨대 <그림 3>에서 `read.table()`의 다음 줄에

```
> ls()
```

를 넣으면 다음과 같은 출력이 나온다.

```
[1] "geyser"
```

`waiting`과 `duration`은 `geyser`에 붙어 있는 변수들이다. 이들 변수들은 데이터 프레임에 붙어 있어야 R이 인식해낸다. 예컨대 `geyser$waiting`, `geyser$duration`과 같은 식이다. 그러나 변수를 언급할 때 매번 소속된 데이터 프레임을 앞머리에 넣는다는 것은 번거로운 일이다. 이런 수고를 아끼기 위하여 `attach()` 함수를 사용한다. 즉,

```
> attach(geyser)
```

이어서

```
> hist(waiting)
```

을 하면 변수 `geyser$waiting`에 대한 히스토그램이 나온다.

`attach()`가 붙이는 함수라면 `detach()`는 떼는 함수이다.

```
> detach(geyser)
```

이어서

```
> hist(waiting)
```

을 하면 에러 메시지가 뜬다. 이제부터는

```
> hist(geyser$waiting)
```

을 해야 히스토그램이 나온다.

R 편집기(Editor)

R 작업은 quit()을 함으로써 모두 없어진다. 이를 피하기 위한 한 방법은 명령문을 R 편집기에서 만들고 이것을 복사하여 R Console 작업 창에 옮겨 수행하는 것이다. 이를 위해서 R Gui의 File 메뉴에서

▶ New script

으로 <그림 6>과 같은 R Editor 윈도우를 만든 뒤 명령문(script) 모음을 만들고 나서 실행할 부분을 블록으로 지정한 뒤 오른 쪽 마우스를 클릭하여 Run line or selection을 실행시키면 된다.

<그림 6> R Editor 윈도우

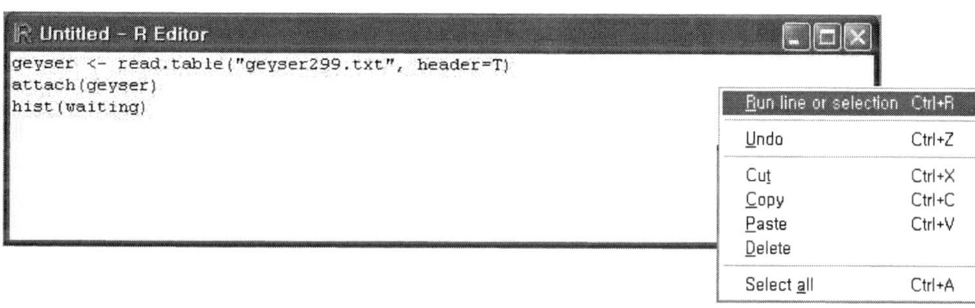

명령문(script) 파일을 저장해 둘 필요가 있다면 R Gui의 파일 메뉴에서 Save (Ctrl + S)한다. 확장자는 .R로 하는 것이 좋다. 예컨대 앞의 명령문 파일을 "geyser1.R"로 저장하면 후에 이 파일을 열어 활용할 수 있다. R 명령문(script) 파일을 열기 위해서는 R Gui의 File 메뉴에서

▶ Open script

를 실행한다.

변수와 변수 값, 벡터, 행렬, 그리고 배열

R은 변수를 그것이 취하는 값에 따라 수치형(numeric)과 문자형(character)로 나눈다. 예를 들어 R Console의 새 창에서

```
> x <- 2
> a <- "low"
```

를 넣으면, x는 2라는 값을 갖는 수치형 변수이고 a는 “low”라는 값을 갖는 문자형 변수가 된다. R은 소문자와 대문자를 구별한다. 따라서 x와 X는 다른 변수이다. a와 A도 다른 변수이다.

변수는 1개의 값이 아니라 일련의 값을 순서대로 가질 수도 있다. 예컨대

```
> x <- c(2, 2, 4)
> a <- c("low", "high", "high")
```

를 넣는다고 하자. 여기서 함수 c()는 여러 값을 결합하는(combine) 기능을 갖는다. 그러면 x는 2와 2와 4를 값으로 갖는 수치형 벡터(vector)가 되고 a는 "low", "high", "high"라는 값을 갖는 문자형 벡터가 된다. 물론 x와 a도 타당한 객체(object) 중 하나이다. 객체를 리스트 하도록 다음과 같이 R에 지시해보자.

```
>  ls()
```

이에 대하여 R은 다음과 같이 반응할 것이다.

```
[1] "a" "x"
```

그러면 R은 a와 x를 무엇으로 알고 있는가? str() 함수로써 객체의 속성(attribute)을 알 수 있다. R은

```
> str(x)
```

에 대하여

```
num [1:3] 2 2 4
```

로 응답하고 ('num'은 numeric을 의미)

```
> str(a)
```

에 대하여는

```
chr [1:3] "low" "high" "high"
```

로 응답할 것이다 ('chr'은 character를 의미).

length()는 벡터의 길이를 구하는 함수이다.

```
> length(x)
[1] 3
```

이제 행렬(matrix)을 만드는 방법을 보도록 하겠다. y를 x와 같이 3개 값을 갖는 수치형 변수라고 하자. 예컨대

```
> y <- c(1.2, 3.0, 4.8)
```

로 넣고

```
> M <- matrix(c(x, y), ncol=2)
> M
```

를 주문하면 R은 다음과 같이 반응한다.

```
     [,1] [,2]
[1,]    2  1.2
[2,]    2  3.0
[3,]    4  4.8
```

만약

```
> M1 <- matrix(c(x, y), nrow=2, byrow=T)
> M1
```

에 대하여는

```
     [,1] [,2] [,3]
[1,]  2.0    2  4.0
[2,]  1.2    3  4.8
```

로 응답한다. 즉 행의 수가 2인 행렬 M1에 행 방향으로 자료 값을 넣은 것이다. R에서 행렬의 열들은 모든 같은 유형의 벡터여야 한다. 따라서 다음과 같이 R에 주문하면 기대와는 다른 결과가 나온다 (어떤 결과가 나오는가?).

```
> matrix(c(x, a), ncol=2)
> matrix(c(x, a), nrow=2, byrow=T)
```

따라서 다른 유형의 벡터를 결합할 필요가 있는 경우엔 `matrix()` 대신 `list()`를 활용한다. 즉

```
> L <- list(kor = x, math = y, grade = a)
> L
```

에 대하여 R은

```
$kor
[1] 2 2 4
$math
[1] 1.2 3.0 4.8
$grade
```

```
[1] "low"  "high" "high"
```

로 반응한다. 즉, L은 3개의 벡터(변수)를 갖는 리스트이다.

cbind()와 rbind()는 열과 열, 행과 행을 결합하여 행렬을 만드는 다른 한 방법이다.

```
> M2 <- cbind(x, y)
> M2
```

의 결과는

```
     x   y
[1,] 2 1.2
[2,] 2 3.0
[3,] 4 4.8
```

이고

```
> M3 <- rbind(x, y)
> M3
```

의 결과는

```
  [,1] [,2] [,3]
x  2.0    2  4.0
y  1.2    3  4.8
```

이다.

nrow()와 ncol()은 행렬의 행 수와 열 수를 구하는 함수이다. 예컨대

```
> nrow(M2)
[1] 3
> ncol(M2)
[1] 2
```

자동으로 벡터를 만드는 방법을 설명하기로 한다. 1, 2, 3, …. 10까지의 값을 갖는 벡터는 c() 함수를 사용하여

```
> c(1, 2, 3, 4, 5, 6, 7, 8, 9, 10)
```

으로 만들 수 있지만 간략히

```
> 1: 10
```

으로도 된다. 또는 seq() 함수를 사용하여

```
> seq(1, 10, 1)
```

로 할 수도 있다. seq() 함수는 k1에서 시작하여 k2까지 k3의 간격으로 값을 만들어 내는데, 예컨대

```
> seq(0.1, 1.2, 0.11)
```

은

```
[1] 0.10 0.21 0.32 0.43 0.54 0.65 0.76 0.87 0.98 1.09 1.20
```

이 된다.

같은 값을 반복하여 벡터를 만들 필요가 있는 경우 rep() 함수를 사용한다. 예컨대 1, 1, 1, …. 1 (모두 10번)을 값으로 하는 벡터를 만들려면

```
> rep(1, 10)
```

을 넣는다.

벡터의 특정 요소를 지칭하기 위한 인덱싱(indexing)은 대괄호로 한다. 예컨대

```
> y <- c(1.2, 3.0, 4.8)
```

의 2번째 요소, 2번째와 3번째 요소는 각각

```
> y[2]
> y[2:3]
```

로 지칭된다. 또는

```
> y[c(2,3)]
```

로도 y의 2번째와 3번째 요소를 지칭할 수 있다. 따라서

```
> y[c(1,3)]
```

로 y의 1번째와 3번째 요소를 지칭할 수 있다.

행렬의 특정 요소를 지칭하기 위한 인데싱도 대괄호로 한다. 예컨대 3x2 행렬

```
> M1 <- cbind(c(2, 2, 3), c(1.2, 3.0, 4.8))
```

의 (3, 2)번째 요소는

```
> M1[3,2]
```

이다 (=4.8). 행렬 M1의 2번째 열과 3번째 행은 각각 다음으로 지칭된다.

```
> M1[,2]
> M1[3,]
```

배열(array)은 행렬과 행렬을 쌓아 만들어진다. 앞의 행렬 M에

```
> M2 <- cbind(c(1, 2, 3), c(4.2, 2.1, 1.9))
```

를 쌓아 3x2x2 배열을 만들려면 R에

```
> A <- array(c(M1, M2), c(3,2,2))
```

를 주문한다. 그 결과는

```
, , 1
     [,1] [,2]
[1,]    2  1.2
[2,]    2  3.0
[3,]    3  4.8

, , 2
     [,1] [,2]
[1,]    1  4.2
[2,]    2  2.1
[3,]    3  1.9
```

이다. 배열 A의 (3,2,2) 번째 요소는

```
> A[3,2,2]
```

이다 (= 1.9). A는 3차원 배열이다. 배열은 4차원, 5차원 등으로 확장 가능하다.

연산과 논리

사칙연산과 멱승(power)은 각각 '+, -, *, /' 와 '^'로 표기 된다. 예컨대

```
> x <- c(2, 2, 3)
> x^3 + 1
```

에 대하여 R은

```
[1]  9  9 28
```

로 응답한다. 같은 길이의 다른 한 벡터를 y라고 하자. x와 y 사이의 '*, /'은 요소별(elementwise) 연산으로 정의된다. 즉

```
> y <- c(1.2, 3.0, 4.8)
> x * y
[1]  2.4  6.0 14.4
> x / y
[1] 1.6666667 0.6666667 0.6250000
```

round()는 반올림에 사용되는 함수이다. 예컨대

```
> round(x / y, 2)
[1] 1.67 0.67 0.62
```

이다 (0.625를 소수점 2자리로 반올림 표현하면 0.63이 옳다).2)

행렬과 관계된 연산 표현은 다소 복잡하다. 행렬 M을

```
> M <- cbind(x, y)
> M
     x   y
[1,] 2 1.2
[2,] 2 3.0
[3,] 3 4.8
```

라고 할 때, M의 전치(轉置, transpose)는

```
> t(M)
  [,1] [,2] [,3]
x  2.0    2  3.0
y  1.2    3  4.8
```

이다.

행렬과 행렬의 곱은 '%*%'로 표기 된다. 즉

```
> M1 <- t(M) %*% M
> M1
     x     y
x 17.0 22.80
y 22.8 33.48
```

이다. 다시 강조하지만 2개의 연산 '*'과 '%*%'는 다르다.

```
> b <- c(1,2)
> M1 * b
     x     y
x 17.0 22.80
y 45.6 66.96
```

이지만

---

2) 다음을 해보자. 흥미로운 결과를 볼 수 있을 것이다. (왜 이럴까?)

```
> x <- seq(0, 9.9, 0.1) + 0.025
> matrix(round(x, 2), ncol=10, byrow=T)
```

```
> M1 %*% b
   [,1]
x 62.60
y 89.76
```

이다.

역행렬은 solve() 함수를 사용하여 구한다.

```
> solve(M1)
           x          y
x  0.6788321 -0.4622871
y -0.4622871  0.3446878

> solve(M1) %*% M1
  x y
x 1 0
y 0 1
```

이 된다.

대칭행렬에 대한 고유값과 고유벡터는 eigen() 함수를 사용하여 구한다.

```
> E <- eigen(M1, symmetric=T)
> E
$values
[1] 49.4833001  0.9966999
$vectors
          [,1]       [,2]
[1,] 0.5745051  0.8185010
[2,] 0.8185010 -0.5745051

> E$vectors %*% diag(E$values) %*% t(E$vectors)
     [,1]  [,2]
[1,] 17.0 22.80
[2,] 22.8 33.48
```

이 된다 (즉, 원래의 행렬 M1으로 복귀한다). 위에서 diag()는 대각행렬을 만드는 함수이다.

논리 연산

변수에는 문자형(character)과 수치형(numeric) 외에 논리형(logical)이 있다.

```
> g <- c(T,F,T,T)
> g
[1]  TRUE FALSE  TRUE  TRUE
```

와 같이 직접 입력될 수 있고 다음에서와 같이 다른 변수로부터 파생될 수도 있다.

```
> f <- c(1.2, 2.0, 3.1, 4.9)
> f > 3.14
[1] FALSE FALSE FALSE  TRUE
```

as.numeric()은 TRUE-FALSE를 1-0으로 바꾸는 함수이다.

```
> as.numeric(f > 3.14)
[1] 0 0 0 1
```

자료의 subset을 만드는 데 논리 연산을 이용할 수도 있다.

```
> f1 <- f[ f > 3.14 ]
> f1
[1] 4.9
```

논리 연산자(logical operators)로는 <, <=, >, >=, == (equal), != (not equal) 등이 있다.

C1과 C2를 논리 값이라고 할 때, C1 & C2는 'and'를 의미하고 C1 | C2는 'or'를 의미한다. 따라서

```
> C1 <- c(T, T, F, F)
> C2 <- c(T, F, T, F)
> C1 & C2
[1]  TRUE FALSE FALSE FALSE
> C1 | C2
[1]  TRUE  TRUE  TRUE FALSE
> ! C1
[1] FALSE FALSE  TRUE  TRUE
> ! C2
[1] FALSE  TRUE FALSE  TRUE
```

결측값(missing value)

R에서 결측값은 NA (not available)로 표기된다. 수치가 아닌 것을 뜻하는 NaN (not a number)도 결측값과 같이 취급된다.

```
> x <- c(2, 2, 3, NA)
> mean(x)
[1] NA
```

결측값을 포함하는 자료의 평균을 구하려면 NA를 제거(remove)하는 특별한 키워드 na.rm을 써야 한다.

```
> mean(x, na.rm = T)
[1] 2.333333
```

0 나누기 0, 1 나누기 0에 대하여 R은 다음과 같이 반응한다. Inf는 무한대(∞)를 뜻한다.

```
> 0 / 0
[1] NaN
> 1 / 0
[1] Inf
```

다음을 해보기 바란다.

```
> 10^seq(100,1000,100)
```

요인(factors)

요인은 범주형 변수를 말한다. 예컨대 한 변수가 취하는 범주를 1, 2, 3 등으로 코딩하는 경우 외형상으로 그 변수가 수치형으로 간주된다. 이것을 바로 잡기 위하여 factor() 함수를 사용하고 수준(levels)을 선언한다. 예컨대

```
> species <- c(1, 3, 2, 3)
```

이라고 하자. 이 때 species는 수치형 변수로 간주된다. 이것을 요인으로 바꾸려면

```
> species.f <- factor(species, levels = 1:3)
> levels(species.f) <- c("setosa","versicolor","virginica")
```

와 같이 한다. table()은 요인의 수준별 빈도를 구하는 데 활용되는 함수이다.

```
> table(species.f)
species.f
    setosa versicolor  virginica
         1          1          2
```

특별히 순서 범주형임을 나타내야 할 경우엔 factor() 함수 대신 ordered() 함수를 사용한다.

자료 변환과 데이터 부분세트

자료분석에서 자료를 변환하여 변수를 추가하는 일은 매우 빈번하게 일어난다. 다음과 같이 데이터 리스트 d2가 만들어졌다고 하자.

```
> x <- c(45, 32, 34, 28, 80)
> y <- c(23, 37, 12, 76, 65)
> d2 <- list(kor = x, eng = y)
```

x와 y를 더하여 tot라는 변수를 만들고 d2에 이 변수를 추가하여 d2a라는 리스트를 만들어보자.

```
> d2a <- transform(d2, tot = kor + eng)
> d2a
  kor eng tot
1  45  23  68
2  32  37  69
3  34  12  46
4  28  76 104
5  80  65 145
```

다음 리스트 d3는 tot > 100인 레코드만 남긴 d2a의 부분 세트(subset)이다.

```
> d3 <- subset(d2a, tot > 100)
> d3
  kor eng tot
4  28  76 104
5  80  65 145
```

순서정렬과 순위

단순한 순서정렬을 위해서는 sort() 함수를 사용한다. 예컨대

```
> x <- c(12, 6, 4, 7, 8)
> sort(x)
[1]  4  6  7  8 12
```

가 된다. 한 변수를 기준으로 다른 변수를 정렬해야 하는 경우엔 order() 함수가 좋다. 이 함수는 첫 번째에 와야 할 요소의 위치, 두 번째에 와야 할 요소의 위치, …, 마지막에 와야 할 요소의 위치를 알려준다. 예컨대

```
> order.x <- order(x)
> order.x
[1] 3 2 4 5 1
```

이다. 따라서

```
> x[order.x]
[1]  4  6  7  8 12
```

가 된다. 같은 길이의 벡터 y를 x의 순서에 따라 정렬하려면

```
> y <- c(34, 26, 14, 57, 92)
> y[order.x]
[1] 14 26 57 92 34
```

를 한다. 순위를 구하기 위해서는 rank() 함수를 사용한다. 예컨대

```
> rank(x)
[1] 5 2 1 3 4
```

자료값에 등순위(tied ranks)가 있는 경우 rank() 함수는 디폴트로서 평균 순위를 제공한다. 이 경우 순위 값이 소수점을 취할 수 있다. 이것을 피하기 위해서는 등순위를 처리하는 방식을 지정하여야 하는데 먼저 나온 것에 우선 순위를 주거나 임의 순위를 주는 방법 등이 있다. 예컨대

```
> x1 <- c(12, 12, 4, 7, 8)
> rank(x1)
[1] 4.5 4.5 1.0 2.0 3.0
> rank(x1, ties.method = c("first"))
[1] 4 5 1 2 3
> rank(x1, ties.method = c("random"))
```

```
[1] 5 4 1 2 3
> rank(x1, ties.method = c("random"))
[1] 4 5 1 2 3
```

apply 류

데이터 리스트의 행 또는 열에 통계 함수를 적용함으로써 편리하게 각종 통계를 구할 수 있다. 다시 맨 처음의 geyser 자료로 돌아가자.

```
> geyser <- read.table("geyser299.txt", header=T)
> apply(geyser, 2, median)
waiting duration
   76        4
```

이다. apply() 함수에서 2번째 인수가 1이면 행(row)을 뜻하고 2이면 열(column)을 뜻한다. 예컨대

```
> hist(apply(geyser, 1, sum))
> summary(apply(geyser, 1, sum))
```

는 geyser의 각 행에 2개 변수(waiting, duration) 값들을 더하여 sum을 변수로 만들어 그것의 히스토그램을 만들고 자료 요약을 구해 보기로 한다. 히스토그램은 다음과 같다.

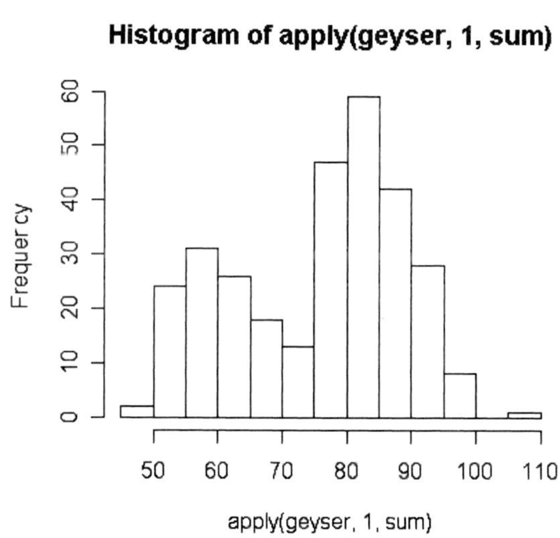

간헐온천의 대기시간과 분출시간의 합 sum에 대한 기술통계는 다음과 같다. 최소값은 10분 정도이고 최대값은 100분에 가깝다.

```
  Min. 1st Qu.  Median    Mean 3rd Qu.    Max.
 47.33   63.23   79.03   75.78   85.88  110.00
```

apply의 결과를 리스트로 남기기 위해서는 lapply() 함수를 사용한다.

```
> la <- lapply(geyser, median)
> la
$waiting
[1] 76
$duration
[1] 4
```

이와 달리

```
> a <- apply(geyser, 2, median)
> a
 waiting duration
      76        4
```

가 된다. 즉 la는 리스트이지만 a는 벡터이다.

루프(loop)

루프(loop)에서 기본이 되는 문은 for이다. 다음은 첫 2개의 초기값이 각각 1, 1인 피보나치(Fibonacci) 수열을 만들어 100을 넘어가지 않는 값까지 출력한 예이다.

```
> a <- rep(1, 20)
> for (i in 3: 20) a[i] <- a[i-1] + a[i-2]
> a [a < 100]
[1]  1  1  2  3  5  8 13 21 34 55 89
```

반복 수행할 작업이 2개 이상인 경우 실행 문을 중괄호로 묶어 넣는다.

```
> a <- rep(1, 20)
> b <- rep(1, 20)
> for (i in 3: 20)
+ {
+ a[i] <- a[i-1] + a[i-2]
```

```
+ b[i] <- b[i-1] + (-1)^(i-1) * b[i-2]
+ }
> a[a < 100]
[1]  1  1  2  3  5  8 13 21 34 55 89
> b[b < 100]
[1]  1  1  2  1  3  2  5  3  8  5 13  8 21 13 34 21 55 34 89 55
```

임의 수 생성(random number generation)

균일분포(uniform distribution)로부터 임의 수를 생성시키기 위해 필요한 함수는 `runif()`이다. 그 용법은

```
runif(n, min, max)
```

이다. 여기서 n은 생성시킬 임의 수의 개수, min은 균일분포의 최소경계, max는 균일분포의 최대경계이다. min = 0, max = 1인 경우엔 생략 가능하다. 즉

```
> x <- runif(400, -1, 1)
> hist(x)
```

로 다음 그래프를 얻는다.

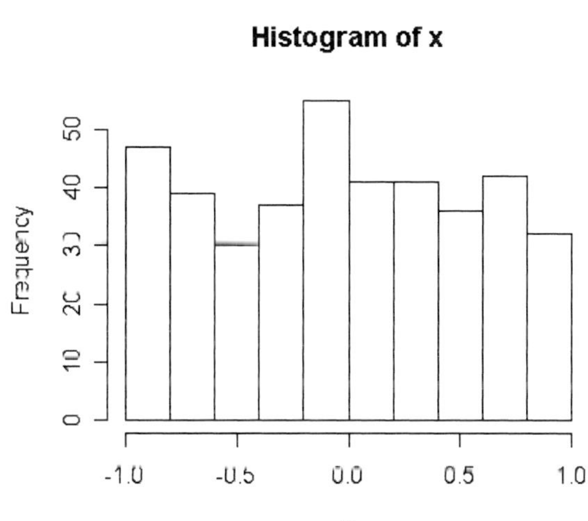

정규분포(normal distribution)로부터 임의 수를 생성시키기 위해서 필요한 함수는 `rnorm()`이다. 용법은

```
rnorm(n, mean, sd)
```

이다. 여기서 n은 생성시킬 임의 수의 개수, mean은 모분포의 평균, sd는 모분포의 표준편차이다. mean = 0, sd = 1인 경우엔 생략 가능하다.

```
> hist(x)
> x <- rnorm(400)
```

로 다음 그래프를 얻는다.

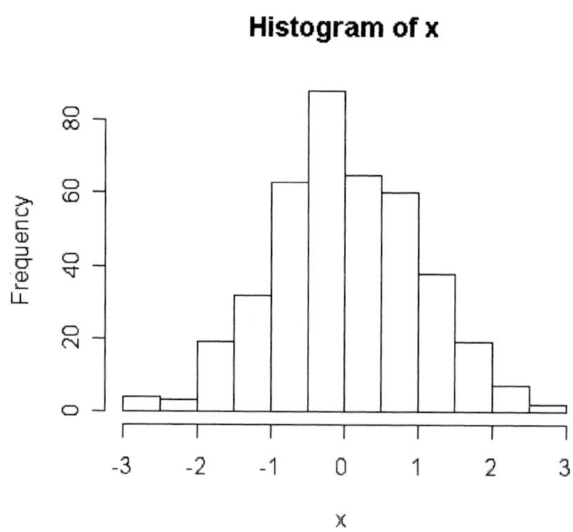

이항분포(binomial distribution)로부터 임의 수를 생성시키기 위해 필요한 함수는 rbinom()이다. 용법은

```
rbinom(n, size, prob)
```

이다. 다음은 크기 10, 확률 0.5의 이항분포로부터 1000개의 임의 관측을 생성시킨 예이다.

```
> z <- rbinom(1000, 10, 0.5)
> table(z)
z
  0   1   2   3   4   5   6   7   8   9
  1   6  48 100 183 266 225 112  49  10
```

포아송 분포(Poisson distribution)로부터 임의 수를 생성시키기 위해 필요한 함수는 rpois()이다. 용법은

```
rpois(n, lambda)
```

이다. 여기서 n은 생성시킬 임의 수의 개수이고 lambda는 포아송 분포의 평균이다.

```
> z <- rpois(1000,5)
> table(z)
z
  0   1   2   3   4   5   6   7   8   9  10  11  12  13
  3  38  93 141 179 174 141 118  53  32  21   3   3   1
```

R 그래픽스(graphics): 산점도

그래픽스는 R의 최대 강점으로 꼽힌다. 그 만큼 무궁무진하여 고급수준의 그래픽스를 구사할 수 있다. 처음부터 너무 욕심을 내지 말고 단순한 그래프를 만드는 경험을 쌓다보면 치츰 실력이 향상될 것이다.

다시 처음으로 돌아가 geyser 자료에서 두 변수 waiting과 duration을 산점도 형태로 플롯해 보자. 앞으로 R Editor에서 명령문을 작성하여 수행하는 경우에는 R Console 커서인 '>'을 넣지 않을 것이다.

```
geyser <- read.table("geyser299.txt", header=T)
attach(geyser)
plot(duration ~ waiting)
```

다음 그래프를 얻는다.

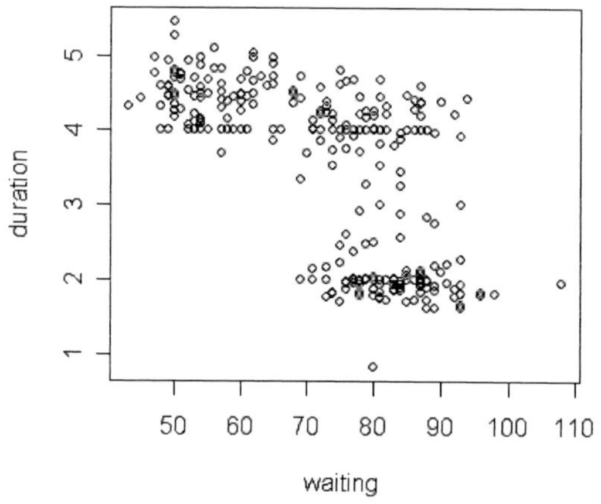

x 축과 y 축의 범위가 다소 덜 균형 잡혀 있다. x 축의 범위를 40에서 110까지로, y 축의 범위를 1에서 6까지로 조정하고 각 축의 레이블도 다소 바꾸고 "Geyser"를 그래프 전체 제목으로 달아보자.

```
plot(duration ~ waiting, xlim=c(40,110), ylim = c(1,6),
    xlab = "waiting time (min)", ylab = "duration (min)",
    main = "Geyser")
```

산점도가 다음과 같이 나타난다. 모양이 다소 낫지 않은가?

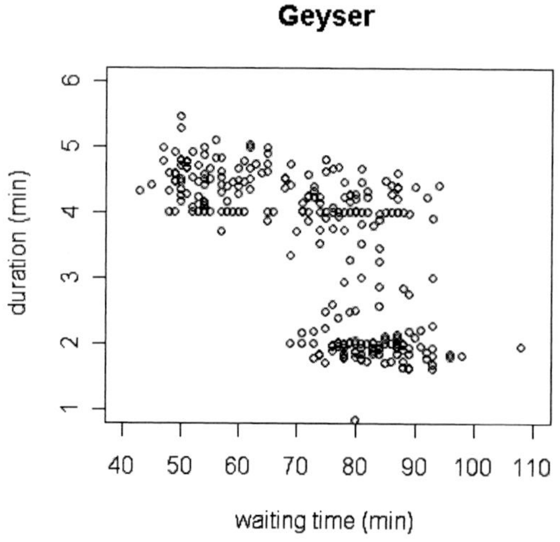

이 그래프에서 2개의 관측점이 자료의 주 군집으로부터 떨어져 있음을 볼 수 있다. 하나는 (110, 2) 근처에 있고 다른 하나는 (80, 1) 근처에 있다. 이 두 점의 식별을 위해서 산점도에서 점 대신 케이스 번호를 넣으면 어떨까? 다음이 그 결과이다.

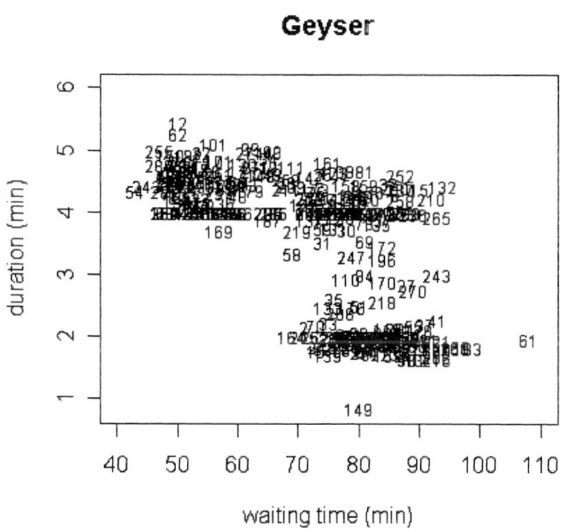

여기에 사용된 R 구문은 다음과 같다 (케이스 번호가 잘 나오게 하기 위하여 ylim의 하한을 조금 작게 하였다. 앞의 특별한 두 점은 케이스 61과 149에 해당한다. cex는 문자확대 인수이다. 1보다 작으면 축소된다.)

```
plot(duration ~ waiting, xlim=c(40,110),ylim = c(0.8,6),
    xlab = "waiting time (min)", ylab = "duration (min)",
    main = "Geyser", type = "n")
text(x = waiting, y = duration, cex=0.75)
```

R 그래픽스: 다중 프레임

다중 프레임(multiple frame)을 제공한다는 점도 R 그래픽스의 강점이다. 여러 개의 그래프를 행렬 형태로 모아 찍을 수 있다. 다음이 한 예이다. 파라미터가 다른 4개의 베타분포 beta(a, b)로부터 각각 400개의 관측을 모의 생성한 뒤 히스토그램을 그려 분포형태의 비교를 제시하는 그래프이다 (각 축의 tick이 동일함).

```
x1 <- rbeta(400, 1, 1)
x2 <- rbeta(400, 2, 2)
```

```
x4 <- rbeta(400, 4, 4)
x8 <- rbeta(400, 8, 8)
par(mfrow = c(2,2))
hist(x1, breaks = seq(0,1,0.1), freq = F, ylim = c(0, 3))
hist(x2, breaks = seq(0,1,0.1), freq = F, ylim = c(0, 3))
hist(x4, breaks = seq(0,1,0.1), freq = F, ylim = c(0, 3))
hist(x8, breaks = seq(0,1,0.1), freq = F, ylim = c(0, 3))
```

앞의 R 스크립트에서 par() 함수내의 mfrow는 행의 순서로 다중 프레임 그래프가 제시된다는 뜻이다. 열의 순서로 제시하고자 한다면 mfcol을 써야 한다. mfrow (또는 mfcol) = c(k1, k2)는 k1개의 행과 k2개의 열로 짜여진 다중 프레임이라는 뜻이다.

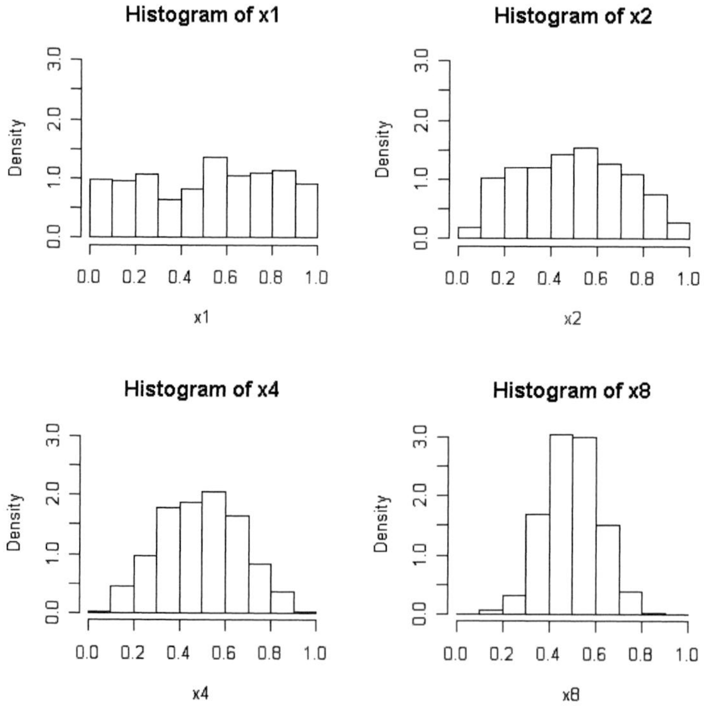

그래프를 겹쳐 그리기

한 그래프에 다른 그래프를 겹쳐 그림으로써 비교의 효과를 거둘 수 있기도 하다. 예를 들어 자유도 m (=5)인 t 분포로부터 생성된 모의 데이터에 그 데이터와 동일한 평균과 표준편차를 갖는 정규분포 곡선을 넣어보자.

```
par(mfrow=c(1,1))
x <- rt(1000, 5)
hist(x, freq = F, xlim = c(-5, 5), ylim = c(0, 0.4),
    nclass=20, xlab = "simulated observations",
    main = "t (df 5)")
m <- mean(x)
s <- sd(x)
curve(dnorm(x, m, s), add=T)
```

이와 같은 curve() 함수로써 다음 그래프를 얻을 수 있다.

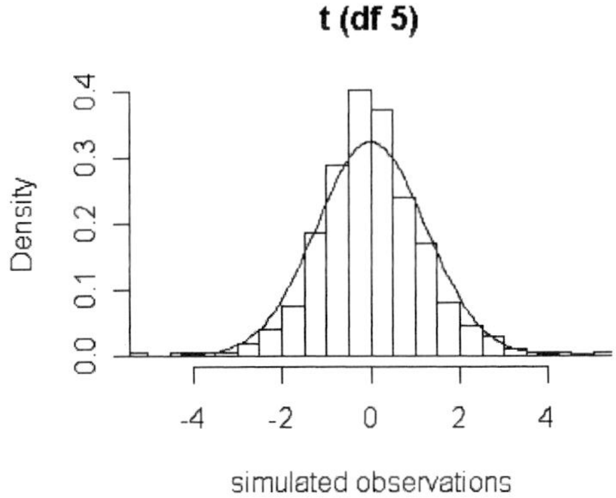

중앙에서는 데이터 밀도가 정규분포에서 기대하는 것보다 높고 반면 양 어깨 부근에서는 데이터 밀도가 정규분포에서 기대하는 것보다 낮음을 볼 수 있다. 또한 꼬리 부분에 산발적으로 특이값이 존재하는 것을 볼 수 있다.

사용자 정의 함수

사용자가 스스로를 위해 함수를 정의해야 할 경우가 있다. 예로서 왜도(skewness)와 첨도(kurtosis)를 구하는 함수를 만들어 보자 (R의 moments 팩키지에 왜도와 첨도 구하는 함수가 있긴 하다). x를 연속형 변수(벡터)라고 하자. 왜도와 첨도의 정의는

$$\text{skew} = \frac{\frac{1}{n}\sum_{i=1}^{n}(x_i-\bar{x})^3}{\left\{\frac{1}{n}\sum_{i=1}^{n}(x_i-\bar{x})^2\right\}^{1.5}}, \qquad \text{kurto} = \frac{\frac{1}{n}\sum_{i=1}^{n}(x_i-\bar{x})^4}{\left\{\frac{1}{n}\sum_{i=1}^{n}(x_i-\bar{x})^2\right\}^{2}} - 3$$

이다. 이것을 다음과 같이 R의 함수로 표현할 수 있다.

```
skew.and.kurto <- function(x) {
    num1 <- mean((x-mean(x))^3)
    denom1 <- (mean((x-mean(x))^2))^1.5
    num2 <- mean((x-mean(x))^4)
    denom2 <- (mean((x-mean(x))^2))^2
    skew <- num1/denom1
    kurto <- num2/denom2 - 3
    return(c(skew, kurto))
}
```

이것을 R에서 실행시키면 오브젝트로 등록된다. 그리고 skew.and.kurto(x)로 불러 사용하면 된다. '#' 기호는 코멘트 표시이다.

```
> t5 <- rt(1000, 5)        # 1000 random obs from t with df 5
> round(skew.and.kurto(t5), 3)
[1] -0.088  2.409
> z <- rnorm(1000)         # 1000 random obs from N(0,1)
> round(skew.and.kurto(z), 3)
[1]  0.053 -0.373
> u <- runif(1000)         # 1000 random obs from U(0,1)
> round(skew.and.kurto(u), 3)
[1] -0.042 -1.233
```

앞의 예에서 사용자 정의 함수의 작성 규칙을 보면, 1) function()으로 정의되어

야 한다는 것, 2) 왼쪽 중괄호와 오른쪽 중괄호로 묶여져야 한다는 것, 3) 최종 넘겨져야(return) 할 변수를 지정해야 한다는 것 등이다.

데이터 세트 병합하기

2개의 데이터 세트를 병합(merge)하여 1개의 소스로 만들어야 할 경우 merge() 함수를 사용한다.

```
> data1 <- read.table("mid.txt", header=T)
> data1
  id mid
1 23  43
2  4  56
3 78  29
4 54  99
> data2 <- read.table("final.txt", header=T)
> data2
  id final
1  4    77
2 23     2
3 54    19
4 70    31
```

data1과 data2에서 변수 id를 키(key)로 하여 2개의 데이터 세트를 병합해 보자.

```
> data1.and.2 <- merge(x = data1, y = data2,
      by.x = "id", by.y = "id")
> data1.and.2
  id mid final
1  4  56    77
2 23  43     2
3 54  99    19
```

data1과 data2의 모두에서 id가 있는 레코드만 data1.and.2라는 파일에 모아진다. 만약 data1과 data2 중 어느 한 쪽에서 id가 있기만 해도 병합 파일에 포함되도록 하려면 다음과 같이 all = T를 선언하여야 한다.

```
> data1.and.2 <- merge(x = data1, y = data2,
    by.x = "id", by.y = "id", all = T)
> data1.and.2
  id mid final
1  4  56    77
2 23  43     2
3 54  99    19
4 70  NA    31
5 78  29    NA
```

데이터 세트 분할하기

데이터 세트를 분할(split)하기 위해선 `split()` 함수를 사용할 수 있다.

```
> gr <- c(1,2,1,1,2)
> gr <- factor(gr)
> levels(gr) <- c("low", "high")
> score <- c(98,82,45,23,74)
> score.split <- split(score, gr)
> score.split
$low
[1] 98 45 23
$high
[1] 82 74
> score.split$low
[1] 98 45 23
> score.split$high
[1] 82 74
```

앞에서 설명한 부분 세트 만들기 기법을 데이터 분할에 다음과 같이 활용할 수 있다.

```
> score1 <- score[gr == "low"]
> score1
[1] 98 45 23
> score2 <- score[gr == "high"]
> score2
[1] 82 74
```

외부 데이터 파일 읽기

Excel로 된 데이터는 csv (comma separated variables) 파일 형식일 때 R에서 읽기 좋다. 그렇기에 다음과 같이 변수와 변수 사이가 콤마(,)로 구분된 텍스트 파일을 가정하자.

```
id,kor,eng
1,34,38
2,45,89
3,65,34
4,23,32
5,41,29
```

이 파일 이름을 'score1.csv' 라고 하자. 이 파일을 다음과 같이 R에서 읽을 수 있다.

```
> read.csv("score1.csv", header=T)
  id kor eng
1  1  34  38
2  2  45  89
3  3  65  34
4  4  23  32
5  5  41  29
```

R에서 `foreign`이라는 `library`를 사용하면 SPSS 데이터나 SAS 데이터 파일을 읽을 수 있다. 다음은 SPSS 데이터 파일을 읽는 예이다 (8장 실습 파일 참조).

```
> library(foreign)
> ee <- read.spss("EEstock2000.sav")
> str(ee)
List of 4
$ DATE  : num [1:1349] 1.32e+10 1.32e+10 1.32e+10 1.32e+10 ...
$ INDEX : num [1:1349] 4665 4301 4218 4132 4255 ...
$ DIFF  : num [1:1349]  441.6 -364.5  -82.7  -86.2  123.5 ...
$ CHANGE: num [1:1349] 10.46 -7.81 -1.92 -2.04  2.99 ...
```

R 작업 관리

R 작업을 하다보면 수십 개의 오브젝트(object, 객체)가 생성된다. 그 중에는 시험적으로 또는 잠시 만들어둔 것들이 있기 마련이다. 따라서 가끔 오브젝트를 리스트해보고 그 중에서 필요 없는 것들은 제거하는 것이 좋다.

현재 작업 창에 등록된 오브젝트 리스트를 보기 위해선 `ls()` 함수를 사용한다. 예컨대

```
> ls()
[1] "geyser" "temp"   "x"
```

와 같이 나왔다고 하자. 이 중에서 temp와 x가 더 이상 필요하지 않은 오브젝트라면

```
> rm(temp, x)
```

를 시행한다. 그러면

```
> ls()
[1] "geyser"
```

가 된다. 모든 오브젝트를 없애려면

```
> rm(list = ls())
> ls()
character(0)
```

R을 빠져 나가지 전에 워크쉬트(worksheet)를 보관해두면 다음에 활용할 수 있을 것이다. 이를 위해선 R Gui의 File 메뉴에서

▶ Save Workspace

를 실행한다. 파일은 '*.RData'라는 R Image 파일로 저장된다. 새 R 세션에서 이 파일을 불러들이기 위해서는 R Gui의 File 메뉴에서

▶ Load Workspace

를 실행한다.

특정 파일을 텍스트 형태로 저장해두기 위해선 `write.table()` 함수를 사용한다. 예컨대 geyser 데이터 세트에 1-0 임의 수를 더하여 새로운 데이터 세트를 만들어 이를 "geyser1.txt"로 남기려면 다음과 같이 한다.

```
> x <- rbinom(n = 299, size = 1, prob = 0.50)
> geyser.x <- cbind(geyser, x)
> write.table(geyser.x, "geyser1.txt")
```

이 파일은 현재 작업 디렉토리에 저장되므로, 필요하다면 R Gui의 File 메뉴에서 Change Directory에서 작업 디렉터리를 새로 지정할 필요가 있다.

통상적으로 R 실행 결과는 R Console 화면에 나타난다. 화면 대신 파일에 결과를 보내기 위해선 sink() 함수를 사용한다.

```
> sink("geyser.out")          # 앞으로의 출력을 파일에 보냄
> summary(geyser.x)
> sink()                      # 앞으로의 출력을 화면에 보냄
```

를 한 다음, 텍스트 파일 geyser.out를 열어보면 sink("geyser.out")에서 sink()까지의 R 실행 결과가 들어 있음을 볼 수 있다.

R에서 실행된 명령문들을 저장하고 불러오기 위해선 R Gui의 File 메뉴 중 Save History와 Load History를 활용한다. 파일 이름은 '*.RHistory'가 무난하다.

R 스크립트를 사용하였다면 이것도 적당한 이름으로 붙여 저장할 필요가 있다. R 스크립트 파일의 확장자는 '.r'이다.

2장. 탐색적 자료분석이란?

이 장에서는 탐색적 자료분석(EDA)의 개념을 소개하고, 자료분석에 있어서 저항성, 잔차, 재표현과 그래픽 기법의 중요성을 상의할 것이다.

2.1 EDA

EDA란 탐색적 자료분석(探索的 資料分析)을 뜻하는 영문 "exploratory data analysis"의 앞 자를 따서 만든 약어로서 데이터의 특징과 내재하는 구조적 관계를 알아내기 위한 기법들을 통칭한다. 대부분의 자료분석에서는 이와 같은 일련의 면밀한 탐구작업의 과정을 거쳐 어떤 유용한 정보의 실마리를 얻게 되는데, EDA는 바로 이러한 단계에서 데이터의 여러 면모를 파악할 수 있도록 다양한 여러 기법들을 갖추고 있다. EDA에서는 자료를 어떤 틀(모형)에 바로 적합시키기 보다는 데이터를 있는 그대로 보려는 데에 중점을 두고 있다. 즉 자료분석자는 데이터가 스스로 말하도록 유도하는 역할을 한다 (Let the data speak for itself!).

자료분석의 제단계

자료분석(data analysis)은 탐색(exploration) 단계의 자료분석과 확증(confirmation) 단계의 자료분석으로 구분된다 (Mallows and Tukey, 1982). 자료분석자는 탐색적 자료분석(EDA, exploratory data analysis)으로 데이터의 구조와 특징을 파악하여 일반화 한다 (모형을 만든다). 확증적 자료분석(確證的 資料分析; CDA, confirmatory data analysis)으로는 모형이나 효과의 재현성(再現性; reproducibility)을 평가한다. 따라서 확증적 자료분석의 역할은 유의성 검정이나 신뢰구간 추정 등의 전통적 통계적 추론(統計的 推論; statistical inference)의 역할과 부합된다. 추가적으로 확증적 자료분석에서는 1) 여러 자료분석에서 얻어진 정보를 일반화하여 체계를 만드는 일과 2) 새로 자료를 수집하여 얻은 관측이 앞의 일반화에 따른 예측과 얼마나 일치하는가를 평가하는 일을 포함한다.

요약하자면, 탐색적 자료분석은 미지의 특성을 파악하고 자료구조를 밝힐 수 있는 실마리를 찾아내는 열정적 모드의 자료분석이고 확증적 자료분석은 새로 수집된 정보와 증거를 엄격하게 검토하는 차가운 모드의 자료분석이라고 할 수 있다.

EDA의 역사

프린스턴 대학의 튜키(John W. Tukey) 교수는 1977년 이 분야에서의 첫 저서《탐색적 자료분석(Exploratory Data Analysis)》의 서문에서 다음과 같이 쓰고 있다.

> 이 책은 탐색적 자료분석에 관한 것이며 자료가 무엇을 말하려하는지를 보기 위한 것이다. EDA는 단순한 계산과 그리기 쉬운 그림에 집중한다. 자료의 부분적 기술(記述, description)로 우리가 인지한 어떤 모양새라도 주목하고 그 아래에 깔려있는 새로운 통찰을 보고자 한다. 그것의 관심은 자료가 어떻게 나타나고 있는가에 있는 것이지 확증하려는 데 있는 것은 아니다. (This book is about exploratory data analysis, about looking at data to see what it seems to say. It concentrates on simple arithmetic and easy-to-draw pictures. It regards whatever appearances we have recognized as partial descriptions, and tries to look beneath them for new insights. Its concern is with appearance, not with confirmation.)

이 책은 기존의 통계학 서적과는 판이하게 다른 메시지를 담고 있어서 학계에 상당한 충격을 주었다. 그 이유는 추론통계학(推論統計學, inferential statistics)이 아닌 기술통계학(記述統計學, descriptive statistics)의 중요성이 강조되었기 때문이었다.

그 후 1979년에 튜키는 하버드 대학의 모스텔러(F. Mosteller)와 함께《자료분석과 회귀 (Data Analysis and Regression)》를 출판하였다. 그리고 모스텔러와 그의 동료인 호글린(D.C. Hoaglin)과 함께 1982년에《로버스트 통계와 탐색적 자료분석의 이해(Understanding Robustness and Exploratory Data Analysis)》를, 1985년에는《자료 표, 추세 및 분포의 탐색(Exploring Data Tables, Trends, and Shapes)》을 펴내었다. 이들 네 권의 책으로 탐색적 자료분석에 대한 튜키의 개념과 방법이 정립되었다고 할 수 있으며 요즈음에는 표준적인 통계적 도구로 인정받고 있다.

2.2 네 가지 주제

EDA에서는 네 가지 주제(themes)가 때로는 홀로, 때로는 얽혀서 나타난다. 그 네 가지 주제는 저항성(抵抗性; resistance)의 강조, 잔차(殘差; residual) 계산, 자료변수의 재표현(再表現; re-expression)을 통한 다각적 시도, 그래프를 통한 현시성(顯示性; revelation)이다 (Hoaglin, Mosteller and Tukey, 1982).

1) 탐색적 자료분석은 일부 자료의 파손에 대해 저항성을 가져야 한다. 즉 저항적인 자료분석은 데이터의 일부 변동에 따른 영향을 비교적 작게 받는다. 예를 들어 다음 자료에 대해 대표값을 구하기로 하자.

   05, 08, 09, 10, 11, 15, 16, 19, 21, 29, 31 (n = 11)

   이 자료의 평균(平均, mean) m 을 구하여 보면

   $$m = (5 + 8 + 9 + 10 + 11 + 15 + 16 + 19 + 21 + 29 + 31)/11 = 15.8$$

   이다. 반면, 중간값(중위수/중앙값, median) med 를 구하여 보면

   $$med = \text{크기순으로 } (11+1)/2 \text{ 번째 관측값} = 15$$

   이다. 그런데 만약 이 자료의 마지막 값 31이 (어떤 고약한 침입자에 의하여) 310으로 변형되었다고 하자. 즉

   05, 08, 09, 10, 11, 15, 16, 19, 21, 29, 310 (n = 11)

   으로 자료가 변형된 경우에 있어, 평균과 중간값은 각각

   $$m = (5 + 8 + 9 + 10 + 11 + 15 + 16 + 19 + 21 + 29 + 310)/11 = 41.2$$

   $$med = \text{크기순으로 } (11+1)/2 \text{ 번째 관측값} = 15$$

   가 된다. 즉 m 은 15.8에서 41.2로 크게 변형되나 med 는 바뀌지 않는다. 일반화하여, 문제의 관측값 31이 x 로 대체된다고 할 때 평균 m 은

   $$m(x) = (143 + x)/11 = 13 + (1/11)\, x$$

   로 바뀌게 되고 중간값 med 는

$$med(x) = \begin{cases} 11, & x \leq 11 \text{ 인 경우} \\ x, & 11 < x \leq 15 \text{ 인 경우} \\ 15, & x > 15 \text{ 인 경우} \end{cases}$$

로 바뀐다. 즉 '평균'이라는 대표값 측도는 한 개 관측값의 대체로 $-\infty$ 에서$+\infty$ 까지 변할 수 있으나 '중간값'라는 대표값 측도는 제한된 범위(이 경우는 11에서 15 사이)로만 바꾸어 질 수 있을 뿐이다. 따라서 EDA의 관점에서는 평균보다는 일부자료의 파손에 저항적인 중위수가 바람직한 대표값 측도로서 선호된다.

일부 자료의 파손은 여러 경우에 발생할 수 있다. 컴퓨터 파일의 형태로 보관중인 자료가 고약한 침입자에 의하여 손상을 입을 수 있을 것이다. 더욱 흔하게는 일부 자료의 부실한 측정 또는 부주의한 관리로 발생한다. 예를 들어 설문조사에서 응답자가 자기의 한 달 용돈을 만원 단위로 기입하도록 의뢰되었으나 이것을 천원 단위로 기입하는 경우 또는 자료 입력자가 실수로 오타한 경우 등이다.

2) 잔차는 각 개별 관측값이 자료의 주 경향(main trend)으로부터 얼마나 벗어났는지를 말하여준다. 예를 들어 앞의 변형된 자료의 경우에서 (대표값) 중위수 15로부터의 잔차는

-10, -7, -6, -5, -4, 0, 1, 4, 6, 14, 295

가 되는데 이 때 한 잔차 295는 눈에 띄게 다른 잔차와 틀린 것을 볼 수 있다. 왜 이 관측값은 이렇게 큰 잔차를 갖을까 하는 의문을 풀기 위하여 일련의 탐구작업을 하여야 한다는 것이 바로 EDA의 입장이다.

또 한 예로서 2변량 관측값 (x_i, y_i) 자료를 회귀직선

$$\hat{y} = a + b\,x$$

로 적합하였다면 관측사례 i 의 잔차 r_i 는

$$r_i = y_i - (a + b\,x_i)$$

이다. 이러한 때, EDA의 입장은 적합직선이라는 요약결과만 중요한 것이 아니라 각 개별잔차도 유용한 통계적 정보를 갖고 있으므로 이것의 분석에 신경을 써야 한다는 것이다. 가령 승용차의 연료효율 y 와 차체 중량 x 의 2변량 자료에서 y 가 x 에 따라 어떻게 달라지는가를 알아보는 것도 중요하겠지만 왜 어떤 자동차는 양(+)의 잔차를 갖고(차체중량에 비해 연료효율이 좋고) 어떤 자동차는 음(-)의 잔차를 갖는지(차체중량에 비해 연료효율이 나쁜지)를 탐구하여 보는 것이 자료분

석의 관점에서 중요하다는 것이다.

3) 자료의 재표현이란 데이터 분석을 단순화할 수 있도록 원래의 변수를 적당한 척도(예를 들면 로그변환, 제곱근변환, 역수변환 등)로 바꾸는 것을 말한다. 특별히 어떤 이론에 의하여 특정 척도를 써야하는 경우를 제외하고는, 원래 측정 척도를 적당히 다른 척도로 재표현함으로써 분포의 대칭성, 산포(散布, dispersion)의 균일성, 관계의 선형성(직선화), 관련변수의 가법성 등에 도움이 되는 경우가 많다. 예를 들어 승용차의 연료효율 y 가 원래는 휘발유 1리터로 주행한 킬로미터 수로 측정되어 입력되었다고 하더라도, 이것보다 1킬로미터 주행에 소모된 휘발유의 리터량인 $1/y$ 가 차체중량과 보다 나은 선형관계에 있다면 y 대신 그것의 역수변환인 $1/y$ 를 쓰는 것이 좋다는 것이 EDA의 입장이다.

   이 책에서는 재표현(re-expression)이라는 EDA적 용어와 전통적 통계학 용어인 변환(變換; transformation)이라는 용어가 혼용되어 쓰여졌다.

4) 그래픽 표현(graphic representation)이 자료 안에 숨겨진 정보를 보여주는 효율적인 수단이 된다는 것이 EDA의 네 번째 주제인 현시성, 즉 시각화(visualization)이다. 따라서 탐색적 자료분석에서는 다양한 그래프 작성 기법들이 사용된다. 이에 관하여 다음 절을 보도록 하자.

2.3 그래프의 유용성

사람에 따라 정도의 차이가 있지만 대부분의 사람들은 숫자공포증을 갖고 있다. 숫자체계는 인간이 만들어낸 추상적인 관념의 산물이기 때문이다. 예를 들어 한 쟁반 A에 사과, 사과, 사과가 있다고 하고 또 다른 쟁반 B에 배, 배, 배가 있다고 할 때 쟁반 A에 사과가 3개 있고 쟁반 B에 배가 3개 있다고 하는데, 여기서 '3'이라는 숫자는 대상 물체가 사과이건 배이건 상관없는 추상적 기호인 것이다. 수치 데이터는 추상화의 역과정인 구상화를 거쳐 시각적으로 제시될 때 우리는 편안히 그 수치데이터를 이해할 수 있게 되는 것이고 통계학에서의 구상화 수단은 각종 그래프이다.

예를 들어 <표 1>의 수리통계학 성적 자료를 보도록 하자. 이 자료는 나의 수리통계학 강의에서 수강학생 65명이 취득한 점수 XX와 자발적이며 점수에는 직접 관계없는 과제물 제출여부 A에 관한 기록이다. 내가 보고 싶은 것은 "과제물을 제출한 학생의 그룹과 제출하지 않은 학생 그룹간에 어떤 차이가 있는가"인데, 그러기 위해서 이 자료를 어떻게 처리하여야 할까?

<그림 1>과 같이 그래프로 자료를 표현하는 것이 한 방법이다. 이 그래프는 다음 장에서 설명할 줄기 그림(stem-and-leaf display)이라고 하는 것으로서 왼쪽 열의 숫자(줄기)는 시험점수의 십자리 수에 해당하고 수직선의 오른쪽 편의 숫자(잎)는 시험점수의 일자리 수이다. 가령 변수 XX의 첫 자료는 54인데 이것은 줄기 5에 잎이 4로 분해되고, 두번째 자료 67은 줄기가 6, 잎이 7로 분해된다. 이 줄기 그림은 수치 자료를 처음 두 숫자의 분해로 표현한 것이다.

과제물 제출그룹(A=1; 31명)의 중위수는 16번째 점수인 54점이고 과제물 미제출 그룹(A=0; 34명)의 중위수는 17번째 점수와 18번째 점수의 평균인 42점인 것을 <그림 1>로부터 알아낼 수 있다. 즉 그 차이는 12점이나 된다. 다시 말하자면 과제물이 성적에 반영이 되지 않았어도 과제물을 풀어본 학생 그룹은 풀어보지 않은 학생 그룹에 비하여 대체적으로 그 만큼의 점수 차이를 내고 있다는 것이다.

한편, <그림 1>에서 과제물 제출그룹(A=1)의 줄기그림은 단봉분포(單峰分布, unimodal distribution)인데 반하여 과제물 미제출 그룹(A=0)의 줄기그림은 쌍봉분포(雙峰分布, bimodal distribution)인 것을 볼 수 있다. 이것은 과제물 미제출 그룹이 서로 이질적인 어떤 두 집단 (50점대를 중심으로 하는 집단과 20점대를 중심으로 하는 집단)의 혼합임을 말하여 준다. 아마 전자는 학업습관이 불성실하나 학업능력은 우수한 집단이고 후자는 학업습관과 학업능력 모두 좋지 않은 학생들의 집단이 아닐까?

이런 분석결과는 순전히 수작업으로 가능한 것이고 줄기그림이라는 그래프를 이용하였기 때문에 가능하였을 것이다. 만약 과제물 제출 그룹(A=1)과 과제물 미제출 그룹(A=0)의 평균만을 구하여 비교하였다면 분석에 시간이 더 많이 걸렸을 것이고 더욱이 과제물 미제출 그룹(A=0)의 혼합성은 도저히 알아내지 못하였을 것이다.

<표 1> 수리통계학 점수 자료* (3장 실습파일 exam1.txt)

A	XX	A	XX	A	XX	A	XX
0	54	1	67	1	55	0	23
0	51	0	64	1	90	1	51
1	52	0	43	0	15	0	10
0	82	1	74	1	54	1	78
1	37	0	73	0	52	0	48
1	41	0	33	0	52	0	30
1	41	1	51	1	18	1	39
1	46	1	28	0	53	1	44
1	46	1	56	1	28	1	58
0	29	1	58	1	67	0	35
0	25	1	38	1	61	0	53
0	23	1	73	1	69	0	47
0	41	1	45	1	77	0	56
0	89	0	28	0	54	1	99
0	00	0	43	0	35	0	24
0	21	0	23	1	67	0	00
0	53						

* A = 과제물 제출여부 (제출 1, 미제출 0)
XX = 수리통계학 시험 점수.

2.4 기본철학1)

과학발전에 있어서 통계학 (또는 통계전문가)의 역할은 무엇인가? 어느 누구도 이 거창한 질문에 자신 있게 선뜻 답변할 수야 없겠지만 통계학을 공부하거나 통계적 방법을 이용하는 사람들은 이 질문을 항상 스스로에게 물어야 할 것이다. 이 질문에 대한 다소 공식적인 답변은 다음과 같다.

과학은 이론적 통찰(예를 들어 상대성 이론)이나 새로운 현상의 관찰(예를 들면 소립자 물리)로부터 혁신적으로 진전되기도 하나 흔한 일은 아니다. 많은 경우에는 그다지 혁신적이지는 않지만 세심한 관찰, 실험과 분석의 반복을 통하여 이루어진다.

1) 이 절은 Mallows and Tukey (1982) “An overview of techniques of data analysis, …” in *Some Recent Advances in Statistics* (edited by Oliveira and Epstein), Academic Press (pp. 111-172)를 참조한 것이다.

<그림 1> 수리통계학 점수 자료의 줄기 그림

과제물 제출그룹 (A=1)	과제물 미제출그룹 (A=0)
9|09	9|
8|	8|29
7|4837	7|3
6|77197	6|4
5|51241688	5|412233643
4|116465	4|38713
3|798	3|3055
2|88	2|39538413
1|8	1|50
0|	0|00

대표적인 그러한 경우로는 새로운 농작물 품종과 의약품의 개발, 화학공정의 개선, 환경에 대한 이해 등을 꼽을 수 있을 것이다. 바로 이러한 경우에 통계전문가는 어떤 특정 모형(또는 이론이나 가설)에 대한 탐구와 함께 경험적 증거를 평가하는 역할을 담당한다. 특히 데이터의 급속한 축적과 계산능력의 발전에 힘입어 통계전문가들에게 보다 많은 과학적 기여의 기회가 주어졌다. 이제는 일종의 탐험가처럼 데이터를 샅샅이 뒤져 가능한 모형을 제시하는 일을 통계전문가에게 기대하게 되었다. 물론 이와 같이 일이 때때로 아무 소용이 없거나 위험스러운 일이기도 하나, 해당분야에 대한 적절한 이해와 도전의식, 해당분야 전문가와의 협업을 통하여 멋진 성공사례로 이끌어질 수도 있다.

데이터분석이 과학발전에 기여할 수 있으려면 모형과 데이터, 그리고 이 두 요소의 사이클(cycle)이라는 개념을 올바로 이해하여야 한다.

모형-데이터의 사이클

전통적인 통계학이론(수리통계학)은 주로 모형이 주어졌을 때의 데이터 분석에 관한 것이다. 예를 들자면

$x_1, x_2, \ldots, x_n \sim$ i.i.d. (independently identically distributed) $f(x;\theta)$

라고 할 때 수리통계적 문제는 모수 θ 에 관한 추정 또는 가설검정을 어떻게 할 것인가 하는 것이다. 그러나 실제 자료 분석에서는 어떤 확률밀도함수 $f(x;\theta)$를 상정할 것인가, 즉 어떤 통계모형을 둘 것인가가 우선 문제가 된다. 물론 어떤 이론에 의하여 특정 모형이 상정되고 데이터분석이 이루어지는 경우도 있으나 좀 드문 일이라고 할 수 있다 (그러나 물리학이나 경제학 등의 일부 분야에서는 그러한 일이 드물다고 할 수 없다). 많은 경우에 연구자는 오히려 데이터를 잘 살펴본 후에 적절한 모형을 생각해낸다. 과학적 과정은 모형을 궁리해 낸 것으로 종결되는 것이 아니라 모형의 타당성을 검증하기 위한 새로운 데이터의 수집으로 계속된다.

과학적 연구에서 이와 같이 모형이 항상 먼저 주어지는 것은 아니며 그렇다고 데이터가 항상 먼저 주어지는 것도 아니다. 따라서 다음과 같이 모형과 데이터가 사이클(cycle)을 이루게 된다.

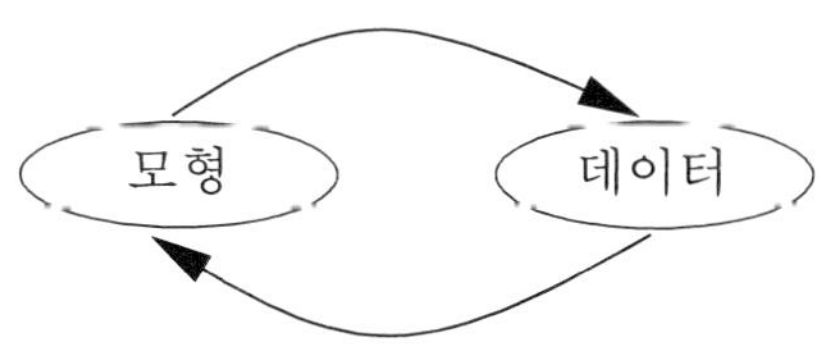

진실로서의 모형, 대표적 경우로서의 모형

분석의 초기에서 통계적 모형을 잠정적으로 가정하게 되는데 이것이 곧바로 모형의 진실성(truth)에 대한 믿음으로 자리 잡는 것은 분명히 지나친 일이다. 실제 과학에서의 예를 들어보자. 물리학자들이 질량점(point mass)의 운동에 대하여 이야기할 때 그들은 질량이 넓이나 부피를 갖지 않는 점에 모여있을 수 없다는 것을 몰라서 질량점의 운동에 관한 이론을 전개하는 것은 아니다. 또한 질량이 점에 모여 있을 수 없기 때문에 그들의 이론이 모두 헛된 것도 아니다.

통계학에 있어서도 마찬가지로 모형이 꼭 진실인 것으로 생각해서도 곤란하고 진실이 아니기 때문에 소용없다고 생각하여서도 곤란하다. 예를 들어 단순회귀모형

$$Y = a + bX + \epsilon, \quad \epsilon \sim N(0, \sigma)$$

에 있어서 오차항 ϵ 의 정규성 가정을 어떻게 받아들여야 할 것인가? 그것은 이 회귀모형에서의 통계적 추론이 타당성을 갖는 '주요 사례(leading cases)'로 생각되어야 한다.

일반적으로 통계적 모형은 진실로서가 아니라 대표적 경우로서 의의가 있을 뿐이다. 따라서 통계적 모형에 대한 연구자의 지나친 비판 (예를 들면 어떻게 오차항 ϵ

의 정규성을 “증명”할 수 있는가? 등)은 과학적 과정의 측면에서 아무런 의미를 갖지 못한다.

데이터와 분석에 대한 올바른 이해

데이터의 질적 수준 및 관리에 대한 평가도 자료분석의 중요한 요소들 중 하나이다. 이 책에서는 데이터의 질적 수준이 어떻든, 관리가 어떻게 되어왔든 상관없이 데이터가 주어졌을 때 자료분석에 대하여 설명하게 될 것이지만 “데이터 → 분석”의 순서만이 있는 것이 아니라 분석결과 새로운 자료수집의 필요성을 알게 되기 때문에 “분석 → 데이터”의 순서도 생긴다. 따라서 데이터와 분석 사이에는 다음과 같은 사이클이 존재한다.

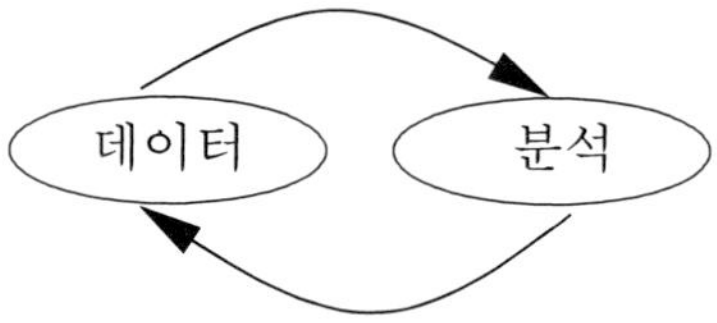

2.5 성공사례

환경연구 사례[2)]

1973년 미국 뉴저지 주의 주지사는 주정부 환경보호과로부터 대기 중의 오존(화학기호 O_3로 표기됨) 수준을 안전수준으로 낮추어야 하며 그러기 위하여는 자동차 배기가스의 총량을 3분의 2로 줄여야 한다는 내용의 건의를 받았다. 주지사는 먼저 이러한 건의내용의 타당성을 전문가에게 타진해본 결과 초보적인 화학적 지식에 근거할 뿐이라는 다소 회의적인 회답을 받고 벨 연구소(Bell Laboratories)에 보다 본격적인 과학적 연구를 의뢰하였다. 벨 연구소에서는 공기화학자(atmospheric chemist)들로 연구팀을 구성하여 뉴저지주의 대기(大氣)에 대한 이론적 모형정립을 시도하게 되었다. 한편 통계전문가 팀은 자료의 수집과 분석을 담당하였는데, 7년간 60개소의 측정소에서 30개의 공기화학물질과 기상에 관한 변수들의 측정값들로 이루어지게 된 자료는 무려 300만개 이상의 개별 관측값을 포함하게 되었다. 컴퓨터의 발전으로 이와 같이

2) 이 사례는 Mallows and Tukey(1982)에서 따온 것이다.

방대한 규모의 자료 수집은 흔한 일이 되었다고 할 수 있다.

연구초기에 통계전문가들은 뉴욕시에서의 매일 최고 오존측정수준을 플롯(plot)해 본 결과 전혀 기대하지 못하였던 사실을 발견하였다. 그것은 평일들에 비해 일요일에 교통량이 대폭 적음에도 불구하고 오존수준은 요일별 차이를 보이지 않았던 것이다. 이것은 연구의 중요한 실마리로 생각되었으며 오존에 관한 공기화학적 연구가 그다지 쉬운 문제가 아니라는 것을 의미하기도 하였다.

두 번째로 발견한 놀라운 사실은 뉴저지주 내의 22개 측정소 중에서 항상 가장 높은 오존수준을 보인 곳은 농촌지역인 앙코라(Ancora)였다는 것이다. 오존수준이 산업화·도시화로 인한 공해 때문에 증가한다는 일반적 상식에 어긋나는 사실이었기 때문에 이에 대한 원인규명과 특별한 설명이 필요하게 되었다.

앙코라에서의 측정과정을 검토한 결과, 부분적으로는 측정장치의 소홀한 관리와 엉성한 보정(poor calibration)이 있었음이 밝혀졌고, 이에 따라 다른 측정소에서 얻은 자료의 질에 대하여도 그 신빙성을 평가하는 작업이 불가피하게 되었다.

한편 일부의 공기화학자들은 앙코라 사례에 대한 설명으로서 다음과 같은 가설을 내세웠다.

> "자동차 배기 가스성분 중의 하나인 일산화질소(NO)의 방출이 오존(O_3)의 양을 감소시킨다. 왜냐하면 $NO + O_3 \rightarrow NO_2 + O_2$의 반응식이 성립하기 때문이다. 따라서 농촌에서보다 도시에서 오히려 오존수준이 낮을 수밖에 없다."

공기화학자들이 주장한 이러한 반응이 자연상태에서 가능한지를 알기 위하여 일기(日氣)의 여러 조건하에서 수많은 실험이 행하여졌고 결과적으로 이 가설은 기각되었다. 이러한 실험의 계획과 수행과정에서 공기화학자들과 통계전문가들과의 협업은 매우 중요한 것이었다

수많은 자료분석 가운데 떠오른 생각은 "앙코라의 오존수준이 높은 까닭은 약 37 km 떨어진 펜실바니아 주의 대도시인 필라델피아로부터 날아오는 공해물질 탓이 아닐까"하는 것이었다. 이러한 가능성을 모색하기 위하여 오존과 풍향의 두 변수를 플롯해보는 등의 그래프적 기법이 이용되었는데 매우 효과적이었다. 그래프는 오존과 풍향이 직접적이고 뚜렷한 관계에 있음을 보여주었다. 추후에 뉴욕시 부근에서도 이러한 현상이 재확인되어서 이것은 공기화학자들로부터 널리 인정받는 이론이 되었다.

이러한 실증적 연구에서의 중요한 요소는 다음과 같다.

- 자료를 수집하고 분석에 임하는 열의.
- 기대하지 않았던 사실을 발견하기 위한 진단기법의 활용.
- 새로운 사실을 인지할 수 있는 능력과 노력.
- 해당분야에 대한 충분한 이해와 해당분야 전문가와의 커뮤니케이션.
- 자료의 효과적인 요약과 그래프의 작성.
- 연구의 실마리에 대한 끊임없는 추적.

신용카드 부정 적발 시스템[3)]

신용카드의 분실 또는 도난, 위조/변조로 초래되는 부정은 신용카드사에 막대한 피해를 입힌다. 그리고 그 비용은 선량한 고객이 나누어 부담하는 셈이 된다. 신용카드 부정 사용자를 제외한 그 밖의 모든 당사자들이 피해를 보는 것이다.

이런 문제를 해결하고자 1997년 우리나라의 한 통계 컨설팅 회사는 BC 카드사를 위한 부정적발 시스템(FDS, fraud detection system) 개발에 착수하였다. 그들은 과거 수년간의 부정 사례(fraud cases)만을 모아 데이터 셋을 구축하고 아울러 정상 사례만을 모아 데이터 셋을 구축하였다. 그리고 두 데이터 셋을 비교하는 작업을 수행하였다. 이런 때 통계 전문가가 하게 되는 일은 다음과 같다.

- 부정 사례들에 대한 면밀한 관찰: 그 유형과 특성. (이에 대한 실마리를 얻는 데는 카드 회사내의 부정 처리 담당자와의 심층 면접이 효과적이다. 통계 전문가가 효율적인 커뮤니케이션 능력을 가져야 한다.)
- 부정 가능성 지표 또는 규칙의 개발
- 부정 가능성 지표 또는 규칙을 정상 사례에 적용하여 제1종 오류의 발생율을 파악함. 즉 실제로 정상 거래인데도 불구하고 시스템적으로 부정으로 분류되는 오류가 어느 정도의 빈도로 출현하는가를 파악. (카드 부정적발 시스템에 의하여 승인요청 거래가 부정으로 분류되면 신용카드 회사는 승인요청을 기각하고 수 초(秒)내로 카드 가맹점과 카드 소유자에게 통보한다. 따라서 정상거래가 유보되게 되면 카드 가맹점과 카드 소유자에게 불편을 초래한다.)

이런 프로젝트를 성공적으로 이끌기 위해서는 자료 탐사자의 뛰어난 통찰력(insight)이 관건이다. 그리고 프로젝트 결과는 신용카드 사의 중요한 비즈니스 기밀이 된다.

---

3) (주) 인웨이브 (2002.5) FDMS for Credit Card Industry. SUGI-K 2002 컨퍼런스.

따라서 신용카드 사가 거래를 부정으로 분류하는 지표와 규칙이 구체적으로 무엇인지는 거의 공개되지 않는다.

다음은 매체로 보도된 한 사례이다 (주간동아 480호, 2005년 4월 12일)

> 3월26일 회사원 임모(26·여) 씨는 신용카드사로부터 카드 사용과 관련된 전화를 받았다. "서울 동대문구 장안동의 한 퇴폐이발소에서 9만원이 결제됐는데 사용한 게 맞느냐"는 물음이었다. 임 씨는 카드를 잠시 남동생에게 빌려줬다고 카드사에 얘기해줬다. 남동생의 인상착의를 들은 카드사는 이번엔 이발소에 연락해 카드 사용자가 동일인인지를 확인했다. 그런데 다른 사람이 사용했다는 사실이 밝혀지자 카드사는 곧바로 경찰에 신고했다. 수사에 나선 경찰은 임 씨 남동생이 잠든 사이 직장 동료인 유모 씨가 카드를 훔쳐 퇴폐이발소에서 사용했다는 사실을 밝혀냈다.
>
> 남의 카드를 훔치거나 주워서 함부로 사용하다간 큰코다치는 세상이 됐다. 신용카드사들이 소비자의 소비 행태를 유형별로 분석하고 있다가 평소와 다른 매출이 발생하면 바로 알려주는 부정사용 방지 시스템(FDS, Fraud Detecting System)을 운영하기 때문이다.

이 경우는 여성 고객이 남성 위주 매장에서 사용한 것이 부정의 징후로 탐지된 것이다. 이러한 부정적발 시스템의 도입이후 BC 카드사는 0.20% 수준이었던 부정사용금액 비율을 0.02%로 낮출 수 있었다. 금액으로 환산하면 연간 수십억원에 해당한다. 불과 수억원의 자료분석 프로젝트가 상당한 투자효과를 거둔 것이다.

2.6 요약

- 자료분석은 탐색적 자료분석(EDA, exploratory data analysis)과 확증적 자료분석(CDA, confirmatory data analysis)의 두 단계로 나눌 수 있다.
- EDA는 자료의 구조 및 특징의 파악을 목적으로 한다. 이를 위하여 효과적이고 신뢰성 있는 데이터의 요약과 그래프적 기법이 사용된다.
- EDA의 네 개 주제는 저항성(resistance), 잔차(residual), 재표현(re-expression), 현시성(顯示性; revelation)이다.
- 통계적 모형은 "진실(truth)"로서가 아니라 "주요 사례(leading case)"로서 의미가 있다. 또한 모형과 데이터는 일방통행이 아닌 쌍방통행으로 이해되어야 한다. 데이터와 분석도 사이클을 이룬다.

- 실제 자료분석에 있어서 해당분야 전문가와 통계전문가는 협업을 통하여 성공적인 성과를 거둘 수 있다. 협업을 위하여 원활한 커뮤니케이션이 필수적이다.

3장. 줄기와 잎

이 장에서는 일변량 자료에 대한 탐색적 기술(exploratory descriptive) 기법으로서 줄기-잎 그림을 설명하고 히스토그램과 비교하여 보기로 한다.

주요 R 함수: `stem(), hist()`

3.1 줄기-잎 그림

줄기-잎 그림(stem-and-leaf plot)은 소규모 자료의 분포적 특성을 살펴보기 위하여 작성되는 그래프이다. 이하 보다 간략한 용어인 줄기 그림(stem plot)을 사용하기로 한다.

예로서 <표 1>의 자료를 보자. 이 자료는 2장에서 소개된 수리통계학 점수 자료 중에서 과제물 제출 여부를 나타내는 변수 A를 제외하고 시험점수를 나타내는 변수 XX 만을 분석하여 보기로 하겠다. <표 1> 자료에 대한 줄기 그림의 작성요령은 다음과 같다.

① 일부 자료 값을 읽어본다. 이 경우 첫째 줄의 네 자료 값을 읽어보면 54, 67, 55, 23 이다.

② 이들 값을 십 단위인 줄기(stem)와 일단위인 잎(leaf)으로 분리한다. 예컨대

```
        줄기        잎
         ↓          ↓
54 =  5 × 10 +  4,
67 =  6 × 10 +  7,
55 =  5 × 10 +  5,
23 =  2 × 10 +  3.
```

<표 1> 수리통계학 점수 XX 자료 (실습파일 exam1.txt 참조)

54	67	55	23	51	64	90	51
52	43	15	10	82	74	54	78
37	73	52	48	41	33	52	30
41	51	18	39	46	28	53	44
46	56	28	58	29	58	67	35
25	38	61	53	23	73	69	47
41	45	77	56	89	28	54	99
00	43	35	24	21	23	67	00
53							

③ 빈 종이의 왼쪽에 열을 맞추어 줄기 값의 최소값과 최대값 사이의 숫자를 빠뜨리지 않고 써넣는다. 그리고 숫자 옆에 수직선을 긋는다. 즉

```
2|
3|
4|
5|
6|
```

④ 수직선의 오른 쪽에 잎의 값을 한 숫자씩 순서대로 써넣는다. 이 경우

```
2|3
3|
4|
5|45
6|7
```

이 될 것이다. 줄기 5에 잎 4가 잎 5 보다 먼저 달린 이유는 자료 값 54가 자료 값 55 보다 <표 1>에서 먼저 나타났기 때문이지 54 < 55 이기 때문인 것은 아니다.

⑤ 이런 과정을 모든 자료 값에 대하여 반복한다. 새로운 줄기 값이 나오면 ③에서와 같이 새 줄기 값뿐만 아니라 그 사이 줄기 값도 빠뜨리지 않고 써넣는다. 가령 둘째 줄의 네 자료 값 51, 64, 90, 51을 작성중인 줄기 그림에 추가하면 다음과 같이 된다.

```
2|3
3|
4|
5|4511
6|74
7|
8|
9|0
```

⑥ 줄기 그림이 완성되면 줄기 열 왼쪽에 각 줄기의 도수(度數, count; 잎의 수)를 세어 기록한다. 도수의 합계가 총 자료 수와 일치하는지를 확인하여 일치하면 체크(check) 표시 v를 한다. 보조적으로 '깊이'라고 하는 일종의 누적도수를 줄기 그림에 써넣을 수도 있다. 깊이(depth)는 앞과 뒤로부터 자료의 중간점을 넘지 않는 누적도수이다. 자료의 중간점을 포함하는 줄기에는 깊이 대신 도수를 괄호 안에 기입한다. 최종적으로 <그림 1>과 같은 그래프가 얻어진다. 이것이 줄기 그림이다.

<그림 1> 수리통계학 점수의 줄기 그림 (1)

```
   2    2   0|00
   5    3   1|508
  15   10   2|3889538413
  22    7   3|7309585
(11)   11   4|38116467153
  32   17   5|45112422136883643
  15    6   6|747197
   9    5   7|48337
   4    2   8|29
   2    2   9|09

       65ᵛ
```

이것을 R에서 수행해보기로 하자. 다음과 같이 stem() 함수를 사용하면 된다.

```
> exam1 <- read.table("exam1.txt", header=T)
> str(exam1)
> attach(exam1)
> stem(score)
```

다음이 이에 대한 R 출력이다. <그림 1>과 다른 점은 두 가지인데, 1) 각 줄기에 대한 도수와 누적 도수가 병기되어 있지 않은 점, 그리고 2) 각 줄기 내에서 잎들이 크기순으로 정렬되어 있다는 점이다. 수작업으로 줄기 그림을 만들 때는 굳이 잎들을 정렬할 필요가 없다.

```
 The decimal point is 1 digit(s) to the right of the |

  0 | 00
  1 | 058
  2 | 1333458889
  3 | 0355789
  4 | 11133456678
  5 | 11122233344456688
  6 | 147779
  7 | 33478
  8 | 29
  9 | 09
```

이 줄기그림의 주요 특징은 이봉분포(二峰分布, bimodal distribution)의 모습을 보인다는 점이다. 이것은 자료가 2개의 군집(群集, cluster)으로 되어 있음을 말한다. 즉, 50점대의 주 군집과 20점대의 딸린 군집이 혼합된 형태를 보인다. 그렇다면 향후 분석자에게 주어지는 추가 과제는 군집 구분이 어떤 속성과 관련이 있는가를 밝히는 일이다.

3.2 줄기 수 줄이기와 늘이기

일단 작성된 줄기 그림에서 출발하여 줄기의 수를 줄이거나 늘이는 방법을 생각하여 보자. 줄기의 수를 줄이거나 늘림으로써 가장 보기 좋은 모양의 줄기 그림을 얻을 수 있기 때문이다. <그림 1>에서 줄기 수를 줄이기 위하어는

줄기 0과 1 → 0,1
줄기 2와 3 → 2,3
줄기 4와 5 → 4,5
줄기 6과 7 → 6,7
줄기 8과 9 → 8,9

로 줄기를 2개씩 묶는다. 즉

```
2|3889538413
3|7309585        →        2,3|3889538413,7309585
```

과 같이 바뀐다. 이 과정에서 어쩔 수 없이 쉼표(“,”) 하나를 넣을 수 밖에 없다. <그림 2>는 <그림 1>에서 줄기 수를 절반으로 줄여 얻은 줄기 그림이다.

<그림 2> 수리통계학 점수의 줄기 그림 (2)

단위 10

```
   5   5  0,1|00,508
  22  17  2,3|3889538413,7309585
(22)  28  4,5|38116467153,45112422136883643
  15  11  6,7|747197,48337
   4   4  8,9|29,09

      65
```

<그림 1>의 줄기 그림이 쌍봉분포인데 비하여 <그림 2>의 줄기 그림은 단봉분포(單峰分布, unimodal distribution)의 형태를 취한다. 이것은 너무 난순하여 이 자료의 수요 특성을 잃은 것으로 볼 수 있다. 즉 2개의 봉우리를 구분하지 못하고 1개만 본 것이다.

R에서 줄기 수를 절반으로 줄이려면 stem()함수 내 scale 파라미터를 조정하면 된다. 즉

```
> stem(score, scale=0.5)
```

이에 대한 R 출력은 다음과 같다. <그림 2>와 다른 점은 두 가지이다. 1) 줄기의 표시에 있어 "0,1", "2,3", "4,5", "6,7", "8,9" 대신 앞 숫자인 "0", "2", "4", "6", "8"을 쓴다는 점, 2) 그리고 잎 표기에서 중간에 쉼표(“,”) 전후 각각 내에서 크기 순서로 정렬한 다음 쉼표 구분자를 제거했다는 점이다.

```
The decimal point is 1 digit(s) to the right of the |

0 | 00058
2 | 13334588890355789
4 | 111334566781112223333444456688
6 | 14777933478
8 | 2909
```

이번에는 원래 줄기 그림의 줄기 수를 늘이는 방법을 보도록 하자. <그림 1>에서 줄기를 늘이기 위하여는

줄기 0	→	0*	(잎 0, 1, 2, 3, 4)
		0.	(잎 5, 6, 7, 8, 9)
줄기 1	→	1*	(잎 0, 1, 2, 3, 4)
		1.	(잎 5, 6, 7, 8, 9)
줄기 2	→	2*	(잎 0, 1, 2, 3, 4)
		2.	(잎 5, 6, 7, 8, 9)

와 같이 한 줄기를 두개로 나눈다. 예를 들면 줄기 2와 3에서 줄기 그림이

```
                          2* |33413
2|3889538413              2. |88958
3|7309585        →        3* |30
                          3. |79585
```

로 바뀌게 된다. <그림 3>은 <그림 1>로부터 줄기 수를 늘여 얻은 줄기 그림이다.

<그림 3>의 줄기 그림에서는 4-5개의 봉우리를 볼 수 있다. 일반적으로 줄기 수를 늘이면 늘일수록 많은 수의 봉우리를 보게 되고 그 반대로 줄기 수를 줄이면 줄일수록 적은 수의 봉우리를 보게 된다.

그렇다면 <그림 1>, <그림 2>, <그림 3>의 줄기 그림 중에서 어느 줄기 그림이 가장 좋다고 할 수 있을까? 그것은 사용 용도에 따라 다를 것이다. 시험을 치른 학생들에게 본인의 성적과 함께 전체 학생의 시험 결과를 통계적으로 알려주기 위하여는 <그림 1>의 첫 줄기 그림이 적당한 것으로 보인다. 그러나 교수의 입장에서 시험 성적을 바탕으로 A, B, C, D, F (수, 우, 미, 양, 가)의 다섯 등급으로 나누기 위해서는 <그림 3>이 적당할 것이다. 왜냐하면 그 줄기 그림은 자연스럽게 자료들의 군집(群集; cluster)을 보여주기 때문이다.

<그림 3> 수리통계학 점수의 줄기 그림 (3)

2	2	0*	00
2	0	0.	
3	1	1*	0
5	2	1.	58
10	5	2*	33413
15	5	2.	88958
17	2	3*	30
22	5	3.	79585
28	6	4*	311413
(5)	5	4.	86675
32	12	5*	411242213343
20	5	5.	56886
15	2	6*	41
13	4	6.	7797
9	3	7*	433
6	2	7.	87
4	1	8*	2
3	1	8.	9
2	1	9*	0
1	1	9.	9

65^{v}

R에서 줄기 수를 2배로 하려면 stem()함수 내 scale 파라미터를 조정한다. 즉

```
> stem(score, scale=2)
```

이에 대한 R 출력은 다음과 같다.

```
The decimal point is 1 digit(s) to the right of the |

0 | 00
0 |
1 | 0
1 | 58
2 | 13334
2 | 58889
3 | 03
3 | 55789
4 | 111334
4 | 56678
5 | 111222333444
5 | 56688
6 | 14
6 | 7779
7 | 334
7 | 78
8 | 2
8 | 9
9 | 0
9 | 9
```

줄기 그림의 모양은 줄기 수에 따라 상당히 달라진다는 사실을 알 수 있다. 줄기 수로 얼마가 좋을까? 이에 대하여 모든 경우에 통하는 단일한 최적 공식이 있는 것은 아니다. 시행착오(trial-and-error)가 따르더라도 줄기의 폭을 달리하여 여러 개의 줄기 그림을 그려보아 자료 특성이 어떻게 다르게 보이는지를 살펴보는 것이 좋다.

3.3 히스토그램과의 비교

줄기 그림의 역할을 하는 전통적인 기법은 히스토그램(histogram)이다. 줄기 그림과 히스토그램의 공통점과 차이점을 <그림 1>의 줄기 그림과 <그림 5>의 히스토그램을 통하여 보도록 하자.[1] 공통점은 두 그림의 테두리가 동일하다는 점이다. 어느 것이나 각 구간의 관측 빈도(frequency)에 비례하는 길이의 막대 기둥을 갖고 있다.

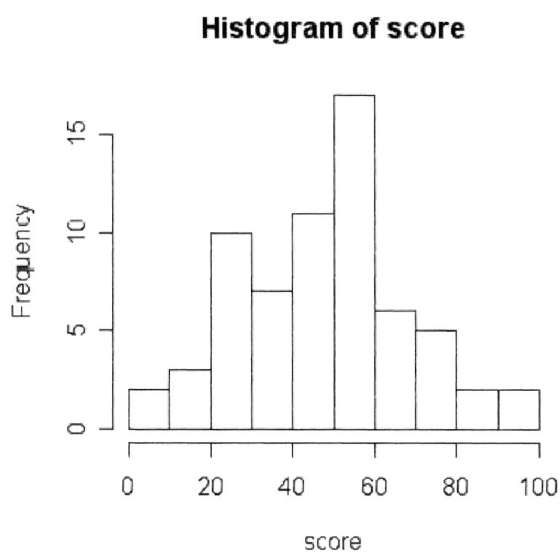

<그림 5> 성적점수 히스토그램 1

그러나 차이점은 줄기 그림에서는 구간내의 자료들이 각각 숫자로 구별되어 있는데 히스토그램에서는 단지 단일 길이의 상자가 쌓인 형태로 표현되어 있다는 것이다. 이것은 줄기 그림에 비하여 히스토그램에서 보다 큰 통계적 정보의 손실이 발생하고 있다는 것을 말한다. 그 결과로서 <그림 1>의 줄기 그림으로부터는 비교적 정확한 중간값 (또는 평균) 계산이 가능하지만 <그림 5>의 히스토그램에서는 그러기 어렵다.

둘째 차이점은 줄기 그림의 경우에는 줄기 수를 줄이거나 늘이거나 하는 데 있어 내 작성된 줄기 그림을 이용할 수 있지만 (즉 <그림 1>에서 <그림 2>나 <그림 3>으로 쉽게 바꿀 수 있지만) 히스토그램에서는 구간의 폭을 반으로 줄이는 경우 다시 원자료에 의존하지 않으면 안 된다는 것이다. 이것은 계획적인 시행착오를 수작업으로

---

1) hist(score, nclass=10, right=F)

거듭할 필요가 있는 (즉 다수의 줄기 그림 또는 히스토그램을 만들어 보는) 탐색적 자료분석에서는 상당한 효율성의 차이를 의미한다.

셋째 차이점은 히스토그램에서는 구간의 폭을 임의로 정할 수 있지만 줄기 그림에서는 그럴 수 없다는 점이다. 이것은 줄기 그림의 구간 폭이 $1/2/5 * 10^d$ (d는 정수)이여야 하기 때문이다. 이 점은 줄기 그림이 갖는 어쩔 수 없는 단점이다. <그림 5>는 구간의 개수를 늘려 만든 히스토그램이다.[2)]

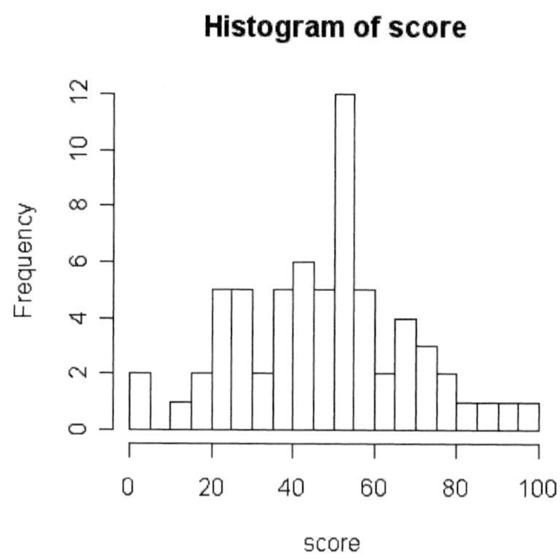

<그림 5> 성적점수 히스토그램 2

결론적으로 말한다면, 크기 100-200 이내의 자료를 수작업으로 처리하는 경우 줄기 그림이 히스토그램에 비하여 효율적인 분포도를 제공하여 준다는 것이다. 그러나 자료수가 크게 되면 히스토그램이 보기에 나은 그래프를 제공한다.

2) `hist(score, nclass=20, right=F)`

3.4 또 다른 사례

산성비(acid rain)의 문제는 어느 나라에서도 심각한 환경문제가 되고 있다. <표 2>는 미국 어느 도시에서 강우의 산성도 측정자료(1973년 12월에서 1974년 5월까지)이다. 이 자료를 줄기 그림으로 표현하여 보자. 자료의 첫째 숫자를 줄기로 하면

```
    단위 0.1

4|516333435224475418626
5|626705
```

와 같은 줄기 그림이 만들어지는데 보기에 만족스럽지 못하다. 여기서 단위는 '줄기와 잎의 결합 값'의 단위를 말한다. 즉 줄기 그림의 윗줄 첫 값 45는 4.5를 말하지만 실제 값은 4.57 이기 때문에 자료의 온전한 보전이 이루어지지 않고 있다.

<표 2> 산성 비 자료 (pH*)

4.57	5.62	4.12	5.29	4.64	4.31	4.30
4.39	4.45	5.67	4.39	4.52	4.26	4.26
4.40	5.78	4.73	4.56	5.08	4.41	4.12
5.51	4.82	4.63	4.29	4.60		

* 강한 산성일수록 pH 값이 작고 알칼리성이 강할수록 pH 값이 크다. 산성과 알칼리성의 경계는 pH = 7.0이다.

앞 그림의 한 줄기를 두 개로 쪼개면 다음과 같이 된다.[3)]

```
The decimal point is at the |

4 | 11333334444
4 | 556666678
5 | 13
5 | 5678
```

이것보다는 줄기 수를 더 늘인 다음 줄기 그림이 최적이 아닌까 싶다.[4)]

---

3)
```
acid.rain <- scan("acid rain.txt")
stem(acid.rain, scale=0.5)
```

4)
```
stem(acid.rain)
```

```
The decimal point is 1 digit(s) to the left of the |

40 | 22
42 | 6690199
44 | 015267
46 | 0343
48 | 2
50 | 8
52 | 9
54 | 1
56 | 278
```

이 줄기 그림에서는 전체 자료가 pH 5.0 미만의 강(强) 산성 군집과 pH 5.0 이상의 약(弱) 산성 군집으로 나누어지고 있음을 인지할 수 있다. 이제 자료분석자는 군집의 형성 원인에 대하여 탐구하여 볼 수 있을 것이다.

다음으로 <표 3>의 조선 왕 27명 수명에 대한 자료기술을 해보기로 하자. 다음은 자료를 부른 다음 2개의 줄기그림을 작성하는 R 명령어이다.

```
kings <- read.table("chosun kings.txt", header=T)
str(kings)
attach(kings)
stem(Life)
stem(Life, scale=2)
```

<표 3> 조선 왕 27명 수명

태조 73	정종 62	태종 45	세종 53	문종 38
단종 16	세조 51	예종 28	성종 37	연산군 30
중종 56	인종 30	명종 33	선조 56	광해군 66
인조 54	효종 40	현종 33	숙종 59	경종 36
영조 82	정조 48	순조 44	헌종 22	철종 32
고종 67	순종 52			

다음에서 이에 대한 2개의 R 그래프를 보라. 어느 것이 더 나은가?

줄기그림 1: The decimal point is 1 digit(s) to the right of the |

```
1 | 6
2 | 28
3 | 00233678
4 | 0458
5 | 1234669
6 | 267
7 | 3
8 | 2
```

줄기그림 2: The decimal point is 1 digit(s) to the right of the |

```
1 | 6
2 | 2
2 | 8
3 | 00233
3 | 678
4 | 04
4 | 58
5 | 1234
5 | 669
6 | 2
6 | 67
7 | 3
7 |
8 | 2
```

3.5 요약

- 줄기 그림(stem plot)은 히스토그램과 마찬가지로 자료 분포의 특성을 그래프화한 것이다. 줄기 그림은 히스토그램에 비하여 정보의 보전 면에서 우수하며 쉽게 구간(줄기) 수를 늘이거나 줄일 수 있다. 그러나 구간(줄기)의 선정시 제약이 따른다.
- 적절한 줄기 그림을 그리기 위하여 여러 개의 그림을 그려보고 비교해 보아야 한다. 계획된 시행착오가 필요하다.

- 줄기 그림에서는 다음과 같은 자료의 특성을 관찰할 수 있다.

  ① 군집(群集; cluster)의 수

  ② 집중도가 높은 구간

  ③ 대칭성 여부

  ④ 자료의 범위 및 산포(散布)

  ⑤ 특이점(特異點; outliers)의 존재여부

4장. 수치요약과 상자그림, 여러 그룹의 비교

앞 장에서는 줄기그림이 자료 분포를 효과적으로 요약하는 그래프임을 보았다. 그러나 더욱 간결한 요약을 위해서는 자료 묶음을 1개 또는 단지 몇 개의 수치로 축약해야 할 필요가 있다. 특히 여러 묶음의 자료 분포를 비교하기 위해서 그렇다. 이런 목적으로 중간값(중위수), 사분위수, 8분위수, 16분위수 등의 수치요약이 활용된다. 또한 중간값, 사분위수, 끝 값 또는 특이점을 나타내는 그래프인 상자그림을 소개하고 이를 활용하여 여러 자료 묶음을 비교해 볼 것이다.

주요 R 함수: `summary()`, `quantile()`, `boxplot()`

4.1 다섯수치요약

한 묶음의 수치자료를 대표하는 한 개의 숫자를 무엇으로 할 것인가? 예컨대 65명이 수강한 통계학 강의에서 교수가 수강생들에게 각자의 시험성적을 알려주면서 전체 시험성적 자료에 대한 어느 한 통계수치를 공개한다고 하자. 수강생의 입장에서 어느 통계수치가 가장 요긴한 정보가 될까?

대개의 학생들은 관습적으로 많이 쓰이는 평균을 원한다고 대답할지 모른다. 그러나 평균은 다음의 한 관점에서는 상당히 불확실하다. 가령 점수 분포가 작은 값 쪽에 편중되고 큰 값 쪽으로 길게 꼬리를 뻗고 있다면 평균 이상의 성적을 갖는 학생은 전체의 절반에 훨씬 미달할 수 있다. 반대로 점수 분포가 큰 값 쪽에 편중되고 작은 값 쪽으로 길게 꼬리를 뻗고 있다면 평균 이상의 성적을 갖는 학생이 전체의 절반을 훨씬 초과할 수 있다. 다시 말하자면 분포의 대칭성 여부를 알지 못하는 상황에서는 평균이 대표값으로서의 역할을 제대로 할 수 없다.

이런 관점에서는 중간값(중위수, 중앙값; median)이 수강생들에게 확실한 정보가 될 것이다. 중간값은 학생들을 두 집단으로 명확히 가르는 선이 되기 때문이다. 즉 교수가 전체 수강생들의 중간값을 학생들에게 알려주면 학생들은 자기의 점수와 중간값을 비교해 봄으로써 자기가 상위 그룹에 속하게 되었는지 또는 하위그룹에 속하게 되었는지를 확실히 알 수 있다.

중간값은 자료 점들을 크기 순으로 일렬로 늘어놓았을 때 정 가운데에 위치하게 되는 자료 점을 말한다. 자료수를 N 이라고 할 때

① N 이 홀수 ⇒ 중간값 = $(N+1)/2$ 번째 자료 점,

② N 이 짝수 ⇒ 중간값 = $N/2$ 번째와 $(N/2+1)$ 번째 자료 값의 평균

으로 정의된다. 중간값의 깊이(depth) $d(M)$ 은

$$d(M) = (N+1)/2$$

라고 하는데, 여기서 깊이란 자료의 양 끝으로부터의 나오는 2개의 순위(rank) 값 중에서 작은 값을 말한다.

한 묶음의 자료에 대한 수치요약이 대표값 하나로만 충분한 것은 아니다. 그래서 전통적인 기술통계에서는 표준편차(標準偏差, standard deviation)를 산포(散布, 퍼짐; spreadness)의 측도로 이용한다. 그러나 탐색적 자료분석에서는 주로 사분위수(四分位數; quartiles)의 차이를 산포의 측도로 사용한다. 그것은 표준편차보다 4분위수가 더 강한 저항성을 갖기 때문이다. (표준편차는 편차의 제곱으로부터 나오므로 저항성이 떨어진다.)

사분위수는 자료를 크기순으로 늘어놓았을 때 아래 절반의 중간값과 위 절반의 중간값이다. 다음의 깊이를 갖는 자료 점을 사분위수 H로 정의한다.[1)]

$$d(H) = ([d(M)] + 1)/2.$$

여기서 $[x]$ 는 실수 x를 넘지 않는 최대의 정수이다.

4분위수를 앞서 구한 중간값과 함께 쓰면 분포의 기울어진 정도와 방향을 알 수 있게 된다. 아래 4분위수를 H_L , 중간값을 M , 위 사분위수를 H_U라고 할 때 분포의 기울어진 정도, 즉 왜도(歪度; skewness)를

$$SKEW = \frac{(H_U - M) - (M - H_L)}{(H_U - M) + (M - H_L)}$$

로 정의해 볼 수 있다. 이렇게 정의되는 EDA의 왜도 $SKEW$는 -1과 $+1$ 사이의 값을 취하며, $+1$에 가까울수록 오른쪽으로 꼬리를 길게 뻗은 분포임을 말하고 -1에 가

---

1) 사분위수를 나타내는 부호로 H(=hinge) 또는 Q(=quartile)를 사용한다. 'hinge' 는 경첩을 뜻한다. 사분위수의 정의에는 다른 방법도 있다. 예컨대, 분위수(quantile)는 $(N+1)/4$의 깊이에 있는 자료 점으로 정의되기도 한다. 여기서는 $d(H) = ([d(M)]+1)/2$의 깊이를 갖는 4분위수를 H로 표기하고 그 밖의 정의에 따른 4분위수를 Q로 구분하여 표기하기로 한다.

까울수록 왼쪽으로 꼬리를 길게 뻗은 분포임을 말한다.

EDA에서는 중간값, 위·아래 사분위수, 그리고 양 끝 값을 다섯 수치 요약(five number summary)이라고 한다. 즉 수치자료의 다섯 수치 요약은

$$(\min,\ H_L,\ M,\ H_U,\ \max)$$

이다. 여기서 양 끝 값, 즉 최소값(minimum)과 최대값(maximum)은 수치자료의 범위(range)를 정하므로 그 차이도 산포의 측도로 볼 수 있다.

이제 3장의 <표 1> 수리통계학 점수 자료에 대한 다섯 수치 요약을 구하여 보자. 먼저 해야 할 일은 줄기 그림을 그리는 것이다.

```
  2    2   0|00
  5    3   1|058
 15   10   2|1333458889
 22    7   3|0355789
(11)  11   4|11133456678
 32   17   5|11122233344456688
 15    6   6|147779
  9    5   7|33478
  4    2   8|29
  2    2   9|09
      65ᵛ
```

이 줄기 그림은 3장의 <그림 1>과 거의 같다. 다만, 줄기내 잎들을 순서대로 맞추어 놓은 점만이 다르다. 자료 수가 $N = 65$ 이기 때문에 중간값과 사분위수의 깊이는

$$d(M) = (65+1)/2 = 33, \quad d(H) = (33+1)/2 = 17$$

이다. 이에 해당하는 자료 값을 찾아보면 중간값이 $M = 48$, 아래 사분위수가 $H_L = 33$, 위 사분위수가 $H_U = 58$ 임을 알게 된다. 최소값 $\min = 0$, 최대값 $\max = 99$ 이므로, 따라서 수리통계학 점수 자료의 다섯 수치 요약은 다음과 같다.[2)]

---

2) 다음과 같이 R을 써서 구할 수도 있다.

```
exam1 <- read.table("exam1.txt", header=T)
attach(exam1)
summary(score)[-4]
```

$$(0, 33, 48, 58, 99)\,.$$

EDA 왜도 값을 계산해 보면

$$SKEW = [(58-48)-(48-33)]/[(58-48)+(48-33)]$$
$$= (10-15)/(10+15) = -5/25 = -0.2$$

이다. $SKEW$의 부호가 음이므로 이 분포는 왼쪽으로 약간 긴 꼬리를 뻗은 분포라고 할 수 있다.

4.2 분위수(quantiles)

이제까지 중간값과 4분위수를 다루었는데 중간값은 표본자료에서 상대적 누적비율이 0.5에 해당하는 자료 값이고 4분위수는 그 누적비율이 0.25와 0.75에 해당하는 자료 값이다. 이를 확장하여 자료의 p 분위수를 정의해 보자 $(0 < p < 1)$.

N개 자료 값 $x_1, \cdots, x_N$을 순서로 늘어놓은 것을 $x_{(1)}, \cdots, x_{(N)}$이라고 하자 (즉 $x_{(1)} \leqq \cdots \leqq x_{(N)}$). 이 리스트에서 k번째 자료 점에 대한 누적 비율을

$$p(k) = \frac{k-\frac{1}{3}}{N+\frac{1}{3}}, \quad k = 1, \cdots, N \tag{1}$$

으로 간주하자.[3] 이를 따르면

$$k = \frac{N+1}{2} \Rightarrow p(k) = 0.5$$

이 되고 역으로

$$p(k) = 0.5 \Rightarrow k = \frac{N+1}{2}$$

이 된다. 이와 같이 식 (1)은 0과1 사이의 어떤 p에 대하여도 그에 대응하는 k 값을 준다. 그렇지만 그 값이 $1, \cdots, N$이 아닐 수 있다. 그런 경우에는 k보다 작지만 가장 가까운 정수와 그 다음 정수에 해당하는 두 자료 값의 보간점으로 p 분위수를 정의한다. 즉, p로부터 순위 k를 찾으면

---

3) 그 밖에도 여러 정의가 있지만 (R의 `help(quantile)` 참조), 이렇게 하면 $F(x_{(k)})$의 중간값이 근사적으로 $p(k)$에 일치하는 것으로 알려져 있다 (여기서 $F(x)$는 누적분포 함수). 이 정의는 S와 R 2.0 이전에서 디폴트이지만 R 2.4의 `quantile()`에서는 type=8에 해당한다.

$$k(p) = Np + \frac{p}{3} + \frac{1}{3}$$

이고 이것보다 작거나 같은 자연수 $k_1(p)$과 그 다음 자연수는 $k_2(p)$는 각각

$$k_1(p) = \left[Np + \frac{p}{3} + \frac{1}{3} \right], \quad k_2(p) = k_1(p) + 1$$

이 된다. 따라서 자료묶음 $x_{(1)} \leq \cdots \leqq x_{(N)}$에 대한 p 분위수 q_p를 다음과 같이 정의할 수 있다.

$$q_p = (1-w)\, x_{k_1(p)} + w\, x_{k_2(p)}, \quad \text{여기서 } w = k(p) - k_1(p).$$

예를 들어 $N = 65$인 수리통계학 시험 자료에 대해 이 방법으로 $p = \frac{1}{2}, \frac{1}{4}, \frac{1}{8}, \frac{1}{16}$ (=0.5, 0.25, 0.125, 0.0625) 등에 대한 분위수를 구해보도록 하자.

$$k(0.5) = N \cdot 0.5 + \frac{0.5}{3} + \frac{1}{3} = 33,$$

$$k(0.25) = N \cdot 0.25 + \frac{0.25}{3} + \frac{1}{3} = 16\frac{2}{3},$$

$$k(0.125) = N \cdot 0.125 + \frac{0.125}{3} + \frac{1}{3} = 8\frac{1}{2},$$

$$k(0.0625) = N \cdot 0.0625 + \frac{0.0625}{3} + \frac{1}{3} = 4\frac{5}{12}$$

이므로

0.5 분위수 $q_{0.5}$ = 33번째 값 = 48,

0.25 분위수 $q_{0.25} = \frac{1}{3}$ · 16번째 값 + $\frac{2}{3}$ · 17번째 값 = 32,

0.125 분위수 $q_{0.125} = \frac{1}{2}$ · 8번째 값 + $\frac{1}{2}$ · 9번째 값 = 23,

0.0625 분위수 $q_{0.0625} = \frac{7}{12}$ · 4번째 값 + $\frac{5}{12}$ · 5번째 값 = 16.25

가 된다.[4] 이것을 R의 `quantile()` 함수를 써서 구해보면 다음과 같다.

---

4)
```
exam1 <- read.table("exam1.txt", header=T)
attach(exam1)
score.sort <- sort(score)
q.5 <- score.sort[33]
q.25 <- (1/3)*score.sort[16]+(2/3)*score.sort[17]
q.125 <- (1/2)*score.sort[8]+(1/2)*score.sort[9]
q.0625 <- (7/12)*score.sort[4]+(5/12)*score.sort[5]
```

<표 1> 수리통계학 시험점수 자료의 문자 값 전시

	수치요약		중앙 mid	산포 spr
중간값 M	48		48	*
4분위수 H	32	58	45	26
8분위수 E	23	73	48	50
16분위수 D	16.25	80.33	48.29	64.08
끝 값	0	99	49.5	99

```
> quantile(score, c(1/2,1/4,1/8,1/16), type=8)
50%   25%   12.5%  6.25%
48.00 32.00 23.00 16.25
```

<표 1>은 수리통계학 점수 자료의 수치요약들을 일정 형식으로 전시한 것이다. 분위수의 중앙값(mid value)은 위・아래의 분위수들의 평균을 말하고 산포(spread, spr)는 위・아래 분위수간 차이를 말한다. 중앙값 mid의 추이로부터는 분포가 기울어진 방향과 정도, 즉 왜도(歪度; skewness)를 알 수 있고 산포 spr의 추이로부터는 분포의 첨도(尖度; kurtosis)를 알 수 있다. 이제 그 이유를 설명하기로 하겠다.

첨도는 분포가 정규분포에 비교하여 봉우리가 얼마나 높고 꼬리가 긴가, 아니면 봉우리가 낮고 꼬리가 짧은가를 나타낸다. 분포가 대략 대칭형인 경우 spr의 추이는 다음과 같다. 평균이 μ 이고 표준편차가 σ 인 정규분포 $N(\mu,\sigma)$ 에서 정규분포표를 사용하면 다음과 같은 수치요약들을 얻을 수 있다.

	수치요약		mid	spr
중간값 M	μ		μ	*
4분위수 H	$\mu - 0.675\sigma$	$\mu + 0.675\sigma$	μ	1.35σ
8분위수 E	$\mu - 1.15\sigma$	$\mu + 1.15\sigma$	μ	2.30σ
16분위수 D	$\mu - 1.535\sigma$	$\mu + 1.535\sigma$	μ	3.07σ

모(母)표준편차 σ 의 1.35배가 $spr(H)$ 와 같으므로 σ 의 추정치로

$$\tilde{\sigma} = spr(H)/1.35$$

```
c(q.5,q.25,q.125,q.0625)
```

를 생각할 수 있다. 이것을 “pseudo-sigma”라고 하는데 $\tilde{\sigma}$ 는 표본 표준편차 s 에 비하여 저항성이 강하기 때문에 EDA에서 자주 활용된다.

EDA에서는 첨도의 정의로서

$$KURTO_{E/H} = (E_U - E_L)/(H_U - H_L) - 1.704$$
$$= spr(E)/spr(H) - 1.704,$$

또는

$$KURTO_{D/H} = (D_U - D_L)/(H_U - H_L) - 2.274$$
$$= spr(D)/spr(H) - 2.274$$

와 같은 수식을 쓴다. 첨도 $KURTO$는 정규분포의 경우에 0이 되도록 되어 있다.

구간 $(\mu-\alpha, \mu+\alpha)$ 에서 동일한 확률밀도를 갖는 균일분포 $U(\mu-\alpha, \mu+\alpha)$를 생각하여 보자. 이 분포에서의 문자 값 표시는 다음과 같다.

	요약수치		mid	spr
M	μ		μ	*
H	$\mu-0.5\alpha$	$\mu+0.5\alpha$	μ	α
E	$\mu-0.75\alpha$	$\mu+0.75\alpha$	μ	1.5α
D	$\mu-0.875\alpha$	$\mu+0.875\alpha$	μ	1.75α

따라서 균일분포의 경우에는

$$KURTO_{E/H} = 1.5\alpha/\alpha - 1.704 = -0.204,$$

$$KURTO_{D/H} = 1.75\alpha/\alpha - 2.274 = -0.524$$

가 된다. $KURTO$ 값이 음수라는 것은 정규분포에 비하여 중앙과 꼬리 부분에서 상대적으로 적은 수의 자료 점이 쌓여 있음을 의미한다. <그림 1>의 (a)를 보라.[5] 사실 균일분포의 끝 부분의 꼬리는 0의 밀도를 가질 뿐이다.

---

5)
```
f1 <- function(x){1/sqrt(2*pi)*exp(-x^2/2)}
f2 <- function(x){return(1/2.7*((-1.35<x)&(x<1.35)))}
curve(f1,-4,4,ylim=c(0,1),ylab="density")
par(new=T)
curve(f2,-4,4,ylim=c(0,1),ylab="",lty="dotted")
```

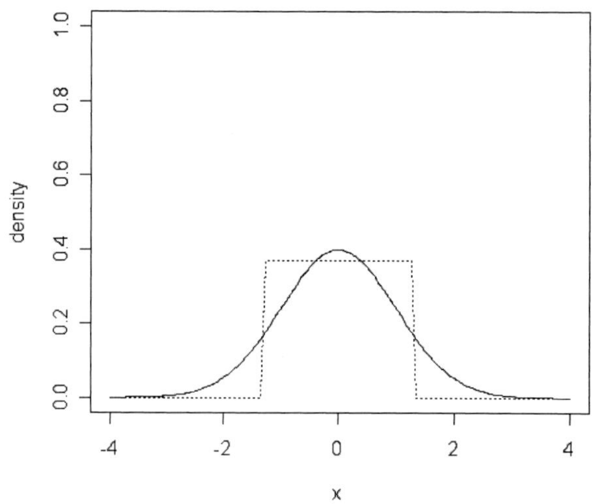

(a) 정규분포 N(0,1) 대 균일분포 Uniform(−1.35,1.35)

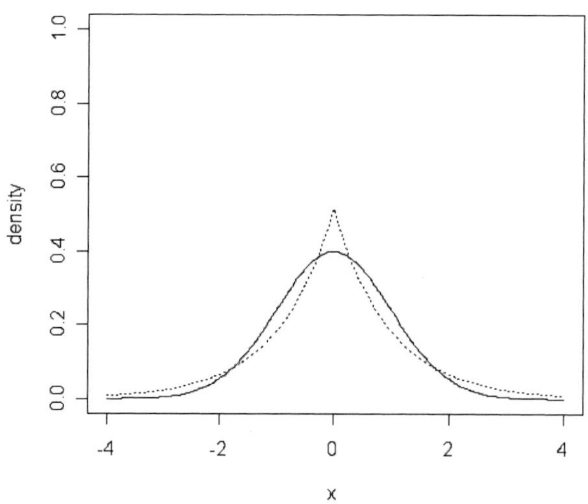

(b) 정규분포 N(0,1) 대 이중지수분포 DE($0, 2\log_e 2/0.675$)

<그림 1> 같은 4분위수를 갖는 여러 확률분포들

중심 μ, 감소율 λ를 갖는 이중 지수분포(double exponential distribution) DE (μ,λ)를 생각하여 보자. 즉 확률밀도함수가

$$f(x;\mu,\lambda) = \lambda/2 \exp[-\lambda |x-\mu|], \quad -\infty < x < \infty$$

인 경우에서, 문자 값을 구하여 보자. 위 꼬리확률이

$$P\{X-\mu \geq u;\mu,\lambda\} = 1/2 \exp[-\lambda u], \quad 0 \leq u < \infty$$

이므로 중간값 M은 μ이고 위 사분위수 H_U는

$$H_U = \mu + \log_e(2)/\lambda$$

가 된다 (왜냐하면 $1/2 \exp[-\lambda(H_U-\mu)] = 1/4$ 이므로). 이와 같은 요령으로 다음과 같은 이중 지수분포의 문자 값 전시를 얻게 된다.

	문자 값		mid	spr
M		μ	μ	*
H	$\mu-\log_e(2)/\lambda$	$\mu+\log_e(2)/\lambda$	μ	$2\log_e(2)/\lambda$
E	$\mu-\log_e(4)/\lambda$	$\mu+\log_e(4)/\lambda$	μ	$2\log_e(4)/\lambda$
D	$\mu-\log_e(8)/\lambda$	$\mu+\log_e(8)/\lambda$	μ	$2\log_e(8)/\lambda$

따라서 이중 지수분포의 경우에는

$$KURTO_{E/H} = \log_e(4)/\log_e(2) - 1.704 = 0.296,$$

$$KURTO_{D/H} = \log_e(8)/\log_e(2) - 2.274 = 0.726$$

이 된다. $KURTO$ 값이 양수라는 것은 정규분포에 비하여 중앙과 꼬리 부분에서 상대적으로 많은 수의 자료 점이 쌓여 있음을 의미한다. <그림 1>의 (b)를 보라.[6]

---

6)
```
f1 <- function(x){1/sqrt(2*pi)*exp(-x^2/2)}
f2 <- function(x){lambda/2*exp(-lambda*abs(x))}
lambda <- log(2)/0.675
curve(f1,-4,4,ylim=c(0,1),ylab="density")
par(new=T)
curve(f2,-4,4,ylim=c(0,1),ylab="",lty="dotted")
```

4.3 전통적인 수치요약과의 비교

한 묶음의 수치자료에 대한 전통적인 수치요약은 평균, 표준편차, 왜도, 첨도 등의 표본 통계값을 계산하는 것이었다. 이 중 평균 m은 편차제곱합을 최소화하는 값이다. 즉 $a_1, \dots, a_N$ 을 자료 값이라고 할 때

$$\min_x \sum_{i=1}^{N} (a_i - x)^2 \quad \Rightarrow \quad x = m \left(= \sum_{i=1}^{N} a_i / N\right)$$

이다. 이것의 증명은 어렵지 않다. 목적식이

$$\sum_{i=1}^{N} (a_i - x)^2 = \sum_{i=1}^{N} (a_i - m)^2 + N(x - m)^2$$

과 같이 이차식으로 주어지기 때문에, 이것의 최소값은 $x = m$ 일 때 얻어진다. 그러면 EDA에서 추천하는 중간값 M도 이와 유사한 어떤 성질을 갖는가?

중간값 M은 편차 절대값의 합을 최소화하는 값이다. 즉 $a_1 \leqq \cdots \leqq a_N$ 을 자료 값이라고 할 때

$$\min_x \sum_{i=1}^{N} |a_i - x| \quad \Rightarrow \quad x^* = M = \begin{cases} a_{(N+1)/2}, & N\text{이 홀} \\ (a_{N/2} + a_{N/2+1})/2, & N\text{이 짝} \end{cases}$$

이다. 이것의 증명도 어렵지 않지만 N 이 3개인 경우로 논의를 국한하기로 하자. 목적함수가

$$\sum_{i=1}^{N} |a_i - x| = \begin{cases} (a_1 - x) + (a_2 - x) + (a_3 - x), & x \leqq a_1 \\ (x - a_1) + (a_2 - x) + (a_3 - x), & a_1 < x \leqq a_2 \\ (x - a_1) + (x - a_2) + (a_3 - x), & a_2 < x \leqq a_3 \\ (x - a_1) + (x - a_2) + (x - a_3), & a_3 < x \end{cases}$$

$$= \begin{cases} (a_1 + a_2 + a_3) - 3x, & x \leqq a_1 \\ (-a_1 + a_2 + a_3) - x, & a_1 < x \leqq a_2 \\ (-a_1 - a_2 + a_3) + x, & a_2 < x \leqq a_3 \\ (-a_1 - a_2 - a_3) + 3x, & a_3 < x \end{cases}$$

와 같이 연속적인 부분선형함수인데, 이것은 $x < a_2$ 에서 감소함수이나 $x > a_2$ 에서 증가함수이므로 그 경계인 $x = a_2$ 에서 최소가 된다.

전통적인 왜도(skewness)와 첨도(kurtosis)의 정의는 다음과 같다.

$$\text{왜도} = m_3/(m_2)^{3/2}, \qquad \text{첨도} = m_4/(m_2)^2 - 3,$$

여기서 평균이 μ 인 확률변수 X 의 중심 k 차 적률 m_k 의 정의는

$$m_k = E[(X-\mu)^k], \quad k = 2, 3, 4, \ldots$$

이다. 평균이 m 인 한 묶음의 수치자료가 주어졌을 경우에는 표본적률 m_k 는

$$m_k = \sum_{i=1}^{N} (x_i - m)^k / N, \quad k = 2, 3, 4, \ldots$$

으로 계산된다.

앞에서 논의된 정규분포, 균일분포, 이중 지수분포의 경우에 각각 중심 k 차 적률 m_k , 왜도와 첨도를 구하여 정리하여 보면 <표 2>와 같다. <표 2>에서 볼 수 있듯이, 세 분포는 모두 대칭이기 때문에 왜도는 0이다. 그러나 첨도는 정규분포의 경우 0, 균일분포의 경우 -, 이중 지수분포의 경우 +이다. 이와 같이 부호에서는 전통적인 통계학과 EDA가 일치하지만, EDA 관점에서는 전통적 표본 왜도와 표본 첨도가 일부 자료의 변동에 지항직이지 못하기 때분에 바람직하지 않다고 본다.

<표 2> 정규분포, 균일분포, 이중 지수분포의 특성치[7]

	중심 k 차 적률 m_k		왜도	첨도
정규분포	$k!\,\sigma^k/[(k/2)!\,2^{k/2}]$,	k 가 짝	0	0
	0,	k 가 홀		
균일분포	$\alpha^k/(k+1)$,	k 가 짝	0	-1.2
	0,	k 가 홀		
이중 지수분포	$k!/\lambda^k$,	k 가 짝	0	3
	0,	k 가 홀		

7) Mood, Graybill and Boes (1974) *Introduction to the Theory of Statistics*, Third Edition. pp. 540-541 참조.

4.4 상자 그림

한 묶음의 수치 자료가 주어졌을 때 앞에서 설명한 다섯 수치 요약을 통하여 기본적인 자료기술을 할 수 있는데 이것을 시각화하는 방법이 없을까? 상자그림(box plot; 상자-수염 그림, box-and-whisker plot)이 그 한 방법이다.

단순한 상자 그림의 작성 방법은 다음과 같다.

1) 다섯 수치 요약 (min, H_L, M, H_U, max) 를 구한다.

2) 위・아래 사분위수(H)에 해당하는 수직선(數直線) 상의 위치에 네모형 상자의 양끝이 오도록 한다. 그리고 상자 내에 중간값(M)에 해당하는 위치에 '+'표시 또는 칸막이 표시를 한다.

3) 최소값(min)과 최대값(max)의 위치에 점을 찍고 이 점을 상자의 양끝과 연결하는 선분을 그려 넣는다.

따라서 수리통계학 점수자료에 대하여는 상자그림은 다음과 같은 모양이 된다.

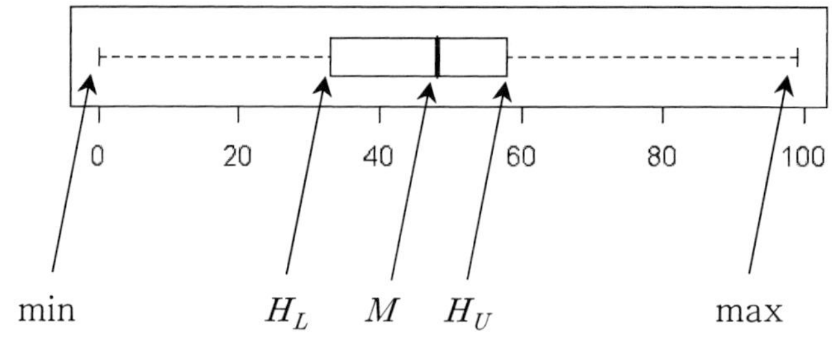

이것에 약간의 변형을 가한 여러 버전의 상자 그림이 있는데 그 중 가장 대표적인 상자그림의 작성 방법은 다음과 같다.

1) 다섯 수치 요약 (min, H_L, M, H_U, max) 를 구한다 (앞과 동일).

2) 위・아래 사분위수(H)에 해당하는 수직선(數直線) 상의 위치에 네모형 상자의 양끝이 오도록 한다. 그리고 상자내에 중간값(M)에 해당하는 위치에 '+' 표시 또는 칸막이 표시를 한다 (앞과 동일).

3) 다음과 같이 양쪽 안울타리(inner fence) 값 IF를 계산한다.

$$IF_L = H_L - 1.5\,spr(H),$$

$$IF_U = H_U + 1.5\,spr(H).$$

수리통계학 점수자료의 경우, $IF_L = H_L - 1.5\,spr(H) = 33 - 1.5 \cdot 25 = -4.5$이고 $IF_U = H_U + 1.5\,spr(H) = 58 + 1.5 \cdot 25 = 95.5$이다.

4) 양쪽 안울타리의 안쪽에 있으면서 경계에 가장 가까운 값을 찾아낸다. 이 자료점을 인접값(adjacent value) AV라고 한다. 인접값과 상자의 양 끝과 줄로 연결한다. 수리통계학 점수자료의 경우 AV_L은 최소값과 일치하지만 AV_U는 90이다.

5) 안울타리 바깥에 있는 자료 점을 특이점(outlier)으로 간주하고 그 위치에'o'표시를 한다 (그런 자료 점이 있는 경우에). 수리통계학 점수자료의 경우, 99 하나만 특이점이다.

결국 수리통계학 점수자료에 대한 상자그림은 다음과 같은 형태의 그래프를 얻게 될 것이다.

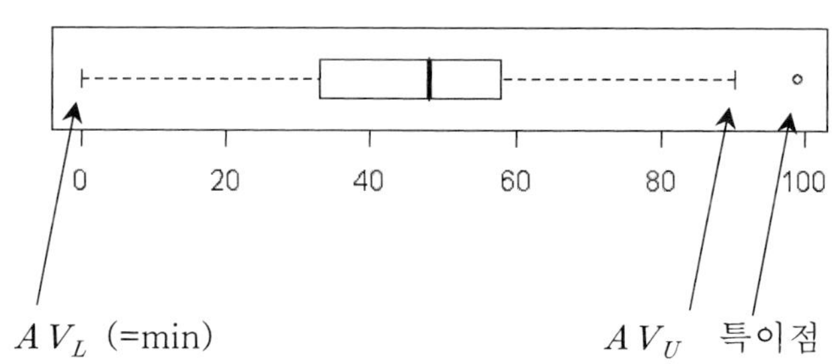

4.5 특이점

앞 절에서는 (특별한 특이점을 포함하여) 특이점을 안 울타리를 벗어나는 자료 점으로 규정한 바 있다. 이러한 특이점의 규정이 실제 어떤 결과를 가져오는지를 생각하여 보자. 평균이 μ 이고 표준편차가 σ인 정규분포 $N(\mu, \sigma)$의 경우를 먼저 다루자. 이 경우, 사분위수 H가

$$H = \mu \pm 0.675\,\sigma$$

이므로 $spr(H) = 1.35\,\sigma$ 임을 이미 3절에서 말한 바 있다. 따라서 안울타리(inner fence) 값 IF는

$$IF = (\mu \pm 0.675\,\sigma) \pm 1.5 \times 1.35\,\sigma = \mu \pm 2.7\,\sigma$$

가 된다. 정규분포표를 보면 $\mu \pm 2.7\,\sigma$ 바깥의 확률이 0.007, 즉 0.7%임을 알 수 있다. 다시 말하자면 정규분포를 따르는 것으로 간주되는 크기 N = 100인 한 묶음의 수치자료에서 특이값으로 판정될 자료 점의 수는 평균 1개 미만이다.

다음으로 균일분포 $U(\mu-\alpha, \mu+\alpha)$를 생각하여 보자. 이 분포의 사분위수 H가

$$H = \mu \pm 0.5\,\alpha$$

이므로 $spr(H) = \alpha$ 이다 (3절 참조). 따라서 안 울타리(inner fence) 값 IF는

$$IF = (\mu \pm 0.5\,\alpha) \pm 1.5\,\alpha = \mu \pm 2\,\alpha$$

가 된다. 이들 값들은 양의 확률밀도를 갖는 구간 $(\mu-\alpha, \mu+\alpha)$ 을 벗어나므로, 균일분포를 따르는 것으로 간주되는 수치자료에서는 특이점이 검출되지 않는다.

이번에는 이중 지수분포 $DE(\mu,\ \lambda)$를 생각하여 보자. 이 분포에서는 사분위수 H가

$$H = \mu \pm \log_e(2)/\lambda$$

이므로 $spr(H) = 2\log_e(2)/\lambda$ 이다. 따라서 안울타리(inner fence) 값 IF는

$$IF = (\mu \pm \log_e(2)/\lambda) \pm 1.5 \times 2\log_e(2)/\lambda = \mu \pm 4\log_e(2)/\lambda$$

가 된다. 그런데 이중 지수분포에서는

$$P\{|X-\mu| \geq 4\log_e(2)/\lambda\} = \exp[-\lambda\,(4\log_e(2)/\lambda)]$$

$$= \exp[-4\log_e(2)] = 2^{-4} = 1/16 = 0.0625,$$

즉 6.25%이다. 이중 지수분포를 따르는 것으로 간주되는 크기 N=100인 한 묶음의 수치자료에서 특이값으로 판정될 자료 점의 수는 평균 6.25개씩이나 된다.

정규분포, 균일분포, 이중 지수분포의 경우를 종합하여 보면, 균일분포에서는 특이값이 절대로 검출될 수 없으며, 정규분포에서는 간혹 검출될 수 있으나, 이중 지수분포같은 경우에는 꽤 빈번히 특이점 판정이 내려지게 된다는 것이다. 실제 자료분석에서 특이점으로 인지된 자료 점에 대하여는 자료분석자의 특별한 주의가 필요하다.

4.6 여러 묶음 수치자료의 비교

여러 묶음의 수치자료를 비교할 때 수치요약 만으로는 효율적인 분석을 할 수 없다. 예를 들어 <표 3>의 7개 광역시 구별 인구를 광역시별로 비교해보기로 하자. 즉 7개 자료 묶음을 비교해보는 것인데 만약 각 자료 묶음을 다섯수치요약으로 정리한다면 총 35개(=5x7)의 요약수치를 살펴보아야 할 것이다. 요약수치만 35개라니?

수치로 요약하는 대신 그림으로 보는 것이 어떨까? <그림 2>는 광역시별로 상자그림을 그린 다음 그것을 나란히 늘어놓은 그래프이다.[8] 중간 수준을 보면 서울이 가장 높고 울산이 가장 낮다. 산포로서 막대의 길이를 보면 대전이 가장 작고 인천이 가장 크다. 가장 큰 구는 서울에 있고 (서울시 송파구 63만) 가장 작은 구는 인천에 있다 (인천시 옹진군 1.3만). 이렇듯 자료 특성을 한 눈에 볼 수 있다.

<그림 2>에서 상자 그림은 광주<대구<대전<부산<서울<울산<인천 등 가나다 순으로 되어 있다. 이것이 보기에 다소 어색하므로 순서를 바꿔보자.

<그림 3>은 서울<부산<대구<인천<광주<대전<울산 등 관례적인 광역시 순서로 그린 것이다.[9] 중간선이 대체로 관례적 순서와 일치하나 부산이 어긋나 있음을 볼 수 있다. 즉 대체로 오래된 큰 광역시들이 구 인구가 많으나 부산의 구들은 그렇지 않다. 구(區)는 지방행정의 기초단위인 바, 이는 지방행정 비교 연구시 필히 고려할 만한 사항이다.

마지막으로 <그림 4>는 상자의 폭을 각 광역시의 구 수에 비례하게 표현한 그래프이다. 일반적으로 각 그룹의 자료 수는 자료탐색 결과의 신뢰성과 연관된다. [10]

---

8)
```
구인구 <- read.csv("광역시-구 인구.csv", header=T)
attach(구인구)
str(구인구)
boxplot(인구~지역명)
```

9)
```
시 <- reorder(지역명,지역코드)
x11()
boxplot(인구~시)
```

10)
```
x11()
boxplot(인구~시, width=table(시))
```

<표 3> 7개 광역시의 구별 인구 (2000년 인구주택총조사 결과)

지역코드	지역명	구	인구	지역코드	지역명	구	인구
1	서울	종로구	168879	2	부산	연제구	215206
1	서울	중구	130370	2	부산	수영구	175154
1	서울	용산구	226540	2	부산	사상구	292685
1	서울	성동구	322990	2	부산	기장군	67875
1	서울	광진구	380164	3	대구	중구	86014
1	서울	동대문구	366282	3	대구	동구	334487
1	서울	중랑구	440018	3	대구	서구	281638
1	서울	성북구	459011	3	대구	남구	191775
1	서울	강북구	340327	3	대구	북구	399519
1	서울	도봉구	352098	3	대구	수성구	448493
1	서울	노원구	605825	3	대구	달서구	584392
1	서울	은평구	442089	3	대구	달성군	147672
1	서울	서대문구	348769	4	인천	중구	65775
1	서울	마포구	365398	4	인천	동구	72792
1	서울	양천구	458998	4	인천	남구	408835
1	서울	강서구	503775	4	인천	연수구	259790
1	서울	구로구	390275	4	인천	남동구	395289
1	서울	금천구	265365	4	인천	부평구	528403
1	서울	영등포구	387404	4	인천	계양구	326522
1	서울	동작구	400351	4	인천	서구	335339
1	서울	관악구	503957	4	인천	강화군	60289
1	서울	서초구	367096	4	인천	옹진군	13304
1	서울	강남구	521436	5	광주	동구	116332
1	서울	송파구	632983	5	광주	서구	280676
1	서울	강동구	473572	5	광주	남구	229318
2	부산	중구	57669	5	광주	북구	477591
2	부산	서구	147647	5	광주	광산구	247031
2	부산	동구	121398	6	대전	동구	247143
2	부산	영도구	177636	6	대전	중구	253673
2	부산	부산진구	415457	6	대전	서구	470327
2	부산	동래구	289183	6	대전	유성구	161591
2	부산	남구	289452	6	대전	대덕구	233227
2	부산	북구	298539	7	울산	중구	227244
2	부산	해운대구	395405	7	울산	남구	323761
2	부산	사하구	374476	7	울산	동구	182658
2	부산	금정구	284065	7	울산	북구	118088
2	부산	강서구	53590	7	울산	울주군	160359

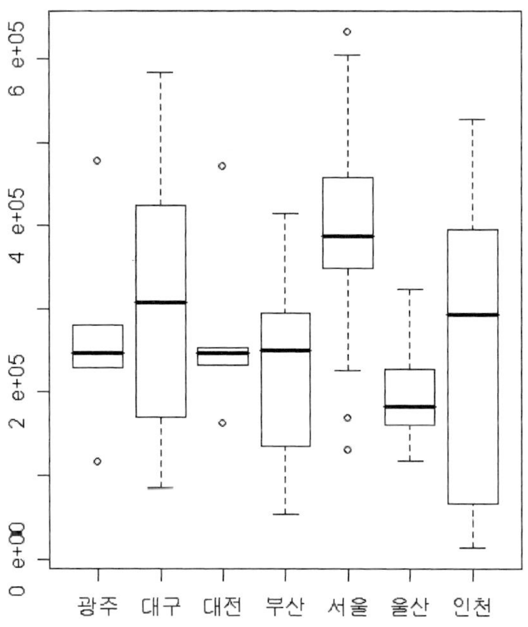

<그림 2> 7개 광역시의 구별 인구 비교 1

4.7 요약

- 요약수치는 한 묶음의 자료를 의미 있게 축약한 수치이다. 통상 다섯 수치로 요약되는데 그것은 "최소값, 아래 4분위수, 중앙값, 위 4분위수, 최대값"이다.
- 여러 묶음의 수치자료를 비교할 때 각 자료묶음은 상자그림으로 나타내는 것이 효율적이다. 상자그림은 다섯수치요약을 그대로 표현해낸다. 더불어 특이점을 넣을 수 있다.
- 특이점은 정규분포 가정 하에서는 1% 미만의 빈도로만 나타나므로 유의해볼만한 가치가 있다.

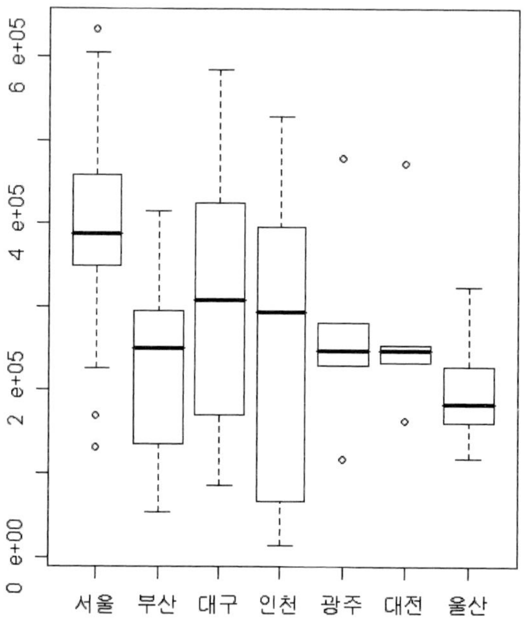

<그림 3> 7개 광역시의 구별 인구 비교 2

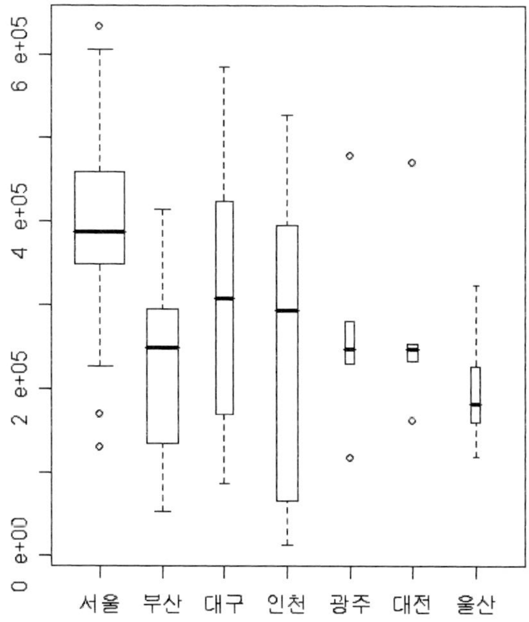

<그림 4> 7개 광역시의 구별 인구 비교 3

5장. 자료의 재표현

자료의 재표현(再表現, re-expression), 즉 변환을 통하여 자료 해석이 쉽게 되는 경우가 많이 있다. 자료의 재표현은 분포의 대칭화를 목적으로, 산포를 비슷하게 하기 위한 목적으로, 변수 사이의 관계를 단순하게 표현하는 것을 목적으로 한다.

주요 R 함수: `boxplot()`, `plot()`

5.1 멱승 · 로그 · 지수 변환에 의한 재표현

한 묶음 수치자료의 분포를 보기 위하여 히스토그램을 그려본 결과 정규분포 비슷한 대칭형 분포의 모습을 취하는 경우도 있지만 한 쪽으로 치우쳐진 기울어진 분포(skewed distribution)로 나타나는 경우도 있다. 이런 경우는 평균과 중위수가 상당히 다를 수 있으므로 무엇이 중심값인지 혼란스럽게 된다.

예를 보자. 다음은 통계청(http://www.nso.go.kr)이 발표한 우리나라 2005년 3/4 분기의 10분위별 도시근로자가구 소득이다.

```
> income <- c(880,1511,1944,2350,2738,3135,3609,4170,5068,7695)
```

이것은 제1분위(0-10%) 구간 값이 880이고, 제2분위(10-20%) 구간 값이 1511, ⋯, 제10분위(90-100%) 구간 값이 7695라는 것을 말 한다 (단위: 천원). 쉽게 생각하자면 우리나라의 잘 대표하는 10개 가구를 보여준다고 생각하면 된다. 가장 잘 사는 가구의 월 소득 7695(천원)은 가장 가난한 가구의 월 소득 880(천원)의 거의 9배나 된다.

<그림 1>의 왼쪽 것이 원래 자료값을 그린 인덱스 플롯(index plot)인데 비스듬한 J형의 곡선성을 보인다. 이것은 우리나라 전체 가구 월소득 분포가 큰 값 쪽으로 긴 꼬리를 갖고 있음을 말 한다. <그림 1>의 오른쪽 것은 로그 변환으로 재표현된 월소득에 대한 플롯인데 중앙을 중심으로 좀 대칭적 패턴을 보인다.[1] 이것은 월소득에 대한 자연스런 재

---

1)
```
par(mfrow=c(1,2))
plot(income)
plot(log(income))
```

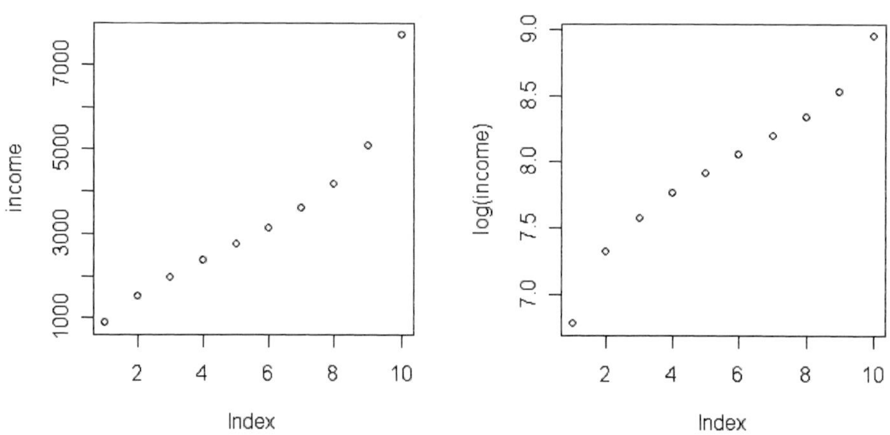

<그림 1> 10분위 가구 월소득: 원 자료값과 로그 변환값

표현이 로그 변환으로 얻어질 수 있음을 말하는 것이다. 대개 재화의 변동이 퍼센트로 늘어나거나 줄어드는 속성이 있음을 고려한다면 월 소득에 대하여는 로그 변환이 마땅한 표현 척도라는 것을 이해할 수 있을 것이다. 이와 같이 자료 분석자는 각 자료와 변수에 대하여 적절한 표현 척도를 찾아내야 한다.

최적의 표현 척도를 찾기에 앞서 일반적으로 변환에 의하여 자료 값들의 분포가 어떻게 바뀌는가를 보자. <그림 2>는 자료 x의 분포이다.[2] 대칭적 분포를 하고 있음을 볼 수 있다.

1) 선형변환(linear transform): 이제 x에 a를 곱하고 b를 더한 a*x+b 의 분포를 구하여 보자 (여기서 a와 b는 상수, a > 0). <그림 3>이 그 결과인데 이와 같은 변환으로는 분포의 형태(shape)가 바뀌지 않음을 볼 수 있다 (물론 분포가 놓이는 척도(scale)는 바뀐다. 그리고 a <0 인 경우엔 분포의 좌우가 바뀐다).

2) 비선형변환(nonlinear transform): x의 제곱, 4제곱 등 비선형 변환의 결과를 보자. <그림 4>와 <그림 5>를 보면 분포가 큰 값 쪽으로 길게 꼬리를 뻗은 모습을 볼 수 있다. 일반적으로, 비선형변환은 분포의 형태를 바꾼다.

---

2) 자료 x는 다음과 같이 평균 1, 표준편차 0.15인 정규분포로부터 임의 생성되었다 (길이 1000).

```
x <- rnorm(1000,1,0.15)
```

이와 같은 임의수(random number) 모의생성에 대하여는 6장에서 자세히 다룰 것이다.

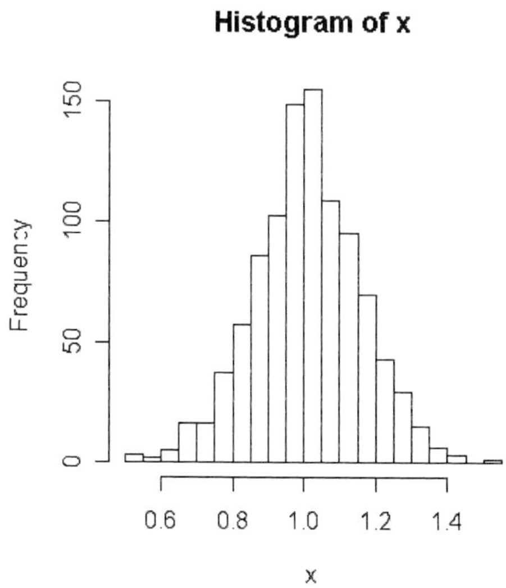

<그림 2> 히스토그램: x

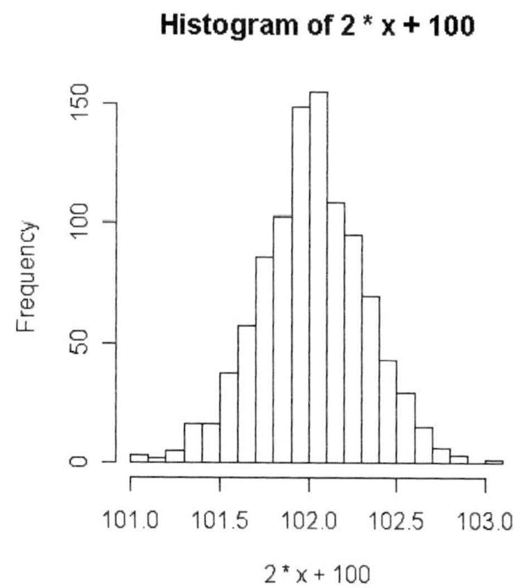

<그림 3> 히스토그램: 2*x + 100

분석 자료에 대한 히스토그램을 그려본 결과 <그림 2>와 같은 대칭적 분포가 나타나면 변환이 필요하지 않다. 그러나 <그림 4>나 <그림 5>와 같은 비대칭적 분포가 나타나면 분포의 대칭화를 위한 변환이 필요하다. 어떤 변환이 필요한가?

<그림 4>의 자료에 제곱근 변환(square root transform)을 하면 바로 <그림 2>의 히스토그램이 나타날 것이다. 제곱근 변환은 제곱 변환의 역변환이기 때문이다. 이와 같이 제곱근 변환은 오른쪽으로 긴 꼬리를 갖는 분포를 대칭화 하는 데 유용하다.

<그림 5>의 자료에 제곱근 변환을 하면 <그림 4>의 히스토그램이 나타날 것인데 여전히 오른쪽으로 긴 꼬리를 가지므로 다시 한 번 제곱근 변환을 하여야 <그림 2>의 히스토그램을 확보할 수 있다. 결과적으로는 4제곱구 변환을 하여 분포를 대칭화한 셈이 된다. 이와 같이 4제곱구 변환은 오른 쪽으로 매우 긴 꼬리를 갖는 분포를 대칭화하는 데 유용하다. 정리하여 도표로 그리면 다음과 같다.

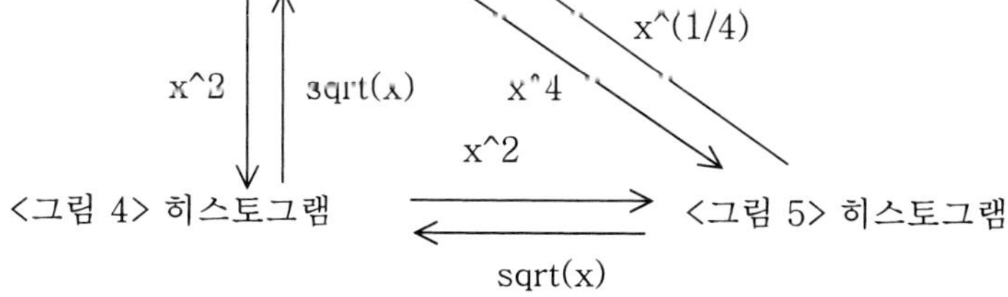

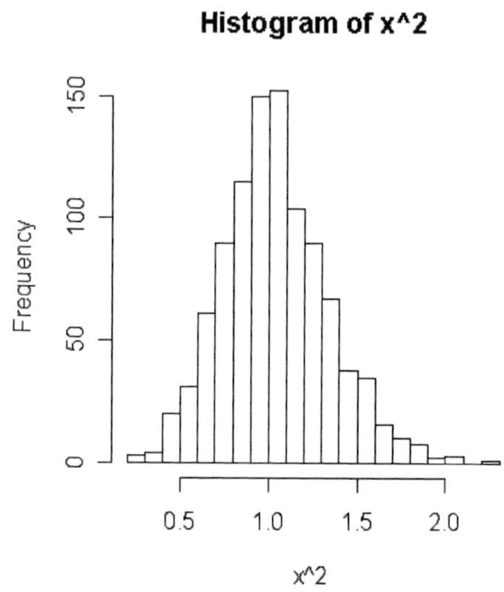

<그림 4> 히스토그램: x^2

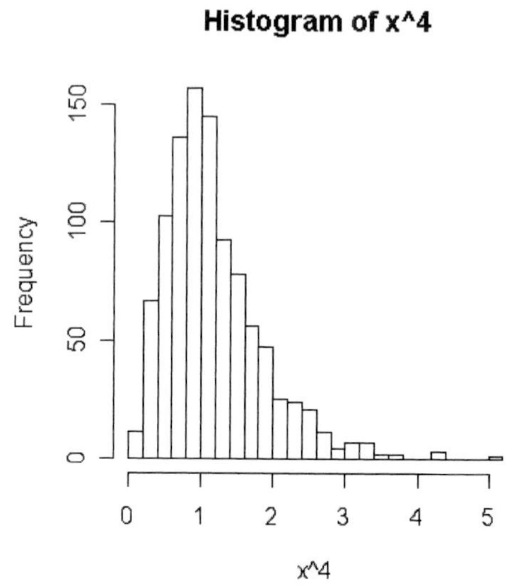

<그림 5> 히스토그램: x^4

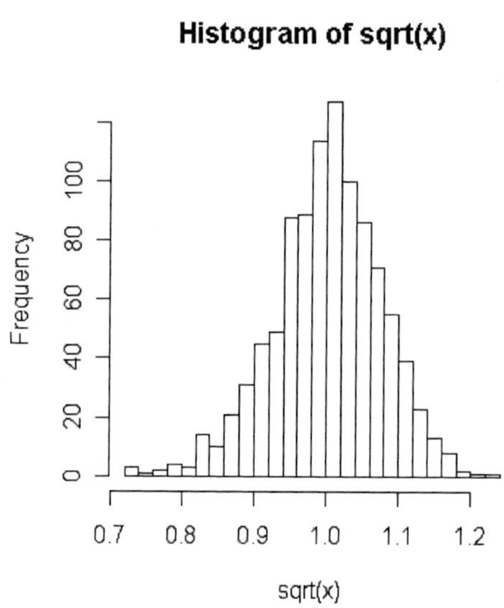

<그림 6> 히스토그램: sqrt(x)

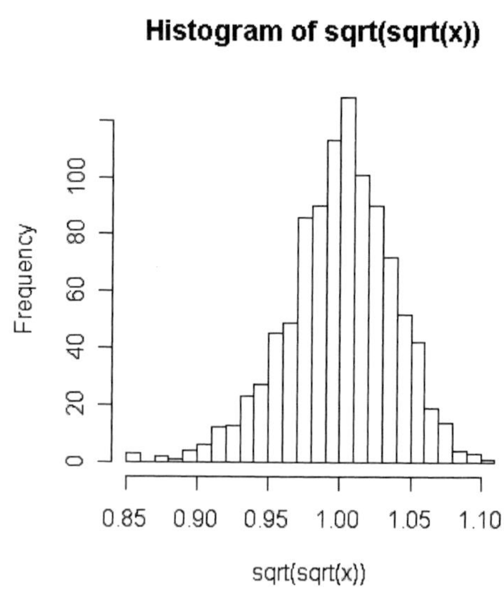

<그림 7> 히스토그램: sqrt(sqrt(x))

그러면 <그림 2>의 자료에 제곱근 변환을 하면 어떻게 되는가를 보자. <그림 6>의 히스토그램이 나타나는데 자세히 보면 왼쪽 꼬리가 약간 길다. <그림 7>은 제곱근 변환 자료에 다시 제곱근 변환을 한 것인데 왼쪽 꼬리가 확연하게 길게 보인다. 이것은 긴 왼쪽 꼬리를 갖는 분포에 대하여는 제곱 변환으로, 그 결과도 역시 긴 왼쪽 꼬리를 갖는 것으로 나타나면 다시 제곱 변환을 함으로써 (즉 4승 변환으로) 분포의 대칭형을 확보할 수 있음을 말한다.

이와 같이 변환과 상응하는 역변환을 통해 분포의 좌우 기운 형태를 바꿀 수 있다. 이제까지의 예에서는 그것이 제곱근 변환과 제곱 변환이었다. 이외에 또 하나의 대표적인 변환은 로그 변환(log transform)과 지수 변환(exponential transform)이다. <그림 8>은 <그림 2>의 자료에 로그 변환을 취한 결과이고 <그림 9>는 <그림 2>의 자료에 지수변환을 취한 결과이다. 정리하여 도표로 그리면 다음과 같다.

<그림 2> 히스토그램 —log(x)→ <그림 8> 히스토그램

<그림 8> 히스토그램 —exp(x)→ <그림 2> 히스토그램

<그림 2> 히스토그램 —exp(x)→ <그림 9> 히스토그램

<그림 9> 히스토그램 —log(x)→ <그림 2> 히스토그램

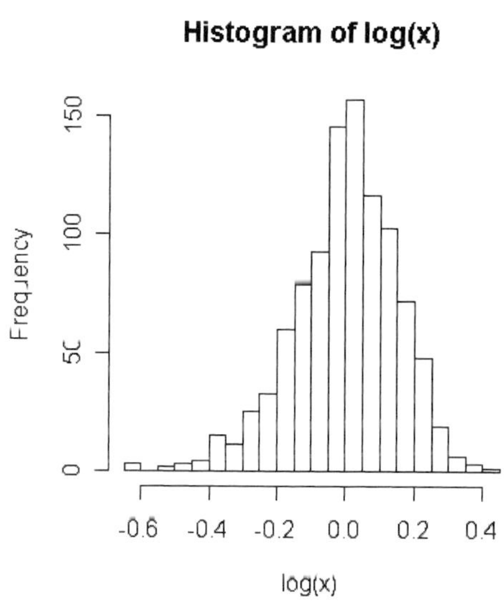

<그림 8> 히스토그램: log(x)

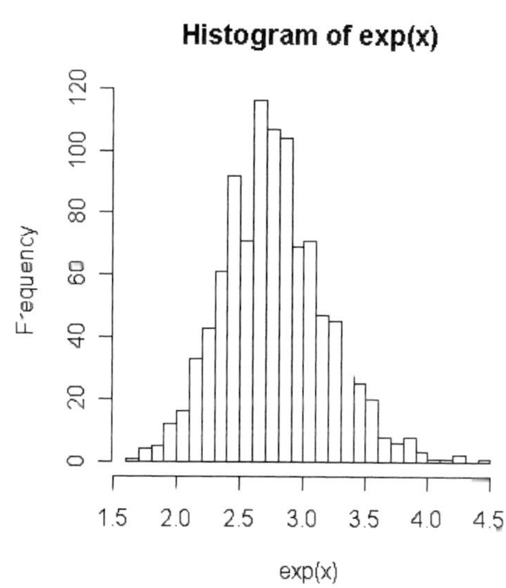

<그림 9> 히스토그램: exp(x)

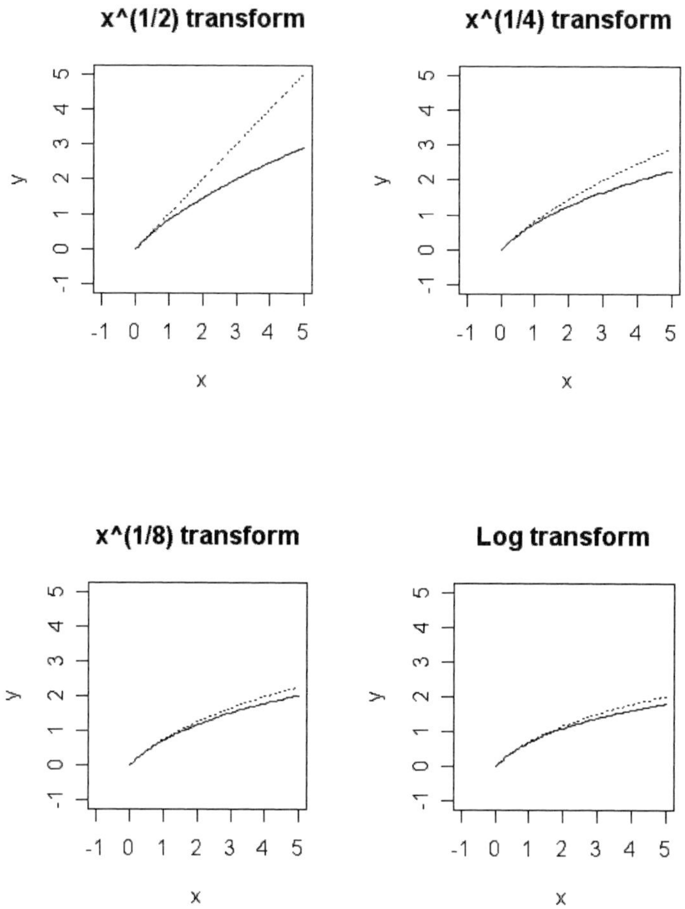

<그림 10> 파워 변환: $y = \frac{1}{p}((x+1)^p - 1)$ $(p = \frac{1}{2}, \frac{1}{4}, \frac{1}{8}, \frac{1}{\infty})$

우리는 앞에서 제곱근 변환에 의하여 분포의 기울어진 방향이 움직이는 것을 보았다. 예컨대 <그림 4>의 분포가 <그림 2>의 분포로 바뀐다. 그리고 다시 <그림 2>의 분포가 <그림 6>의 분포로 바뀐다. 왜 이렇게 될까?

<그림 10>의 왼쪽 위 그래프는 $y = 2*(\sqrt{x+1} - 1)$의 그래프를 그린 것이다 (점선은 $y = x$ 의 그래프). $y = 2*(\sqrt{x+1} - 1)$ 은 (0,0)을 지나며 이 점에서 기울기 1을 갖는다 (마찬가지로 $y = x$ 도 (0,0)을 지나며 이 점에서 기울기 1을 갖는다). 이와 같은 제곱근 유형의 변환들은 위로 볼록하여 x 가 증가함에 따라 y 도 증가하지만 $(y' > 0)$ 그 증가율은 감소한다 $(y'' < 0)$. 따라서 제곱근 함수와 같은 오목한 증가함수 변환에 의해 큰 값 영

역에서 밀도가 커지게 되는 것이다.

<그림 5>의 분포에서 <그림 2>의 분포로 가게 하는 $y = x^{1/4}$ 형의 멱승 (4제곱근) 변환은 어떨까? <그림 10>의 오른쪽 위 그래프는 $y = 4*((x+1)^{1/4}-1)$ 의 그래프를 그린 것이다 (점선은 $y = 2*(\sqrt{x+1}-1)$ 의 그래프).[3] $y = 4*((x+1)^{1/4}-1)$ 은 (0,0)을 지나며 이 점에서 기울기 1을 갖는다). 이 유형의 변환들도 위로 볼록하여 x 가 증가함에 따라 y 도 증가하지만 $(y' > 0)$ 그 증가율은 감소한다 $(y'' < 0)$. 따라서 큰 값 영역에서 밀도가 커지게 되는데, <그림 10>의 오른쪽 위 그래프에서 보듯이 4제곱근 변환이 제곱근 변환보다 휘는 정도가 더 크므로 더 심한 분포의 변형을 초래할 것이다.

그러면, $y = x^{1/8}$ 형의 멱승(冪乘, power; 거듭곱) 변환, 즉 8제곱근 변환은 어떨까? <그림 10>의 왼쪽 아래에서 실선은 $y = 8*((x+1)^{1/8}-1)$ 의 그래프이다 (점선은 $y = 4*((x+1)^{1/4}-1)$ 의 그래프). 더욱 그 양상이 심화되는 것을 볼 수 있다. 일반적으로,

$$y = \frac{1}{p}((x+1)^p - 1) \quad (p = \frac{1}{8}, \frac{1}{16}, \frac{1}{32}, \cdots)$$

형의 변환은 어떤 결과를 초래할까? 일일이 사례별로 검토하지 않더라도 더더욱 그 양상이 심화될 것임을 미루어 짐작할 수 있을 것이다. 여기서

$$\lim_{p \to 0} \frac{1}{p}((x+1)^p - 1) = \log_e(x+1)$$

이므로 로그 변환이 바로 ∞ 제곱근 변환, 즉 0 멱승(the 0th power) 변환에 해당함을 알 수 있다. <그림 10>의 오른쪽 아래에서 실선은 $y = \log_e(x+1)$ 의 그래프이고 점선은 $y = 8*((x+1)^{1/8}-1)$ 의 그래프이다.[4]

---

3)
```
x <- seq(0,5,0.1)
y1 <- x
y2 <- 2*sqrt(x+1)-2
par(mfrow=c(1,2))
plot(y1 ~ x, type="l", xlim=c(-1,5),ylim=c(-1,5), ylab="y",main="x^(1/2)
  transform", lty="dotted")
par(new=T); plot(y2 ~ x, type="l", xlim=c(-1,5),ylim=c(-1,5), ylab="",xlab="")
y1 <- y2
y2 <- 4*((x+1)^0.25)-4
plot(y1 ~ x, type="l", xlim=c(-1,5),ylim=c(-1,5), ylab="y",main="x^(1/4)
  transform", lty="dotted")
par(new=T); plot(y2 ~ x, type="l", xlim=c(-1,5),ylim=c(-1,5), ylab="",xlab="")
```

4)
```
y1 <- y2
y2 <- 8*((x+1)^0.125)-8
x11(); par(mfrow=c(1,2))
plot(y1 ~ x, type="l", xlim=c(-1,5),ylim=c(-1,5), ylab="y",main="x^(1/8)
  transform", lty="dotted")
```

그렇기 때문에, 큰 값 쪽으로 긴 꼬리를 갖는 분포(skewed to the right)를 대칭화하기 위해 제곱근 변환을 시도해본 결과 정도는 다소 달라졌어도 여전히 분포가 큰 값 쪽으로 긴 꼬리를 갖는다면 4제곱근 변환이나, 8제곱근 변환, 더 나아가 로그 변환을 시도해 보는 것이다.

<그림 11>은 <그림 10>의 4개 함수에 대한 역함수들로서 수식으로는

$$y = \left(1 + \frac{x}{p}\right)^p - 1 \quad (p = 2, 4, 8), \qquad y = \exp(x) - 1$$

로 표현된다 (이에 대하여는 잠시 후에 다루기로 한다. $y = \exp(x) - 1$은 $p = \infty$인 경우에 해당한다). 이들 함수들은 모두 (0,0)을 지나고 그 점에서 1의 기울기를 갖지만 함수의 구부러지는 정도, 즉 곡률(曲率, curvature)은 점증적으로 커진다. 이에 따라 이들 변환에 의한 분포의 변형도 각기 다른 크기의 영향을 받을 것이다.

EDA에서는 이와 같은 거듭곱(power, 멱승)형의 변환을 "변환의 사다리(ladder of transforms)"라고 하여 분포의 대칭화를 위시하여 다양한 목적으로 체계적으로 활용한다. 정리하자면 변환의 사다리는 다음과 같다.

$\exp(x)$: $p = \infty$

x^p : $p = 2, 3, 4, \cdots$

x^1 : 무변환

x^p : $p = \frac{1}{2}, \frac{1}{3}, \frac{1}{4}, \cdots$

$\log(x)$: $p = 0.$

$-x^p$: $p = -\frac{1}{2}, -1, -2, \cdots$ (역변환 꼴)

역변환의 한 예는 MPG(miles per gallon)을 뒤엎은 "GPM"(=gallons per mile)이다. 즉 GPM은 1마일 주행에 소모되는 갤런 수이다.

```
par(new=T); plot(y2 ~ x, type="l", xlim=c(-1,5), ylim=c(-1,5), ylab="",xlab="")
y1 <- y2
y2 <- log(x+1)
plot(y1 ~ x, type="l", xlim=c(-1,5),ylim=c(-1,5), ylab="y",main="Log
   transform", lty="dotted")
par(new=T); plot(y2 ~ x, type="l", xlim=c(-1,5),ylim=c(-1,5), ylab="",xlab="")
```

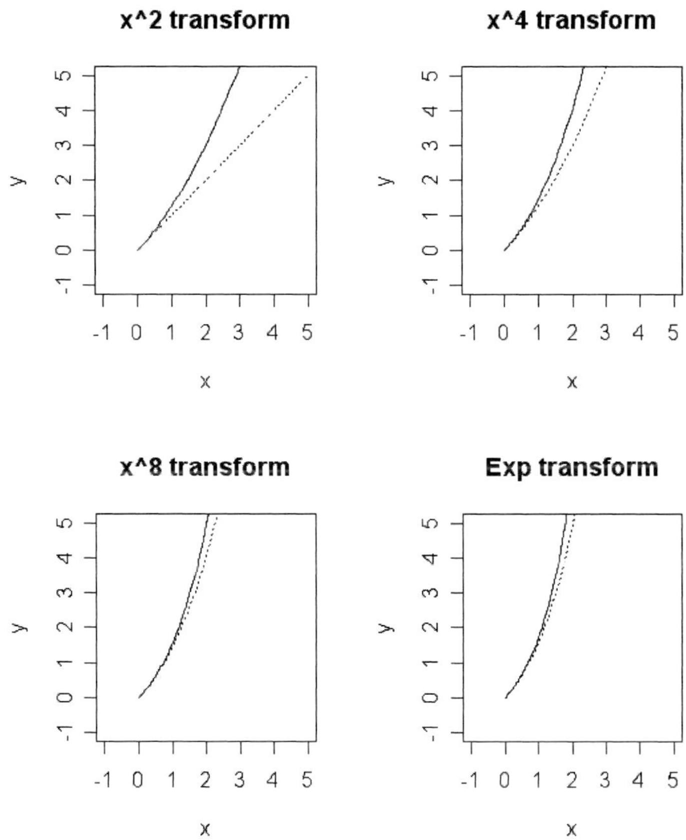

<그림 11> 파워 변환: $y = \left(1+\frac{x}{p}\right)^p - 1 \quad (p = 2,4,8,\infty)$

<u>수학적 세부사항</u> :

$$y = \frac{1}{p}\left((x+1)^p - 1\right) \quad (p = 1/2, 1/4, 1/8, \cdots), \qquad y = \log_e(x+1)$$

에 대한 역변환을 구해보자 ($x \ge 0$). 원 함수와 역변환 함수는 $y = x$를 중심으로 대칭이므로, x에 y를 대입하고 y에 x를 대입하면 $x = \frac{1}{p}\left((y+1)^p - 1\right)$과 $x = \log_e(y+1)$이 된다. 따라서

$$y = (1+px)^{\frac{1}{p}} - 1, \quad p = 1/2, 1/4, 1/8, \cdots; \quad y = \exp(x) - 1.$$

그러므로 $y = \frac{1}{p}\left((x+1)^p - 1\right)$ $(p = 1/2, 1/4, 1/8, \cdots)$과 $y = \log_e(x+1)$에 대한 역변환은

$$y = \left(1+\frac{x}{p}\right)^p - 1\ ,\quad p = 2,4,8,\cdots\ ;\quad y = \exp(x) - 1$$

로 표현된다 (p 대신 $1/p$를 넣음으로써). 또한

$$\lim_{p\to\infty}\left\{\left(1+\frac{x}{p}\right)^p - 1\right\} = \exp(x) - 1$$

이므로 지수변환(exponential transform)을 ∞-멱승 변환이라고 할 수 있다.

5.2 재표현의 목적

앞 절에서는 분포를 대칭화할 목적으로 자료에 대한 재표현을 시도하였다. 이와 같은 재표현은 관측 자료가 적절한 척도로 표현되면 어떤 값을 중심으로 음과 양의 오차만큼 흐트러지게 보일 것이라는 단순한 생각에서 나온 것이다. 이 밖에 자료 재표현이 요구되는 경우는 1) 여러 자료 묶음(그룹)의 산포가 상이하여 그룹간 비교가 어려운 경우, 2) 변수간 관계가 비선형적인 경우 등이다.

전자의 예를 보자. 손해보험회사 ABC는 세 종류의 보험 “A", "B", "C"를 팔고 있는데 각 보험 가입자들이 사고를 당하면 보상액을 청구하도록 되어 있다. <그림 12>의 왼쪽 위 그래프는 종별 보상 청구액 분포를 본 것이다.[5] 첫째 그래프에서 종별 상자의 중앙 뿐만 아니라 길이도 다름을 볼 수 있다. 이것은 자료묶음들이 다른 중심(center)과 산포(散布, spreadness)를 갖는다는 것을 말해준다. 이와 같은 경우엔 우선적으로 산포를 균일하게 해주는 변환을 찾을 필요가 있다. 그래야 중심을 비교하기 쉽기 때문이다. <그림 12>의 오른쪽 위 그래프는 제곱근 변환을 취하여 종별 보상 청구액 분포를 본 것인데 상자의 길이가 비슷해 보이는 것으로 보아 자료묶음의 산포가 균일해졌음을 알 수 있다. 왼쪽 아래 그래프는 로그 변환을 취해본 결과인데 “A", "B", "C"의 순서로 중앙값이 커지면서 산포는 반대로 작아져 보인다. 변환의 정도가 지나쳤다고 할 수 있다. 결론적으로 이 사례에서는 제곱근 변환이 적절하다. 만약 보상 청구액에 대한 통계적 모형으로 보험 종별 뿐 아니라 계약자 특성 몇 가지를 고려할 것이라면 보상 청구액의 제곱근 변환을 종속변수로 할 필요가 있다.

5) 실제 자료는 아니다. 위치 파라미터를 달리하여 100개씩의 관측을 감마분포(gamma distribution)로부터 임의생성시켰다.

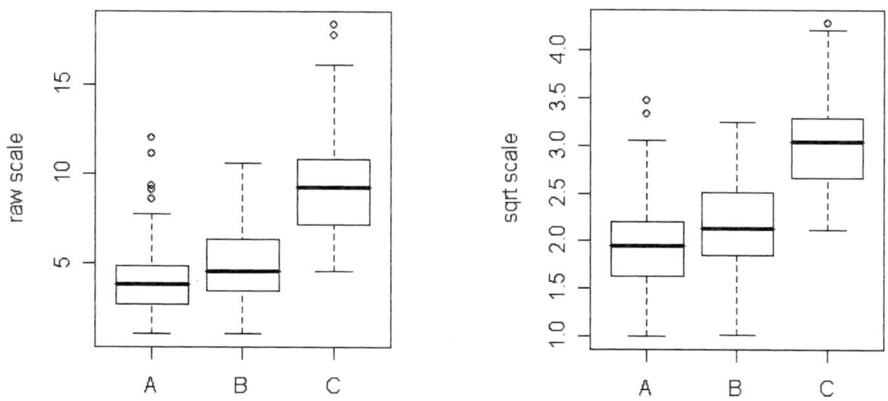

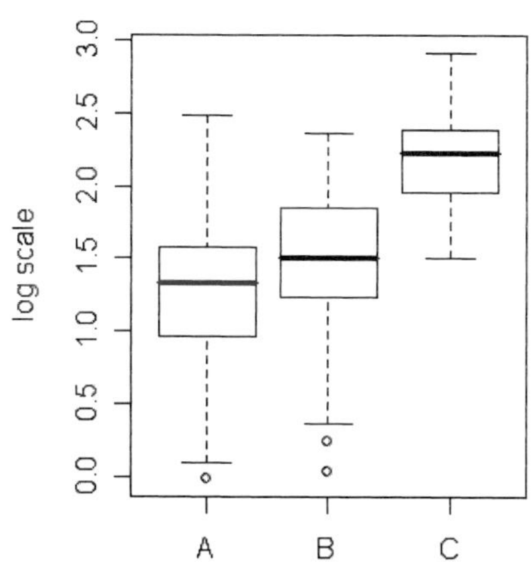

<그림 12> 3종 보험 청구액 사례[6]

---

6)
```
x1 <- rgamma(100,4); g1 <- rep("A",100)
x2 <- rgamma(100,5); g2 <- rep("B",100)
x3 <- rgamma(100,9); g3 <- rep("C",100)
claims <- c(x1, x2, x3)
group <- factor(c(g1,g2,g3))
boxplot(claims ~ group, ylab = "raw scale")
x11(); boxplot(sqrt(claims) ~ group, ylab = "sqrt scale")
x11(); boxplot(log(claims) ~ group, ylab = "log scale")
```

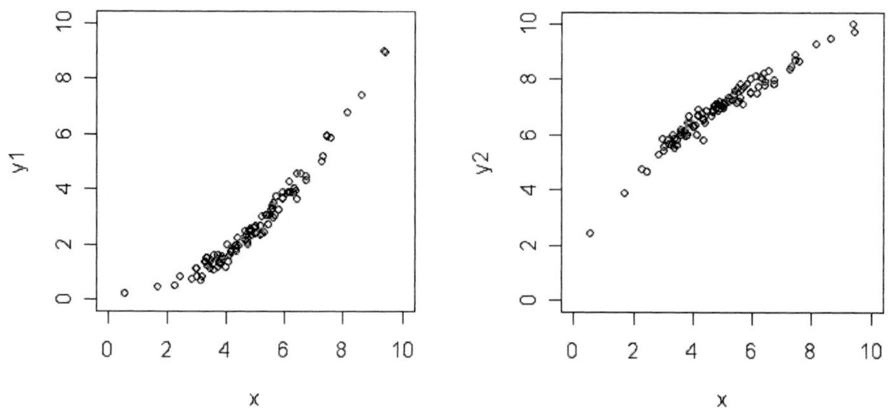

<그림 13> 비선형적 두 변수의 관계[7]

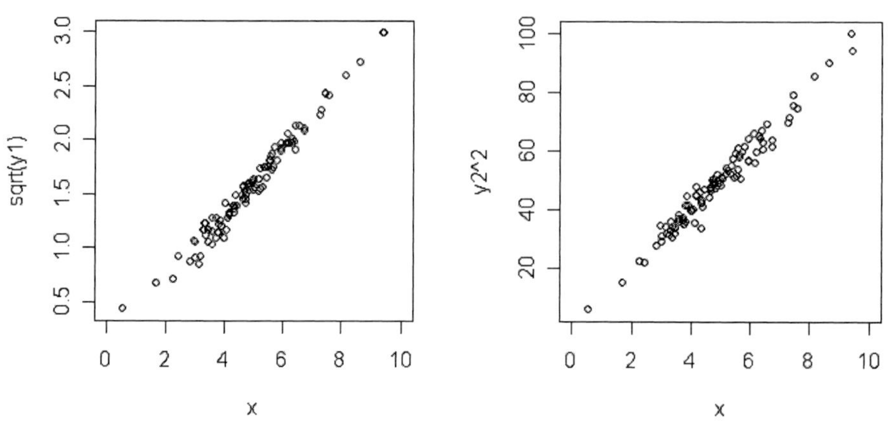

<그림 14> y의 변환으로 선형화된 두 변수의 관계[8]

---

7)
```
par(mfrow=c(1,2))
x <- rnorm(100,5,1.5)
y1 <- 0.1*x^2 + 0.2*rnorm(100,0,1)
plot(y1 ~ x, xlim=c(0,10), ylim=c(0,10))
y2 <- 10*sqrt(x/10) + 0.2*rnorm(100,0,1)
plot(y2 ~ x, xlim=c(0,10), ylim=c(0,10))
```

8)
```
par(mfrow=c(1,2))
plot(sqrt(y1) ~ x, xlim=c(0,10))
plot(y2^2 ~ x, xlim=c(0,10))
```

후자의 예로서 두 변수간 관계가 변수변환에 의하여 단순화되는 경우를 보도록 하겠다. <그림 13>의 왼쪽 그래프는 x와 y1이 볼록한 단조 증가적 관계를 보인다. 사실 이 그래프는 "y1 ≃ a*x^2 (a는 상수)"의 형태로 모의 생성된 자료를 그린 것이다. 따라서 "sqrt(y1) ≃ a'*x (a'는 상수)"로 변형된다. 이것은 y1에 제곱근 변환을 취함으로써 두 변수간 관계가 단순화될 가능성을 보여준다. 그 결과가 <그림 14>의 왼쪽 그래프이다. 이와 다르게 <그림 13>의 오른쪽 그래프는 "y2 ≃ b*sqrt(x) (b는 상수)"의 형태로 모의 생성된 자료로부터 나온 것으로 x와 y2가 오목한 단조 증가적 관계를 보인다. 따라서 "y2^2 ≃ b'*x (b'는 상수)"로 변형된다. 이것은 y2에 제곱변환을 취함으로써 두 변수간 관계가 단순화될 것임을 알려준다. <그림 14>의 오른쪽 그래프가 그 결과이다. 그러나, 볼록한 단조증가적 관계인 경우 y에 제곱근 변환을, 오목한 단조증가적 관계인 경우엔 y에 제곱 변환을 하는 것이라고 말하고 싶지 않다. 그보다는 변환의 사다리를 내려가거나 올라가는 시행착오를 해 볼 것을 권한다.

두 변수 관계의 단순화를 위하여 꼭 y 변수의 변환을 시도하는 것은 아니다. x 변수에 대하여도 변수변환을 해볼 필요가 있다. <그림 15>의 왼쪽 그래프는 x를 제곱 변환하여 y1과의 관계를 본 것이고 오른쪽 그래프는 x를 제곱근 변환하여 y2와의 관계를 본 것이다.

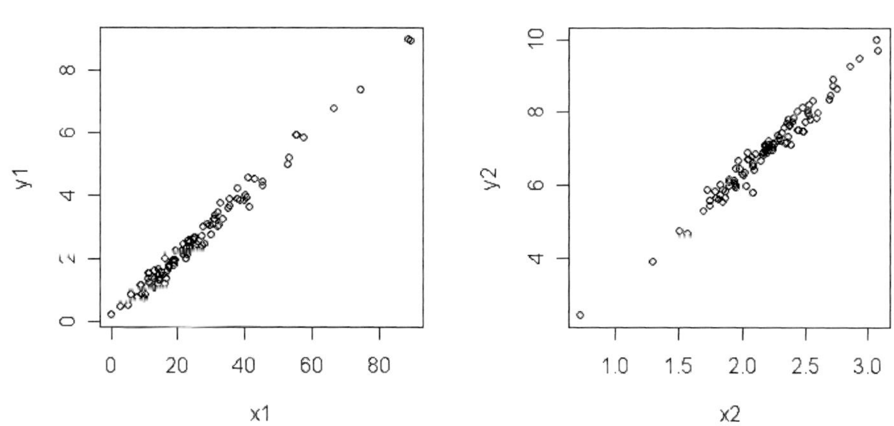

<그림 15> x의 변환으로 선형화된 두 변수의 관계[9]

---

9)
```
par(mfrow=c(1,2))
x1 <- x^2; plot(y1 ~ x1)
x2 <- sqrt(x); plot(y2 ~ x2)
```

5.3 재표현의 활용사례

이 절에서는 인간을 포함한 28종의 동물에 대하여 몸무게(body)와 뇌무게(brain) 사이의 관계를 탐구해보기로 하자. <그림 16>의 왼쪽 그래프가 두 변수간 산포도인데 워낙 각 변수의 분포가 기울어져 있어 어떤 관계가 나타나질 않는다. 이에 따라 두 변수에 각각 로그 변환을 취한 다음 산포도를 그려보게 되었는데 그 결과가 <그림 16>의 오른쪽 그래프이다.[10] 대체로 선형적 관계에 있음을 볼 수 있다. 다만, 예외적으로 3개 정도의 개체가 주 경향선에서 벗어나 있다.

주 경향을 살펴보기 위하여 R의 `lm()` 함수를 사용하여 변환 자료에 통상적인 최소제곱(least squares; LS) 선형회귀를 해보았다. 그 결과 회귀식으로

$$\log(brain) = 2.555 + 0.496*\log(body)$$

를 얻었다. <그림 17>의 왼쪽 그래프가 회귀식을 보여주지만 만족스럽지 못하다. 회귀식이 오른쪽 3개의 특이점에 의하여 심하게 영향을 받았기 때문이다. 이에 따라 R의 `rlm()` 함수를 사용하여 로버스트 회귀를 해보았다 (로버스트 회귀 방법론에 대하여는 9장에서 설명할 것이다). 로버스트 회귀식은

$$\log(brain) = 2.211 + 0.664*\log(body)$$

로 나타났다. <그림 17>의 오른쪽 그래프에서 회귀식을 보여주는데 대체로 만족스럽다. 오른쪽 3개의 특이점이 회귀식에 별 영향을 주지 않은 것으로 보인다.[11]

---

10)
```
library(MASS)
data(Animals)
attach(Animals)
par(mfrow=c(1,2))
plot(brain ~ body, xlim=c(0,100000))
text(y=brain, x=body, label=abbreviate(rownames(Animals)), adj = 0, cex = 0.9)
plot(log(brain) ~ log(body), xlim=c(-4,12), ylim=c(-4,12))
text(y=log(brain), x=log(body), label=abbreviate(rownames(Animals)),
     adj = 0, cex = 0.9)
```

11)
```
lm(log(brain) ~ log(body))
m0 <- lm(log(brain) ~ log(body))
plot(log(brain) ~ log(body), xlim=c(-4,12), ylim=c(-4,12))
abline(m0$coef, lty="dotted")
rlm(log(brain) ~ log(body))
m1 <- rlm(log(brain) ~ log(body))
r <- m1$resid
x11(); plot(log(brain) ~ log(body), xlim=c(-4,12), ylim=c(-4,12))
abline(m1$coef, lty="dotted")
```

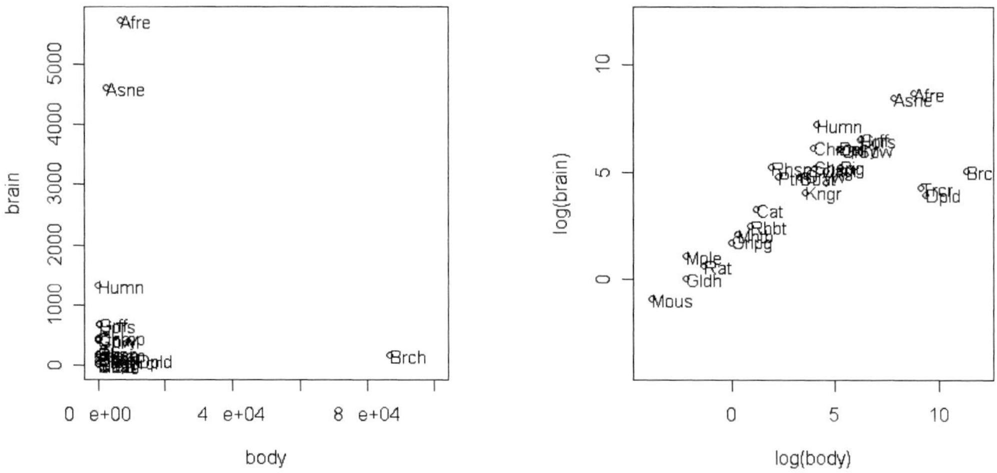

<그림 16> 뇌무게(brain)와 몸무게(body)의 관계

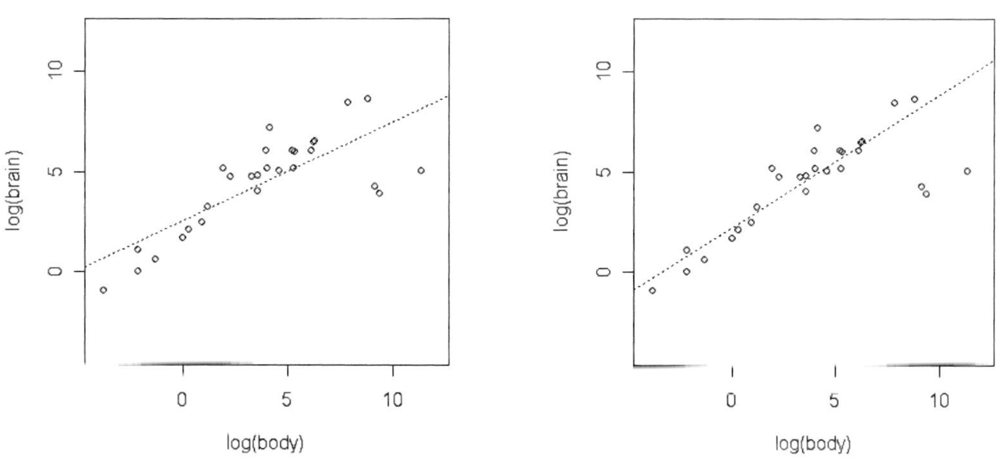

<그림 17> 적합 회귀식: 왼쪽은 최소제곱 회귀, 오른쪽은 로버스트 회귀

여기서 우리는 로버스트 회귀에서의 잔차는

r = log(brain) - 2.211 - 0.664*log(body)

로 나타났다. 잔차 r은 실제 뇌무게가 몸무게를 고려할 때 기대되는 뇌무게에 비하여 어느 정도 큰가/작은가를 보여주는 지표로 볼 수 있을 것이다. 이것이 양의 값으로 클수록 진화된 뇌를 가진 것으로, 음의 값으로 클수록 덜 진화된 뇌를 가진 것이 아니겠는가? 이런 맥락에서 우리는 r을 “뇌 진화 지표”로 정의할 것이다. <그림 18>은 뇌 진화 지표의 순서대로 28종 동물을 늘어놓은 그래프이다.12)

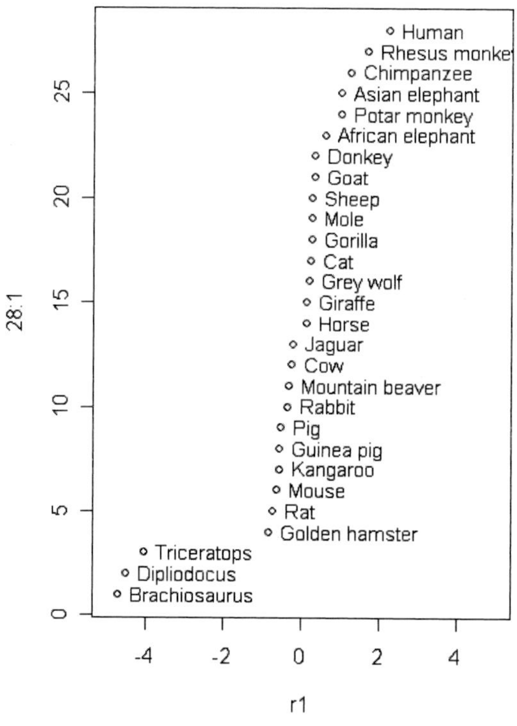

<그림 18> 뇌 진화 지표

---

12)
```
names <- rownames(Animals)
names1 <- names[order(r, decreasing=T)]
r1 <- r[order(r, decreasing=T)]
data.frame(names1, round(r1,2))
plot(28:1 ~ r1, xlim = c(-5,5))
text(y = 28:1, x = r1, label = names1, pos = 4, adj = 0.2, cex = 0.9)
```

<그림 18>에서 인간(Human)이 가장 위에 있고 영장류인 Rhesus monkey, Chimpanzee가 뒤를 잇고 있다. 가장 아래에는 Brachiosaurus가 나타났고 이어서 Diplodocus, Triceratops가 나타났는데 이들 3종은 모두 공룡 종류로서 <그림 17>에서 특이점으로 나타난 바 있다.

"뇌 진화 지표"인 r은

exp(r) = 상수 * brain / body^0.664

로 표현가능하다. 즉 뇌(brain)의 상대적 크기를 지표화하기 위하여 몸무게(body)로 나누지 않고 몸무게(body)의 0.664 멱승(power)으로 나누어야 한다는 것이다. 혹시 "2/3 멱승"에 어떤 의미를 갖지 않을까? 다음은 한 가지 해석이다.

> "몸무게(body)는 몸체의 부피 V에 비례할 것이다. 비례상수를 무시한다면, V의 2/3 멱승은 부피를 표면적 S로 바꾸는 변환이다. 신경망의 끝점은 표면에 퍼져 있다. 따라서 body의 2/3 멱승은 신경망의 영역 크기를 나타낸다. 그러므로 exp(r)은 신경망의 영역크기 대비 신경망 중앙처리기의 용량을 나타내는 것으로 볼 수 있다."

어떤가?

5.4 표준화 변환

표준화 변환이란 통상적으로 한 자료묶음의 평균이 0, 표준편차가 1이 되도록 하는 선형변환을 말한다. 즉, $x_1, x_2, \cdots, x_n$ 을 자료 값이라고 할 때 이것의 표준화변환 $z_1, z_2, \cdots, z_n$ 은 다음과 같이 정해진다.

$$z_i = \frac{x_i - \bar{x}}{s_x}, \quad i = 1, 2, \cdots, n. \tag{1}$$

여기서 $\bar{x}$ 와 s_x 은 자료묶음 $x_1, x_2, \cdots, x_n$ 의 평균과 표준편차이다. 표준화 변환은 묶음 내에서의 개별 값들의 위치를 나타내므로 여러 상황에서 유용하게 활용된다. 예컨대 $x_1, x_2, \cdots, x_{n_1}$ 이 시험 X를 치른 A 그룹 n_1 명의 점수이고 $y_1, y_2, \cdots, x_{n_2}$ 이 시험 Y를 치른 B 그룹 n_2 명의 점수라고 하자. 그런데 A 그룹과 B 그룹은 단지 임의로 구분되었을 뿐 학업능력에서 어떤 체계적인 차이가 있다고 보기 어렵다고 하자. 그런데도 두 자료 묶음이 서로 다른 중심과 편차를 갖는다면 이것은 시험 X와 시험 Y의 난이도 및 변별력의 차이로 빚어진 결과일 것이다. 따라서 A 그룹 n_1 명과 B 그룹 n_2 명을 합하여 비교해야 할 필요가 있는 상황에서는 표준화 변환이 요구된다.

그런데 (1)은 로버스트하지 않은 $\bar{x}$ 와 s_x 에 의존하므로 EDA의 관점에서는 믿고 사용하기 어렵다. 이에 따라 평균 $\bar{x}$ 대신 중앙값 med_x 를, 표준편차 s_x 대신 사분위수범위 IQR을 보정한

$$\tilde{\sigma}_x = \text{IQR}/1.35$$

을 쓰는 것이 좋을 것이다. 따라서 로버스트 표준화 변환은 다음과 같다.

$$\tilde{z}_i = \frac{x_i - med_x}{\tilde{\sigma}_x}, \quad i = 1, 2, \cdots, n.$$

한 수치 예를 보자. A 그룹 학생 100명의 시험 X 점수는 $N(40,10)$ 으로부터 생성되었고, B 그룹 학생들의 시험 Y 점수는, 90명은 $N(40,10)$ 으로부터 나머지 10명은 $N(80,5)$ 으로부터, 생성되었다고 하자. 각 그룹에 각각 단순한 표준화를 한다면 어떻게 될까? <그림 19>는 각 그룹의 표준화 점수 분포를 보여준다.[13] 변환점수가 결과적으로 비슷한 폭의 구간에 놓이게 된다. 그러면 로버스트 표준화 변환의 결과는 어떨까? <그림 20>에서 각 그룹의 로버스트 표준화 변환의 결과를 보면 Y 점수에 대한 변환 값이 더 넓은 폭의 구간에 놓이는 것을 볼 수 있다.[14]

그러면 어느 것이 좋다고 할 수 있을까? 간단히 답하기는 어렵다. 문제지에 차이가 있는지, 아니면 문제지에 차이가 있다고 보기는 어려운지를 살펴볼 필요가 있다. 만약 후자의 경우라면 두 그룹의 학생들이 실력 면에서 동등하다고 보기 어렵다고 판단된다. B 그룹의 90%는 A 그룹과 동등하지만 B 그룹의 10%는 뛰어난 학생들이라고 한다면 사실 아무런 변환이 필요 없는 경우가 될 것이다. 이런 상황에서 단순 표준화 변환은 오히려 문제를 초래하게 된다. 그러나 로버스트 표준화 변환은 별 문제를 초래하지 않는다. 무해한 것이다. 로버스트 표준화 변환은 안전한 방법이다.

---

13)
```
par(mfrow=c(1,2))
x <- rnorm(100,40,10)
y <- c(rnorm(90,40,10),rnorm(10,80,5))
z.x <- (x - mean(x))/sd(x)
z.y <- (y - mean(y))/sd(y)
hist(z.x, breaks=seq(-6,6,0.5), freq=F, ylim=c(0,0.7))
hist(z.y, breaks=seq(-6,6,0.5), freq=F, ylim=c(0,0.7))
```

14)
```
par(mfrow=c(1,2))
zz.x <- (x - median(x))/(IQR(x)/1.35)
zz.y <- (y - median(y))/(IQR(y)/1.35)
hist(zz.x, breaks=seq(-6,6,0.5), freq=F, ylim=c(0,0.7))
hist(zz.y, breaks=seq(-6,6,0.5), freq=F, ylim=c(0,0.7))
```

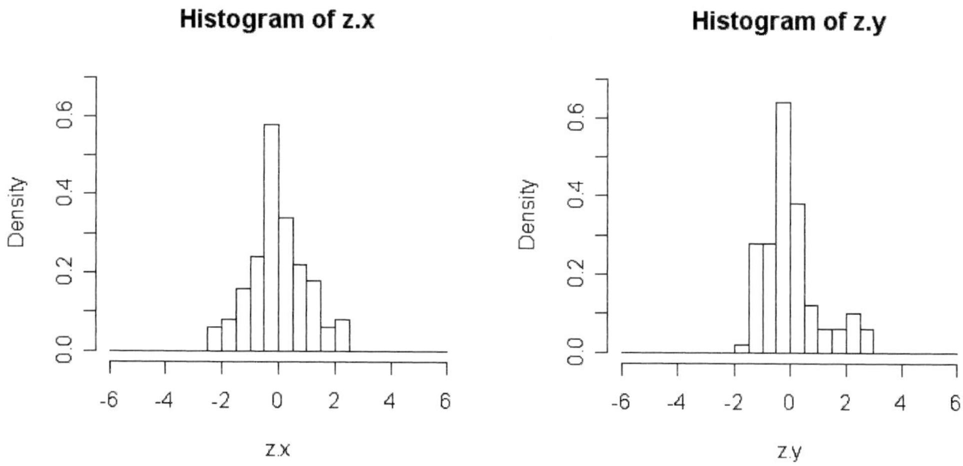

<그림 19> 단순 표준화 점수 분포

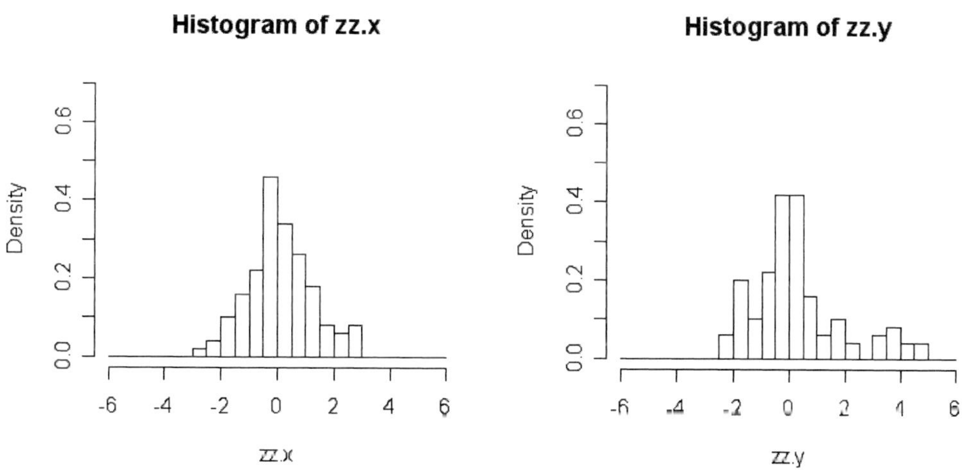

<그림 20> 로버스트 표준화 점수 분포

5.5 요약

- 선형변환(linear transform) a*x+ b (a >0)은 분포의 형태를 바꾸지 않는다. 그러나 비선형변환(nonlinear transform)은 비선형변환은 분포의 형태를 바꾼다.
- 변환의 사다리(ladder of transforms)는 x^p 꼴의 파워(power, 멱승)형 변환을 일컫는데 변환의 사다리를 내려가면 ($p < 1$) 오른 쪽 꼬리가 짧아진다. $p = 0$에 해당하는 변환은 로그변환이다.
- 자료의 재표현은 분포의 대칭화를 위하여, 또는 자료묶음들의 산포를 균일화하기 위한 목적으로 실행된다.
- 자료의 재표현은 자료 해석을 풍부하게 한다.

6장. 확률 플롯의 활용

연속형 자료에 대하여 특정 확률모형을 상정하는 경우에서 과연 그 모형이 관측 자료와 부합하는지를 평가할 필요가 있다. 이를 위하여 qq (quantile-quantile) 플롯이라는 방법을 활용할 것이며 확률분포로는 정규분포, 지수분포와 와이블 분포를 고려할 것이다. 아울러 각종 분포로부터 임의수를 모의생성하는 방법에 대하여 설명할 것이다.

주요 R 함수: qqnorm(), qqmath()

6.1 정규확률 플롯

많은 사람들이 연속형 자료에 대한 확률모형으로 가장 먼저 생각하는 것이 정규분포(normal distribution)이다. 정규분포는 2개의 파라미터 μ와 σ를 가지기 때문에 $N(\mu, \sigma)$로 표기되는데 다음과 같은 밀도함수를 갖는다.

$$f(x; \mu, \sigma) = \frac{1}{\sqrt{2\pi}\,\sigma} \exp\left\{-\frac{(x-\mu)^2}{2\sigma^2}\right\}, \quad -\infty < x < \infty .$$

<그림 1>의 왼쪽 그래프는 $N(0,1)$의 밀도함수이다.[1]

관측 값 $x_1, \cdots, x_n$을 정렬하여 $x_{(1)} < \cdots < x_{(n)}$으로 만들어 놓았다고 하자. 그러면 i번째 값 $x_{(i)}$는 표본 자료에서

$$p_i = (i - 0.5)/n, \quad i = 1, \cdots, n$$

에 해당하는 분위수이다 ($p_i = (i-1)/(n-1)$ 또는 $p_i = (i-1/3)/(n+1/3)$로 잡는 방법이 있다). 그러므로 관측 값 $x_{(i)}$는 $N(\mu, \sigma)$의 p_i 분위수인

$$F^{-1}(p_i; \mu, \sigma)$$

와 확률적인 변동 때문에 꼭 일치하지는 않더라도 근사하게 될 것이다 (여기서 x =

---

1)
```
x <- seq(-3,3,0.01)
y <- dnorm(x)
plot(y ~ x, type="l", ylim = c(0,0.5), ylab = "density")
```

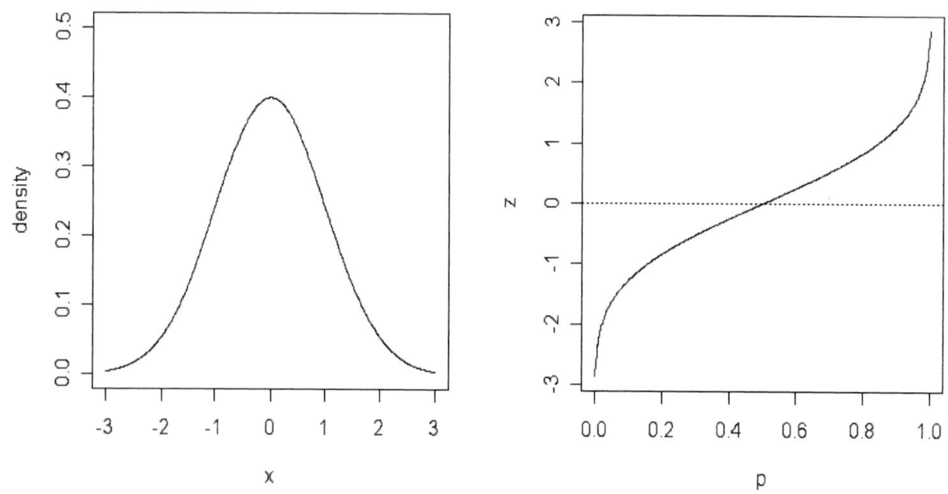

<그림 1> $N(0,1)$ 의 밀도함수와 분위수 함수

$F^{-1}(p\,;\mu,\sigma)$는 $p = F(x\,;\mu,\sigma)$의 역함수이고 $F(x\,;\mu,\sigma)$는 $N(\mu,\sigma)$의 분포함수). 그런데 Z를 $N(0,1)$을 따르는 표준정규변량이라고 하면

$$P\{X \le x\,;\mu,\sigma\} = P\{Z \le (x-\mu)/\sigma \quad (=p)$$

의 관계에 있으므로

$$F^{-1}(p\,;\mu,\sigma) = \mu + \sigma \cdot F^{-1}(p\,;0,1)$$

이 성립한다. 정리하면, $x_{(1)} < \cdots < x_{(n)}$가 $N(\mu,\sigma)$을 충실히 따르는 경우

$$x_{(i)} \simeq \mu + \sigma \cdot F^{-1}(p_i\,;0,1)$$

을 기대할 수 있다. <그림 1>의 오른쪽 그래프는 $N(0,1)$의 p-분위수 함수 $z = F^{-1}(p\,;0,1)$을 보여준다.[2] 다시 말하여 $z_i\,(=F^{-1}(p_i\,;0,1)$; 수평축) 대 $x_{(i)}$ (수직축)의 그래프가 직선 형태가 되어야 한다 (이때, 직선의 절편은 μ, 기울기는 σ).

2)
```
p <- (seq(1,500)-0.5)/500
z <- qnorm(p,mean=0,sd=1)
plot(z ~ p, type="l")
abline(c(0,0),lty="dotted")
```

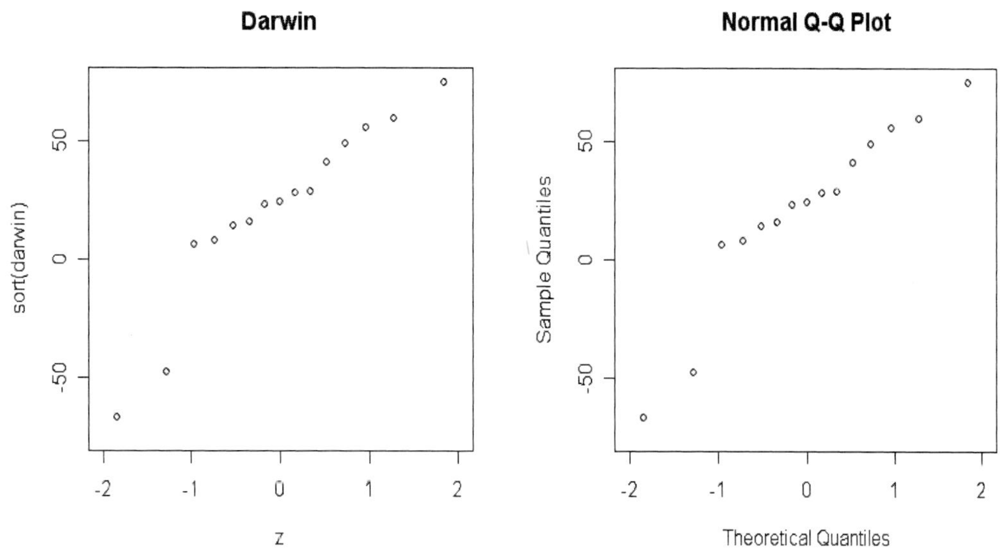

<그림 2> 다윈 자료에 대한 정규확률 플롯

한 수치적 사례를 보도록 하자. 여기서 분석하고자 하는 것은 통계학의 아버지인 피셔(R.A. Fisher, 1890-1962)의 The Design of Experiments에서 인용한 옥수수 종 Zea Mays 실험 자료이다. 이 자료는 옥수수의 순종 교배와 잡종 교배를 비교한 것인데 여기서는 그 차이(=잡종교배-순종교배) 변수 D가 정규분포를 잘 따르는가를 보자. 여기서는 두 가지 방법으로 다윈 자료에 대한 정규확률 플롯을 만들 것이다.

방법 1: 수평축에 표준정규분포 $N(0,1)$로부터 자료 길이의 분위수 z를 넣고 수직축에는 자료를 정렬하여 넣는다.

방법 2: R의 정규확률 플롯 함수인 qqnorm()을 활용한다.

<그림 2>가 그 결과이다.[3] 물론 두 플롯은 꼭 같다. 정규확률 플롯의 왼쪽 두 점이 대체적인 경향 직선에서 완전히 벗어나 있다. 두 점은 특이점(outliers)으로 보인다.

---

3)
```
darwin <- c(49,-67,8,16,6,23,28,41,14,29,56,24,75,60,-48)
qqnorm(darwin)
p <- (1:length(darwin)-0.5)/length(darwin)
z <- qnorm(p)
plot(sort(darwin) ~ z, ylim=c(-75,75), xlim=c(-2,2), main="Darwin")
x11(); qqnorm(darwin, ylim=c(-75,75), xlim=c(-2,2))
```

아니면 이 자료가 정규분포를 잘 따르지 않는 경우로 볼 수도 있을 것이다. 전자를 따른다면 왼쪽의 2개 특이점을 빼고 보아야 하므로 경향선의 절편과 기울기로부터 이 자료의 평균과 표준편차가 각각 30과 20 정도임을 알 수 있다.

6.2 각종 임의수의 모의생성 방법

이 절에서는 각종 분포로부터 임의수(random numbers)를 모의생성하는 R의 함수들을 설명하기로 한다. 그 바탕이 되는 수리적 이론에 대하여는 확률론 교재들을 참고하기 바란다. 이러한 생성된 모의생성 자료(simulated data)는 실제 관측 자료의 통계적 모형화에 많은 도움을 준다.

1) 균일분포로부터의 모의생성

균일분포의 기본형은 구간 (0,1)에서 균일한 밀도를 갖는 확률분포이다. 즉, X ~ uniform(0,1)의 밀도함수와 분포함수는 각각

$$f(x) = 1,\quad 0 \le x \le 1;\qquad F(x) = x,\quad 0 \le x \le 1$$

이다. 일반화된 균일분포는 구간 (a, b)에서 정의되며 밀도함수는

$$f(x;a,b) = 1/(b-a),\quad a \le x \le b$$

이다. R 함수 `runif()`를 써서 균일 임의수(uniform random numbers)을 모의생성해 낼 수 있다. 즉

```
> runif(10)          # 10 uniform random numbers between 0 and 1
 [1] 0.0008289637 0.0195224108 0.2969745693 0.2737461978 0.8294713392
 [6] 0.7210594229 0.6805558885 0.3841948926 0.1852734671 0.2117026055

> runif(10,-1,1)     # 10 uniform random numbers between -1 and 1
 [1]  0.4073843 -0.4750245 -0.5473027  0.1863726 -0.7052586 -0.8979158
 [7] -0.9722299  0.6163710  0.6051291 -0.9699124
```

만약 0부터 9까지의 자연수를 임의생성해 내고자 하는 경우엔 구간 (0, 10)에서 균일 임의수를 만든 다음 소수점 이하 버림을 하면 된다. 즉

```
> trunc(runif(25,0,10))    # 25 random digits from 0 to 9
 [1] 2 4 4 3 9 0 8 0 1 4 7 1 1 2 1 8 7 5 8 1 3 3 0 3 7
```

2) 정규분포로부터의 모의생성

표준 정규분포 $N(0,1)$의 밀도함수는

$$f(x) = \frac{1}{\sqrt{2\pi}} \exp\left\{-\frac{x^2}{2}\right\}, \quad -\infty < x < \infty$$

이고 이로부터 생성되는 확률변수를 Z로 표기하자. 그러면

$$X = \mu + \sigma \cdot Z$$

는 평균이 μ, 표준편차가 σ인 정규분포 $N(\mu,\sigma)$를 따르게 된다.

정규 임의수(normal random numbers)는 R 함수 `rnorm()`를 써서 임의 생성해 낼 수 있다. 즉

```
> rnorm(10)          # 10 random normal random numbers from N(0,1)
 [1] -0.68029518 -0.96405361 -0.05180408  0.74119472  0.22685200
 [6] -0.20014701  0.38782024  0.79391837 -0.14051396  0.45580520
> rnorm(10,5,2.5)  # 10 random normal random numbers from N(5,2.5)
 [1] 3.032161 4.038003 5.826701 3.613449 5.303931 4.881010 3.059371
 [8] 7.078603 7.115770 7.560349
```

표준정규분포에서 1 이상의 확률을 구하기 위해서 다음과 같이 임의수를 활용해 볼 수 있겠다:

```
> z <- rnorm(10000,0,1)    # 10000 normal random numbers from N(0,1)
> sum(z > 1)/10000
[1] 0.1575
```

위 값은 모의생성 자료에 근거하므로 결과가 매번 달라질 수 있다. 표준정규분포에서의 확률은 다음과 같이 R의 `pnorm()` 함수를 써서 직접 구할 수 있다.

```
> 1-pnorm(1)
[1] 0.1586553
```

이 값은 수치 적분의 결과이므로 달라지지 않는다.

3) 지수분포로부터의 모의생성

발생률 λ의 지수분포 Exponential(λ)의 밀도함수와 분포함수는 다음과 같다.

$$f(x;\lambda) = \lambda \exp(-\lambda x), \quad x \ge 0. \qquad F(x;\lambda) = 1 - \exp(-\lambda x), \quad x \ge 0.$$

Exponenial(λ)를 따르는 확률변수 X의 평균과 분산은

$$E(X;\lambda) = \lambda^{-1}, \quad Var(X;\lambda) = \lambda^{-2}$$

이다. 이 분포는 무기억(無記憶, lack-of-memory) 시스템에서 발생시간(occurrence time)에 대한 확률모형으로 많이 활용된다.

지수 임의수(exponential random numbers)는 R 함수 `rexp()`를 써서 임의적으로 생성해 낼 수 있다. 즉

```
> rexp(10)          # 10 exponential random numbers with lambda = 1
 [1] 0.3573711 0.4407102 0.7607635 3.4358361 0.1126581 0.5885856
 [7] 0.3853899 0.2711516 0.4129307 1.0415379
> rexp(10, 0.5)     # 10 exponential random numbers with  lambda = 0.5
 [1] 4.7550407 0.8920734 1.9147598 6.3670248 0.7309704 1.2130686
 [7] 2.1775975 1.8795910 1.3536299 0.8331386
```

지수분포는 앞에서 언급한대로 무기억성(無記憶性)을 갖는다. 대기시간이 평균 1분인 은행 ATM 창구에서 어떤 고객이 이미 1분을 기다렸다고 하자. 앞으로 평균 몇 분을 기다려야 할까? 대기시간을 Exponential(1)로 모형화한다면 다음과 같이 모의생성 자료를 활용하여 풀 수 있다.

```
> x <- rexp(10000) # 10000 exponential random numbers with  lambda = 1
> mean(x)          # average waiting time
[1] 1.006093
> x.plus <- x[x > 1] - 1    # more waiting time after waiting 1 min.
> mean(x.plus)     # average of x.plus
[1] 1.015649
```

이미 1분을 기다렸다고 하더라도 앞으로도 1분 정도를 더 기다려야 하는 것이다. 지수분포의 무기억성 때문이다.

4) 베르누이 분포와 이항분포로부터의 모의생성

베르누이(Bernoulli) 분포는 성공확률이 p인 사건의 성공(1)과 실패(0)를 모형화한 이산형 분포이다. Bernoulli(p)의 확률함수는

$$f(x;p) = p^x(1-p)^{1-x}, \quad x = 0,1$$

이다. 베르누이 임의수(Bernoulli random numbers)를 생성해내는 R의 함수는 곧 이어 나올 이항분포와 관련된 `rbinom()`이다. 즉,

```
> rbinom(25,1,0.5)          # 25 Bernoulli random numbers with p = 0.5
 [1] 0 1 0 1 1 1 1 0 1 1 0 1 1 1 0 0 1 0 0 1 1 1 1 0 0
```

다음은 길이 10000의 임의수 계열에서 0에서 0으로, 0에서 1로, 1에서 0으로, 1에서 1로 바뀐 횟수를 세는 문제에 대한 풀이이다.

```
> x <- rbinom(10001,1,0.5)
> x.1 <- x[2:10001]
> x.0 <- x[1:10000]
> addmargins(table(x.0, x.1))
     x.1
x.0      0    1   Sum
  0   2575 2460  5035
  1   2460 2505  4965
  Sum 5035 4965 10000
```

한편, 이항분포(binomial distribution)는 성공확률이 p인 사건의 n회 독립시행에서 성공 수를 모형화한 이산형 분포이다. $B(n,p)$의 확률함수는

$$f(x;n,p) = \binom{n}{x} p^x (1-p)^{n-x}, \quad x = 0,1,\cdots,n$$

이다. 이항 임의수(binomial random numbers)를 생성해내는 베르누이 임의수 생성에 사용된 rbinom()이다. 즉,

```
> rbinom(25,10,0.5)     # 25 binomial random numbers with n=10 and p=0.5
 [1] 4 7 5 5 3 4 5 5 5 4 7 4 5 6 5 7 6 8 8 4 4 6 6 4 4
```

B(10, 0.5)에서 10000개의 임의수를 모의생성시켜 출현 성공 수의 빈도분포를 구하여 $P\{X=10;n=10,\ p=0.5\}$을 추정해 보자.

```
> x <- rbinom(10000,10,0.5)
> addmargins(table(x))
x
    0    1    2    3    4    5    6    7    8    9   10    Sum
    4   96  422 1172 2039 2488 2062 1182  431   95    9  10000
```

성공 수가 10개인 경우가 모두 9회 출현하여 0.0009로 추정된다. 정확한 확률값은

```
> dbinom(10,10,0.5)
[1] 0.0009765625
```

5) 포아송 분포

포아송(Poisson) 분포는 특정 사건의 총 발생 건수에 대한 확률 모형이다. 평균이 λ인 포아송 분포 Poisson(λ)의 확률함수는

$$f(x;\lambda) = \lambda^x e^{-\lambda}/x!, \quad x = 0,1,\cdots$$

이다. Poisson(λ)의 평균과 분산은 각각

$$E(X;\lambda) = \lambda, \quad Var(X;\lambda) = \lambda$$

이다. 포아송 임의수(Poisson random numbers)를 모의생성해내는 R의 함수는 `rpois()`이다. 즉,

```
> rpois(25,1)       # 25 Poisson random numbers with mean = 1
 [1] 0 2 1 0 0 2 0 2 2 1 3 0 0 1 0 2 1 0 0 1 0 0 1 2 2
```

다음은 Poisson(1)과 Poisson(2)로부터 생성된 길이 1000의 모의생성 자료의 히스토그램이다.[4] 분포 양태를 볼 수 있다.

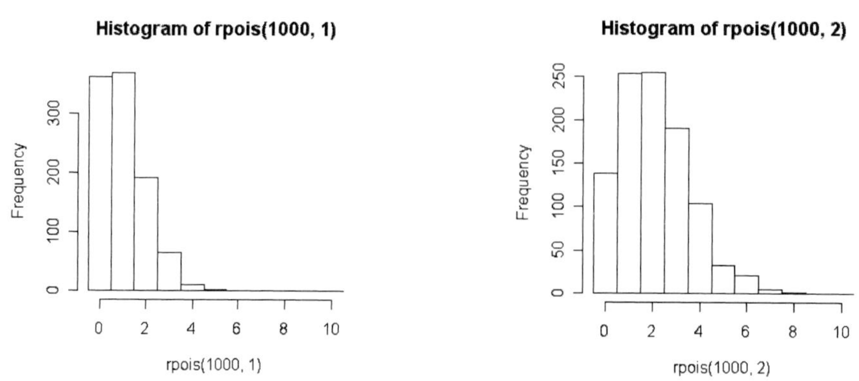

6) 그 밖의 분포

이제까지 균일분포, 정규분포, 지수분포, 베르누이 분포와 이항분포, 포아송 분포로부터 임의수를 모의생성해내는 방법을 설명하였는데 R은 이외의 분포로부터 임의수를 생성해내는 함수들을 갖고 있다. 리스트는 다음과 같다.

---

4)
```
hist(rpois(1000,1),breaks=seq(-0.5,10.5,1))
hist(rpois(1000,2),breaks=seq(-0.5,10.5,1))
```

베타 분포	rbeta	초기하분포	rhyper
코쉬 분포	rcauchy	로그 정규 분포	rlnorm
카이제곱 분포	rchisq	로지스틱 분포	rlogis
F 분포	rf	음 이항 분포	rnbinom
감마 분포	rgamma	t 분포	rt
기하분포	rgeom	와이블 분포	rweibull

6.3 정규확률 플롯의 여러 패턴

이 절에서는 여러 모의생성 자료(simulated data)에 대해 정규확률 플롯을 그려봄으로써 다양한 패턴을 구별해보기로 한다.

1) 정규분포로부터의 모의생성 자료에 대한 정규확률 플롯

지능지수 IQ는 전체 모집단의 평균이 100, 표준편차가 15가 되도록 척도화되어 있다. 이 집단에서 40명의 표본을 랜덤추출하고 이들의 지능지수를 측정하였다고 하자. 이 자료에 대하여 정규확률 플롯을 그린다면 앞 절에서 설명한 대로 직선상에 자료점들이 나타날 것이다. <그림 3.1>은 이 경우에 대한 2개의 정규확률 플롯을 보여준다.[5] 경향선이 대체로 직선적인 경향선을 볼 수 있다. 그리고 그 직선의 절편과 기울기가 각각 100과 15 근처임을 확인할 수 있다.

2) 혼합 정규분포로부터의 모의생성 자료에 대한 정규확률 플롯

이번에는 평균이 70이고 표준편차가 15인 분포로부터 20명을 임의추출하고 평균이 130이고 표준편차가 15인 분포로부터 20명을 임의추출하여 만든 혼합 자료로부터 정규확률 플롯을 그려보기로 하자. <그림 3.2>가 이 경우에 대한 2개의 정규확률 플롯을 보여준다.[6] 그래프의 중앙에서 밀도가 낮고 빈면 우상과 좌하 부분에서 강한 곡선성(curvature)을 볼 수 있다.

---

5)
```
par(mfrow=c(1,2))
qqnorm(rnorm(40,100,15))
qqnorm(rnorm(40,100,15))
```

6)
```
qqnorm(c(rnorm(20,70,15),rnorm(20,130,15)))
qqnorm(c(rnorm(20,70,15),rnorm(20,130,15)))
```

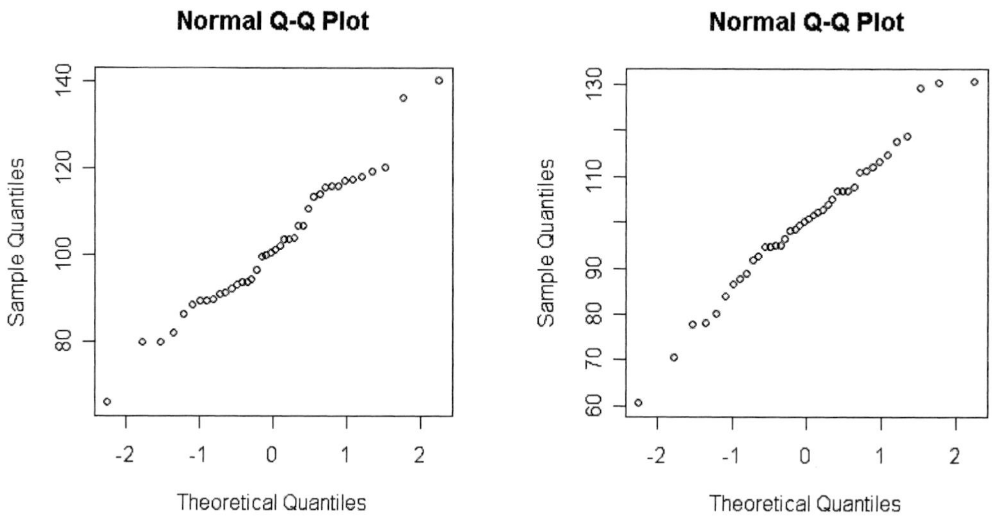

<그림 3.1> 정규모집단에서 추출된 크기 40의 모의생성 자료에 대한 정규확률 플롯

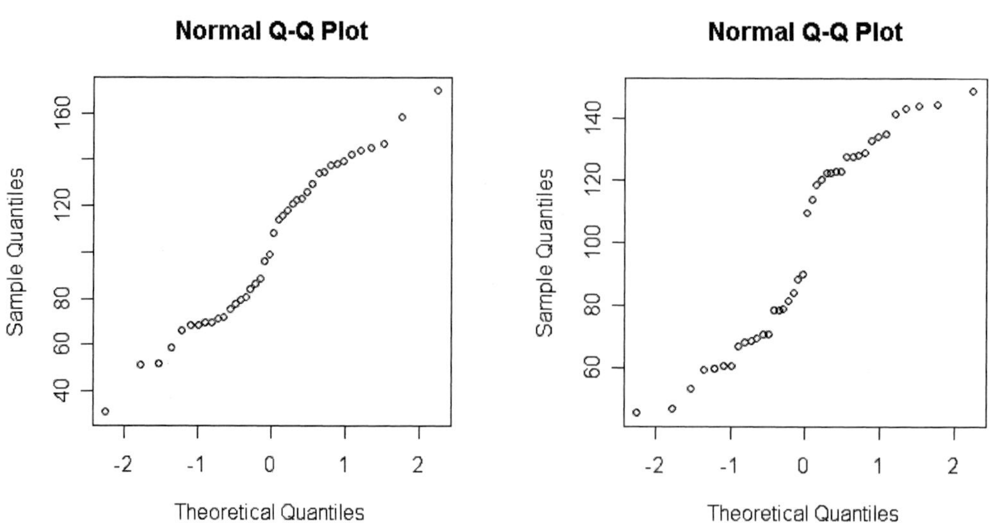

<그림 3.2> 혼합 집단으로부터의 크기 40의 모의생성 자료에 대한 정규확률 플롯

3) 특이값이 내재하는 모의생성 자료에 대한 정규확률 플롯

38개의 자료점은 평균이 100, 표준편차가 15인 정규분포에서 모의생성시키고 2점은 특이값으로서 25와 175로 입력시켜 크기 40의 표본자료를 구성하였다. 여기서 두 자료값 25와 175는 평균 100으로부터 대부분 자료점의 표준편차인 15의 5배 만큼 떨어져 있는 특이점이다. <그림 3.3>은 이 경우 자료에 대한 정규확률 플롯이다.[7] 정규확률 플롯의 양 끝에 두 점이 떨어져 나가 있되 아래 점은 주경향선보다 아래에 있고 위 점은 주경향선보다 위에 있는 것을 볼 수 있다.

4) 꼬리가 짧은 분포로부터의 모의생성 자료에 대한 정규확률 플롯

꼬리가 짧은 분포의 한 예인 균일분포로부터 표본자료를 임의 생성시킨 다음 정규확률 플롯을 만들어 보자. <그림 3.4>은 구간 (80, 120)에서 같은 밀도를 갖는 균일분포로부터 임의생성시킨 크기 40의 모의생성 자료에 대한 정규확률 플롯이다.[8] 플롯의 전체적 모양이 비스듬한 S자 성장곡선의 형태를 취하고 있음을 볼 수 있다.

5) 꼬리가 긴 분포로부터의 모의생성 자료에 대한 정규확률 플롯

꼬리가 긴 분포의 한 예인 이중지수분포로부터 표본자료를 임의 생성시킨 다음 정규확률 플롯을 만들어 보자. 중심이 0인 이중지수분포는 지수분포와 음의 지수분포를 합한 모습을 취하는데 0인 밀도 함수는 다음과 같다.

$$f(x;\lambda) = \frac{\lambda}{2}\exp(-\lambda|x|), \quad -\infty < x < \infty.$$

중심이 μ인 이중지수분포의 밀도함수는 앞의 밀도함수를 단순하게 μ만큼 이동시키면 된다. 즉 $f(x;\mu,\lambda) = f(x-\mu;\lambda)$.

<그림 3.5>는 중심이 0인 길이 40의 이중지수 분포로부터 모의생성 자료에 대한 정규확률 플롯이다.[9] 플롯의 전체적인 모양이 비스듬한 역 S자 성장곡선의 형태를 취하고 있음을 볼 수 있다.

---

7) qqnorm(c(25,175,rnorm(38,100,15)))
qqnorm(c(25,175,rnorm(38,100,15)))

8) qqnorm(runif(40,80,120))
qqnorm(runif(40,80,120))

9) qqnorm(c(rexp(20,1),-rexp(20,1)))
qqnorm(c(rexp(20,1),-rexp(20,1)))

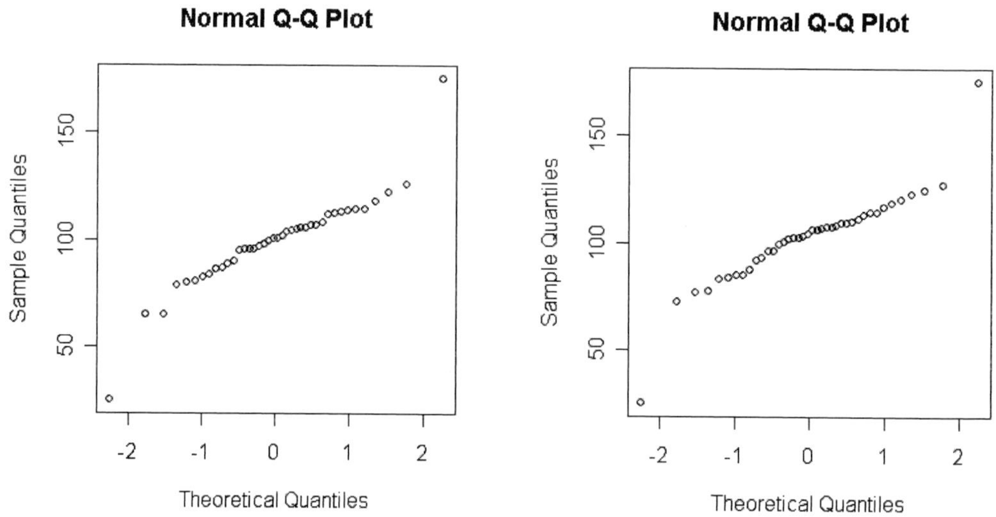

<그림 3.3> 특이점이 내재하는 크기 40의 모의생성 자료에 대한 정규확률 플롯

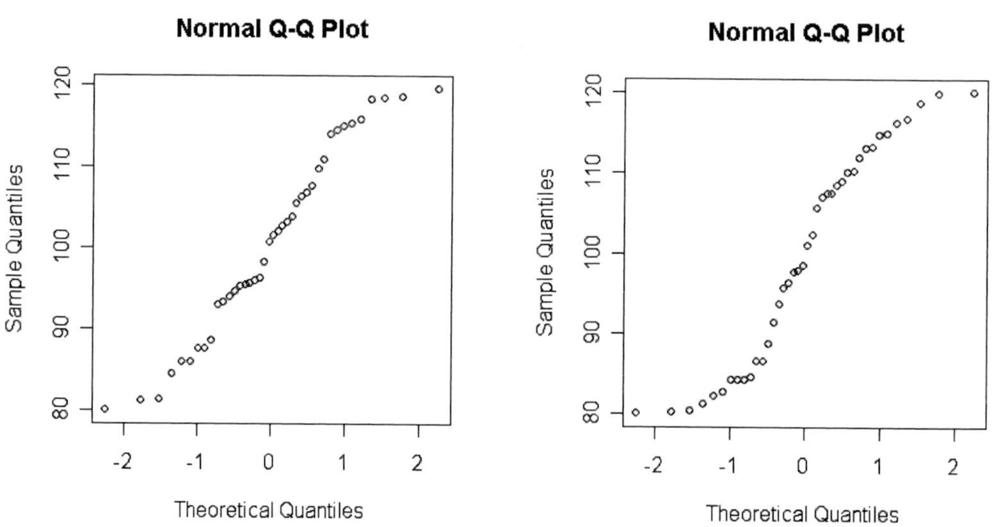

<그림 3.4> 꼬리가 짧은 분포에서 나온 크기 40의 모의생성 자료의 경우

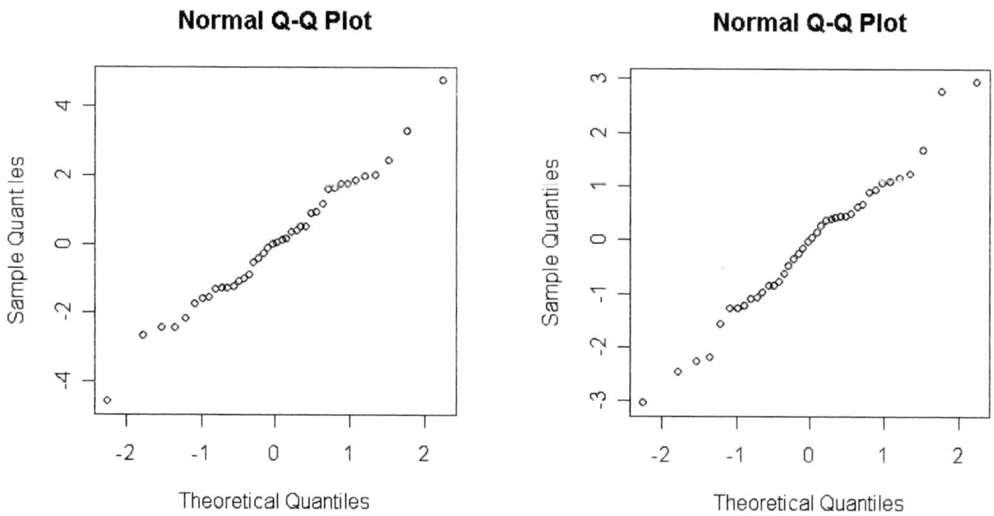

<그림 3.5> 꼬리가 긴 분포에서 나온 크기 40의 모의생성 사료의 경우

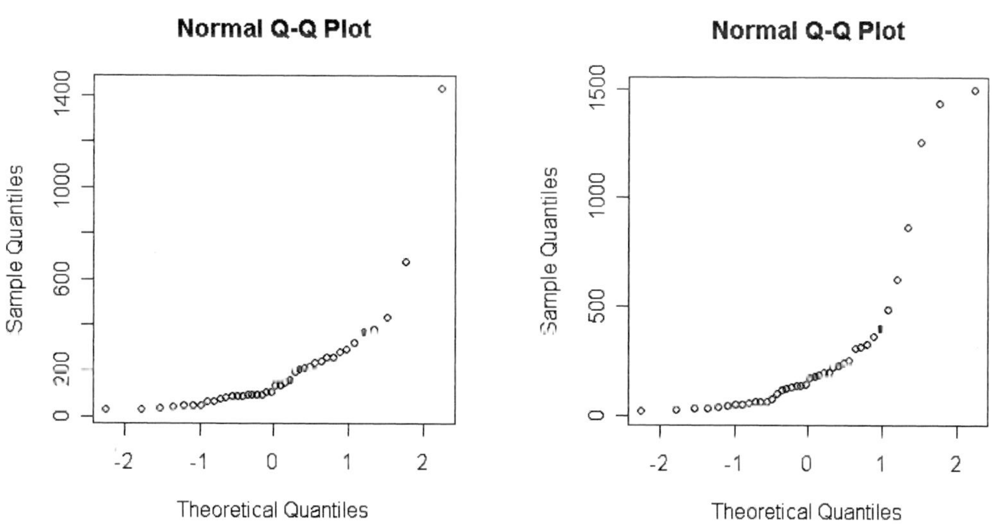

<그림 3.6> 큰 값 쪽으로 긴 꼬리를 뻗은 기울어진 분포에서 나온 크기 40의 모의생성 자료에 대한 정규확률 플롯

6) 큰 값 쪽으로 긴 꼬리를 뻗은 기울어진 분포의 경우

이제까지는 대칭형 분포로부터의 모의생성 자료를 다루었기 때문에 정규확률 플롯도 대략 중앙점을 중심으로 대칭형의 모양이었다. 큰 값 쪽으로 긴 꼬리를 뻗은 기울어진 분포의 한 예인 로그 정규분포로부터 임의 생성된 표본 자료에 대한 정규확률 플롯을 만들어 보자. <그림 3.6>은 (자연)로그를 씌었을 때 평균이 5, 표준편차가 1인 정규분포로부터 생성된 길이 40의 모의생성 자료에 대한 정규확률 플롯이다.[10) 비스듬히 기울어진 J자 곡선의 형태임을 볼 수 있다.

7) 작은 값 쪽으로 긴 꼬리를 뻗은 기울어진 분포의 경우

작은 값 쪽으로 긴 꼬리를 뻗은 기울어진 분포의 한 예를 만들기 위하여 로그 정규분포로부터 임의 생성된 변량에 음수 배를 한 후 일정 수를 더하여 표본 자료를 만들고 정규확률 플롯을 만들어 보았다. <그림 3.7>의 정규확률 플롯을 보라.[11) 비스듬히 기울어진 역 J자 곡선의 형태임을 볼 수 있다.

6.4 지수분포와 와이블 분포로부터의 확률 플롯

공학 및 의학 등에서 많이 다루는 수명(lifetime; 생존시간, survival time) 자료에 대하여는 지수분포(exponential distribution)나 와이블 분포(Weibull distribution)를 고려하는 경우가 많다. 이 절에서는 지수분포 및 와이블 분포에의 적합도를 알아보는 qq 플롯(quantile-quantile plot)에 대하여 간단히 설명하도록 하겠다.

지수분포의 확률밀도 함수 및 분포함수는 다음과 같다.

$$f(x;\lambda) = \lambda \exp(-\lambda x), \qquad x > 0$$

$$F(x;\lambda) = 1 - \exp(-\lambda x), \qquad x > 0$$

따라서 p_i 분위수 q_i 는

10)
```
qqnorm(exp(rnorm(40,5,1)))
qqnorm(exp(rnorm(40,5,1)))
```

11)
```
qqnorm(1500-exp(rnorm(40,5,1)))
qqnorm(1500-exp(rnorm(40,5,1)))
```

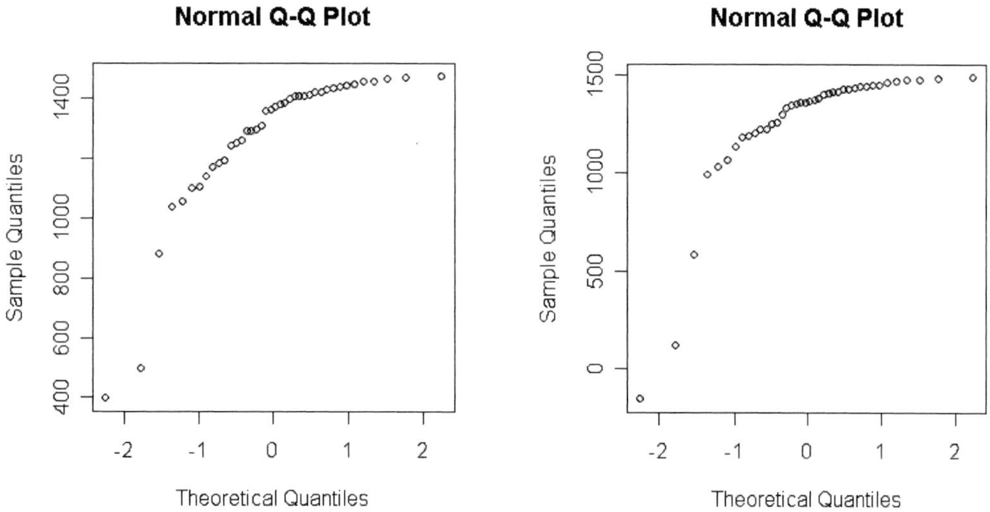

<그림 3.7> 작은 값 쪽으로 긴 꼬리를 뻗은 기울어진 분포에서 나온 크기 40의 모의생성 자료에 대한 정규확률 플롯

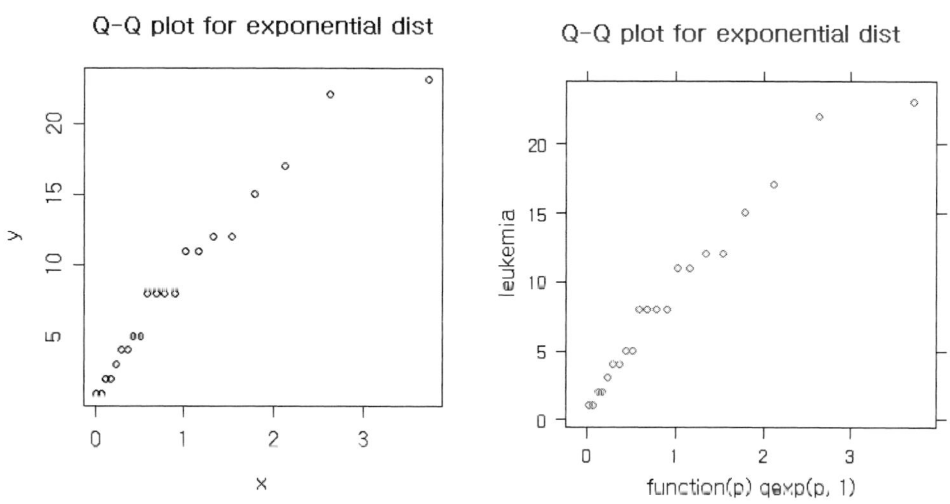

<그림 4> 백혈병 환자 수명 자료에 대한 지수분포 확률 플롯

$$p_i = 1 - \exp(-\lambda q_i) \Rightarrow q_i = -\lambda^{-1} \log_e(1-p_i)$$

로 주어진다. 따라서, 표본자료 $x_{(1)} < \cdots < x_{(n)}$ 가 지수분포를 따르는 경우, 자료값 $x_{(i)}$ 를 세로축에, $-\log_e(1-p_i)$ 를 가로축에 플롯하면 직선적 경향선이 나타날 것이다. 이 때 직선의 기울기 b 는 λ^{-1}, 즉 지수분포의 평균에 대한 추정치가 된다.

예를 들어 백혈병(leukemia) 환자 21명의 생존시간에 관한 다음의 자료를 지수분포에 적합하여 보자.

1	1	2	2	3	4	4	
5	5	8	8	8	8	11	
11	12	12	15	17	22	23	(단위: 주)

<그림 4>의 왼쪽 것이 그것을 그린 확률플롯이다.[12] R에는 lattice 라이브러리의 qqmath() 함수를 사용함으로써 지수분포로부터의 확률 플롯을 직접 만드는 방법이 있다. <그림 4>의 오른쪽 것이 그것이다.[13] 경향선이 약간의 곡선성을 보이고 있어 관측자료가 지수분포에 부합하지 않는 것을 볼 수 있다.

와이블 분포는 지수분포를 포함하는 분포군으로서 수명시간에 대한 확률모형으로 매우 유용하다. 와이블 분포의 확률밀도 함수는

$$f(x; a, b) = a x^{a-1} \exp[-(x/b)^a] / b^a, \quad x > 0 .$$

여기서 a (>0)는 형태(shape) 모수이고 b (>0)는 척도(scale) 모수이다. 와이블 분포에서 a =1 이면 바로 지수 분포가 되는 것을 알 수 있다. 와이블 분포의 분포함수는

$$F(x; a, b) = 1 - \exp[-(x/b)^a], \quad x > 0$$

이다. 따라서 p_i 분위수 q_i 는 다음과 같이 유도된다.

$$q_i = b(-\log(1-p_i))^{1/a} .$$

---

12)
```
leukemia <- scan()
1 1 2 2 3 4 4 5 5 8 8 8 8 11 11 12 12 15 17 22 23

n <- length(leukemia)
p <- seq(1:n)/n - 0.5/n
x <- - log(1-p)
y <- leukemia
plot(y ~ x, main = "Q-Q plot for exponential dist")
```

13)
```
library(lattice)
qqmath(~leukemia, distribution = function(p) qexp(p, 1))
```

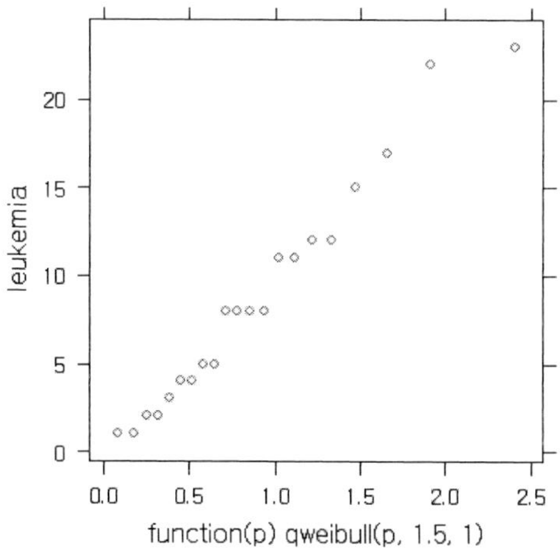

<그림 5> 백혈병 환자 수명 자료에 대한 와이블 분포 확률 플롯 (a =1.5)

<그림 5>는 백혈병 환자 수명 자료에 대한 a = 1.5, b = 1인 와이블 분포로부터 유도된 확률 플롯이다.[14] 이제 직선적 경향선을 보이고 있다. 그리고 경향선의 기울기는 대략 10 정도이다. 그 기울기는 b의 추정치가 된다.

와이블 분포의 최대가능도 적합(maximum likelihood fitting): 임의표본 $x_1, \cdots, x_n$ 으로부터 와이블 분포의 2개 모수인 a와 b를 추정하기 위해서는 수치적 알고리즘을 사용해야 한다. 여기서는 그것을 R 모듈로 만든 MASS 라이브러리의 `fitditr()` 함수로 앞의 `leukemia` 데이터에 대한 와이블 분포 적합 결과를 제시하기로 한다.

```
> library(MASS)
> fitdistr(leukemia,"weibull")
     shape          scale
  1.3704297    9.4827047
 (0.2378693)  (1.5914768)
```

앞의 R 출력에서 괄호안의 숫자는 추정치에 대한 표준오차이다. 형태(shape) 모수 a가 1.37로 추정된 것을 볼 수 있는데 그것은 확률 플롯에서 우리가 찾은 a =1.5와 유사하다.

---

14) `qqmath(~leukemia, distribution = function(p) qweibull(p,1.5,1))`

6.5 두 표본의 등화(等化)

두 표본 데이터의 분포를 비교하여 그 차이를 없애야 하는 경우가 있는데 이 경우 qq 플롯이 매우 유용하다. 예컨대 한 집단의 학생들 중에서 일부는 X형의 시험을 치렀고 나머지 일부는 Y형의 시험을 치렀다고 하자. 그런데 X형 시험지와 Y형 시험지의 난이도가 다소 다르면 결과적으로 불공정한 결과가 초래될 수 있을 것이다. 따라서 두 표본 데이터의 분포를 일치시켜야 할 필요가 있는데 그것을 위한 기초적 방법은 qq 플롯을 통해 변환 함수를 찾는 일이다.

수치 예로서 X 자료와 Y 자료가 다음과 같이 만들어졌다고 하자 (각 시험은 100점 만점).

```
> x <- rbeta(800,2,3)*100
> y <- rbeta(1200,3,2)*100
```

X 자료와 Y 자료의 분위수를 구해보면 다음과 같다.

```
> round(quantile(x),1)
  0%  25%  50%  75% 100%
 0.5 24.4 39.0 54.3 94.3
> round(quantile(y),1)
  0%  25%  50%  75% 100%
 3.6 45.2 62.2 75.6 99.7
```

X형 시험점수의 중간값이 39.0점인데 반하여 Y형 시험점수의 중간값이 62.2점으로 상당한 차이를 보이고 있으므로, 형평성을 위해서는 X형 점수 39점을 62.2점으로 올려주어야 하고 X의 다른 점수들도 각기 해당하는 Y의 분위수로 바꿔주어야 할 것이다. R의 qqplot() 함수가 이 때의 변환 함수 그래프를 만들어 준다:

```
> par(mfrow=c(1,2))
> qqplot(x, y, xlim=c(0,100))
> qqplot(x, y, xlim=c(0,100), type="l")
```

<그림 6>이 그 결과인데 왼쪽 것은 산점도의 형태로 오른 쪽 것은 연결선 방식으로 그린 것이다. 이런 방식으로 사후적인 점수 변환을 하면 두 분포의 백분위수는 완전히 일치하게 된다. 이를 등(等)백분위수 등화(equi-percentile equating)라고 한다.

앞의 사례에서는 두 표본 데이터의 크기가 각각 800과 1200으로 상당히 커서 안정된 분위수 추정이 가능했었다. 그러나 크기가 각각 80과 120 정도로 작은 경우엔

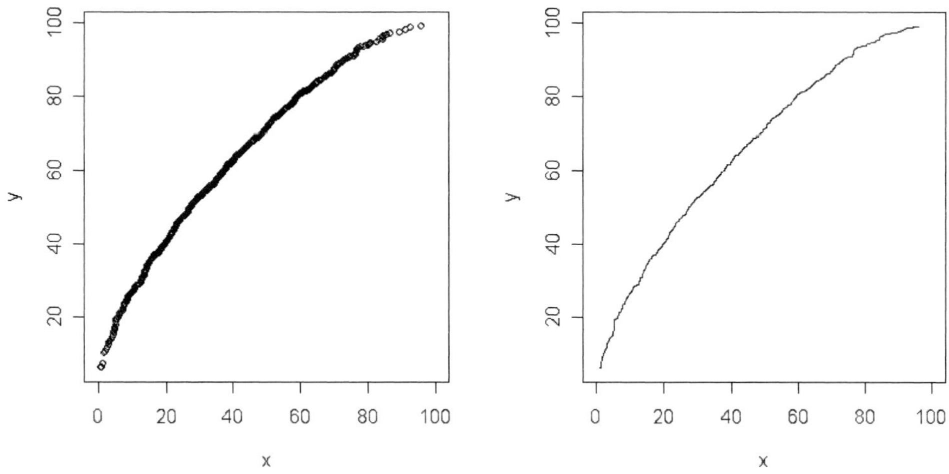

<그림 6> 두 표본 데이터의 qq 플롯: 표본 크기 = 800, 1200

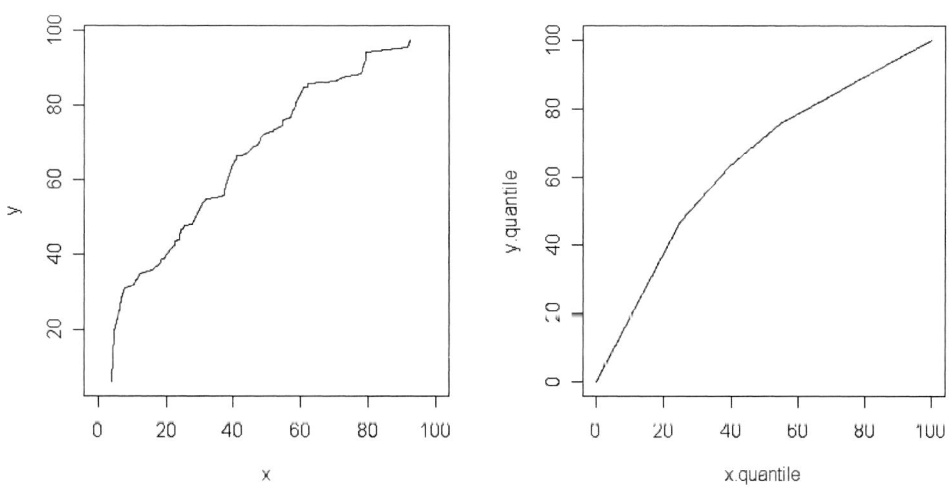

<그림 7> 두 표본 데이터의 qq 플롯: 표본 크기 = 80, 120

어떻게 될까? <그림 7>의 왼쪽 그래프가 그것인데 울퉁불퉁하여 시험점수의 변환함수로서 신뢰적이지 못하다. 따라서 모든 백분위수를 일치시키는 대신 0점과 아래 4분위수, 중간값, 위 4분위수, 100점을 일치시키는 등(等)사분위수 등화(equi-quartile equating) 방식을 적용할 수 있겠다. <그림 7>의 오른쪽 그래프를 보라. 훨씬 매끄럽게 나타난다.15)

6.6 요약

- qq 플롯은 관측자료가 특정 확률모형과 부합하는지를 보여준다. 대표적으로 정규확률플롯(normal probability plot)은 정규분포에 준거하여 관측자료의 분포를 보여준다.
- 관측자료가 이에 대하여 상정된 특정 확률모형과 부합하는 경우 qq 플롯은 선형적 패턴을 보인다. qq 플롯이 비선형적 패턴을 보이는 경우 그것이 의미하는 바를 잘 생각해보아야 한다.
- 관측자료가 정규분포에 비하여 한 쪽으로 기울거나, 2개 이상의 군집을 이루거나, 특이점을 포함하거나, 분포의 꼬리가 짧거나 긴 경우에 정규확률플롯은 특정한 비선형적 패턴을 보인다.
- R에는 각종 확률분포로부터 모의생성자료를 만들어내는 여러 함수들이 있다.

---

15)
```
x <- rbeta(80,2,3)*100
y <- rbeta(120,3,2)*100
x.quantile <- round(quantile(x),1)
y.quantile <- round(quantile(y),1)
par(mfrow=c(1,2))
qqplot(x, y, xlim=c(0,100), type="l")
x.quantile[1] <- 0
x.quantile[5] <- 100
y.quantile[1] <- 0
y.quantile[5] <- 100
plot(y.quantile ~ x.quantile, xlim=c(0,100), type="l")
```

7장. 2원 자료·빈도 표의 탐색

2원 자료 표(two-way data table)는 2개(행·열) 요인의 교차분류 칸 (i,j)에 수치값 y_{ij}가 부여된 행렬 형태의 표이고 2원 빈도 표(two-way frequency table)는 (i,j) 칸에서 발생한 사건 빈도 또는 관측된 개체 빈도 f_{ij}가 기록된 표이다 (i는 행 요인의 수준이고 j는 열 요인의 수준). 2원 자료·빈도 표를 탐색하는 목적은 행 요인과 열 요인이 자료 값에 미치는 영향을 정량화하는 데 있다.

주요 R 함수: `medpolish(), barplot(), mosaicplot()`

7.1 2원 자료 표의 분해

<표 1>의 자료는 전 세계 21개 도시의 월 평균 기온을 보여준다. 여기서 각 도시(바레인, 캘커타, …)가 행 수준 i에 해당하고 각 월(月)이 열 수준 j에 해당한다. 그리고 칸 (i,j)의 자료 값은 월 평균기온이다. 이런 자료를 2원 자료 표라고 한다. 행과 열에 따라 자료 값이 어떻게 변하는지를 보고자 통계적 모형으로

$$y_{ij} = \mu + \alpha_i + \beta_j + e_{ij}, \quad e_{ij} \sim (0, \sigma) \qquad (1)$$
$$(i = 1, \cdots, a;\ j = 1, \cdots, b)$$

를 생각한다. (1)에서 μ는 공통값(overall value), α_i를 행 효과(row effects), β_j를 열 효과(column effects)로 간주할 수 있다. 그리고 e_{ij}는 평균이 0이고 산포가 σ인 오차항이다. 이 모형을 가법적 모형(additive model)이라고 하는데 그 이유는 α_i와 β_j의 합에 의하여 y_{ij}의 기대값이 결정되기 때문이다. 전통적인 통계학에서는 공통값, 행 효과, 열 효과를 각각 다음과 같이 추정한다.

$$\hat{\mu} = \bar{y}, \quad \hat{\alpha}_i = \bar{y}_i - \bar{y}, \quad \hat{\beta}_j = \bar{y}_j - \bar{y}.$$

그러나 이러한 추정치들은 특이값에 의해 쉽게 영향을 받으므로 EDA적 관점에서 보면 바람직하지 않다. 이에 따라 평균을 중간값으로 대체하고 다듬을 필요가 있다.

<표 1> 세계 도시의 월별 평균기온

	Jan	Feb	Mar	Apr	May	Jun	Jul	Aug	Sep	Oct	Nov	Dec
BAHRAIN	16.0	16.5	20.0	24.0	28.5	31.0	32.5	33.0	31.0	27.5	23.0	18.0
CALCUTTA	20.0	22.5	27.5	30.0	31.0	29.5	29.0	29.0	29.0	28.0	23.5	19.5
COLOMBO	26.0	26.0	27.0	27.5	28.0	27.5	27.0	27.0	27.5	26.5	31.0	26.0
CHENNAI	25.0	25.5	27.5	30.5	33.5	32.5	31.0	30.5	29.5	28.0	26.0	25.0
DUBAI	18.0	19.0	22.5	25.0	28.0	30.5	33.5	33.5	31.0	27.5	23.5	20.0
FRAKFURT	-0.5	1.0	6.5	12.0	15.0	18.5	20.0	19.5	16.0	11.0	5.5	1.0
GENEVA	1.0	0.0	6.0	10.0	13.5	16.0	20.0	19.5	15.0	9.5	5.5	2.0
LONDON	4.0	4.5	6.5	9.0	12.5	15.5	17.5	17.0	15.0	11.0	7.5	5.0
MADRID	5.0	6.5	9.5	12.5	16.5	21.0	25.0	24.5	20.5	14.0	9.0	5.0
MANILA	24.0	24.5	26.5	27.5	28.0	28.0	26.0	26.0	26.5	26.5	25.0	24.5
MOSCOW	-9.5	-8.5	-4.0	4.0	12.5	17.0	18.5	16.5	11.0	4.5	-2.5	-8.0
MEXICO CITY	14.0	19.0	21.0	22.5	22.5	22.5	22.5	22.0	22.0	20.5	19.5	15.5
NEW DELHI	13.5	17.0	21.5	28.0	33.0	33.5	31.0	30.0	29.0	26.0	19.5	15.0
NEW YORK	1.0	0.5	5.0	10.5	17.0	22.0	25.0	24.0	20.0	15.0	8.5	2.0
PARIS	4.0	4.0	7.0	10.5	13.5	17.0	19.0	18.5	16.0	11.5	7.0	3.5
ROME	7.5	9.0	11.5	14.5	18.0	22.5	25.5	25.5	22.0	17.0	12.5	8.5
SAN FRANCISCO	9.5	10.0	12.0	13.0	14.5	16.0	17.0	17.0	17.5	16.5	13.0	10.0
SINGAPORE	26.5	26.5	27.5	27.5	27.0	27.5	27.5	27.5	27.0	27.0	27.0	26.5
SYDNEY	25.0	25.0	22.0	19.5	16.0	11.0	12.0	13.0	15.5	17.5	21.0	25.0
TOKYO	4.5	5.0	8.0	13.5	18.5	21.5	25.5	27.0	23.5	17.0	12.0	7.0
TORONTO	-4.5	-4.5	0.0	4.5	5.0	18.5	21.5	21.0	17.0	10.0	8.0	-2.0

중간값 다듬기(Median Polish) 알고리즘: 가법적 모형의 로버스트 추정

단계 1: <u>행 작업</u>

$\mu + \alpha_i$ 는 행 i 를 대표한다. 따라서

$$\mu + \alpha_i \leftarrow \text{median}(y_{ij} \ ; \ j = 1, \cdots, b)$$

로 추정한다. 마무리로서 자료 값을 y_{ij}에서 $\mu + \alpha_i$를 빼낸 나머지로 대체 한다:

$$y_{ij}^{(1)} = y_{ij} - \text{median}(y_{ij} \ ; \ j = 1, \cdots, b).$$

따라서 수정 자료 $y_{ij}^{(1)}$는

$$y_{ij}^{(1)} = \beta_j + e_{ij}$$

로 볼 수 있다.

단계 2: 열 작업

새 자료 $y_{ij}^{(1)}$ 로부터 β_j를 추정한다:

$$\beta_j \leftarrow \text{median}(y_{ij}^{(1)} \ ; i = 1, \cdots, a).$$

그리고

$$\mu \leftarrow \text{median}\{ \text{median}(y_{ij} \ ; j = 1, \cdots, b); i = 1, \cdots, a\}.$$

따라서

$$\alpha_i \leftarrow (\mu + \alpha_i) - \mu$$

로 추정된다. 마무리로서 자료값을 $y_{ij}^{(1)}$에서 β_j를 빼낸 나머지로 대치한다:

$$y_{ij}^{(2)} = y_{ij}^{(1)} - \text{median}(y_{ij}^{(1)} \ ; i = 1, \cdots, a).$$

이제 재수정 자료 $y_{ij}^{(2)}$는

$$y_{ij}^{(2)} = e_{ij}$$

로 볼 수 있다.

이상으로 모형 (1)의 모수들에 대한 기본 추정이 되었다. 그러나 그 결과로 잔차로 남은 $y_{ij}^{(2)}$에 의미 있는 무엇이 남아 있다면 그것을 다시 잡아내야 할 것이다. 이에 따라 $y_{ij}^{(2)}$에 대하여 다시 (1)과 같은 모형을 고려한다:

$$y_{ij}^{(2)} = \tilde{\mu} + \tilde{\alpha}_i + \tilde{\beta}_j + \tilde{e}_{ij}, \qquad \tilde{e}_{ij} \sim (0, \tilde{\sigma}). \tag{2}$$

모형 (2)에서의 모수들 $\tilde{\mu}, \tilde{\alpha}_i, \tilde{\beta}_j$ 에 대한 추정값은 앞의 단계 1과 단계 2에 y_{ij} 대신 $y_{ij}^{(2)}$를 투입하여 얻는다. 결과적으로 최종 추정치는

$$\hat{\mu} \leftarrow \mu + \tilde{\mu},$$

$$\hat{\alpha}_i \leftarrow \alpha_i + \tilde{\alpha}_i,$$

$$\hat{\beta}_j \leftarrow \beta_j + \tilde{\beta}_j$$

가 된다. ■

R에서 중간값 다듬기 함수는 medpolish()이다. <표 1> 자료에 대한 중산값 다듬기 결과는 다음과 같다.[1)]

---

1) `world.temp <- read.table("WorldTemperature_Mean.txt",header=T)`

```
Overall: μ̂  =  16.125

Row Effects: α̂_i
       BAHRAIN       CALCUTTA      COLOMBO      CHENNAI      DUBAI
        9.5000       11.2500       10.8750      14.0625      10.2500
          :             :             :            :            :
  SAN_FRANCISCO     SINGAPORE      SYDNEY        TOKYO       TORONTO
       -1.5000       11.1250       2.3750       -0.3125      -8.5000

Column Effects: β̂_j
       Jan     Feb    March   April     May    June
   -8.3750 -7.1250 -3.8750 -0.2500  2.3125  5.3750

      July     Aug     Sep     Oct     Nov     Dec
    7.1250  7.1250  4.8125  0.3750 -3.6250 -7.6250
```

7.2 적합 모형의 검토

2원 자료 표에 대하여 (1)은 하나의 모형(模型, model)이므로 진실(眞實, truth)과는 거리가 있을 수 있다. 예를 들어 진실은 승법적 모형(multiplicative model)인

$$y_{ij} = \mu' \ (1+\alpha_i')(1+\beta_j') + e_{ij}' \ , \qquad e_{ij}' \sim (0, \ \sigma) \tag{3}$$

라고 하자. 그렇다면

$$y_{ij} = \mu' + \mu' \alpha_i' + \mu' \beta_j' + (\mu' \alpha_i' \beta_j' + e_{ij}')$$

이므로 가법적 모형 (1)의 잔차 e_{ij}와 승법적 모형 (3)의 잔차 e_{ij}'는

$$e_{ij} = \mu' \alpha_i' \beta_j' + e_{ij}'$$

의 관계에 있다. 따라서 행 효과 $\mu' \alpha_i'$, 열 효과 $\mu' \beta_j'$와 공통값 μ'과의 관계는

$$e_{ij} = (\mu' \alpha_i')(\mu' \beta_j') / \mu' + e_{ij}' = \text{행 효과} * \text{열 효과} / \text{공통값} + e_{ij}'$$

이다. 그러므로 가법적 모형의 적합 후 '잔차'를

비교값 (comparison: 정의) = 행 효과 * 열 효과 / 공통값

과 대비시켜 볼 필요가 있다. 만약 '잔차'가 비교값과 의미 있는 관계에 있다면 그것

```
twoway.model <- medpolish(world.temp)
twoway.model
```

은 가법적 모형이 부적절함을 말하므로 대안을 강구할 필요가 있다.

<그림 1>은 <표 1>의 자료에 대한 비교값 대 '잔차'의 산점도, 그리고 잔차의 상자 그림이다.[2] 산점도에서는 '비교값 > 0'인 경우 '잔차 < 0'이고 반대로 '비교값 < 0'인 경우 '잔차 > 0'인 경향이 있음을 볼 수 있다. 이것은 (1)의 가법적 모형이 타당하지 않음을 말한다 (그렇다고 승법적 모형이 직절하다는 것은 아니다. 비교값 대 잔차의 플롯에서 경향선의 기울기가 +1이 아니므로). <표 2>는 행 효과 크기 순으로 행을 정렬하고 10월부터 9월까지로 열 배열을 다시 하여 본 잔차 자료 표이다.[3] 더운 도시의 여름과 추운 도시의 겨울에서 음의 잔차가 발생하고 반대로 더운 도시의 겨울과 추운 도시의 여름에서 양의 잔차가 발생한다. 이것은 가법적 모형이 예측하는 평균 온도에 비하여 더운 도시의 여름이 시원하고 추운 도시의 겨울이 추운 것을 말한다. 또한 더운 도시의 겨울은 가법적 모형의 예측에 비하여 따뜻하고 추운 도시의 여름이 덥다. 요약하자면, <표 1>의 자료가 가법적 모형으로부터 일정한 방향으로 일탈되어 있다고 말할 수 있다.

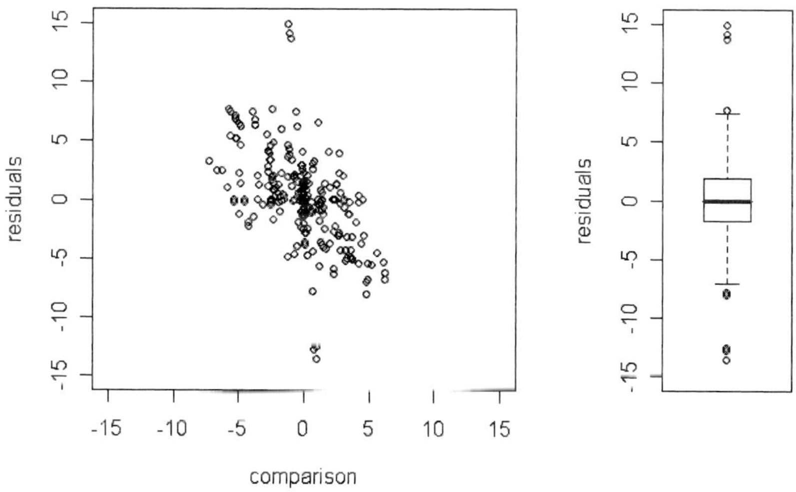

<그림 1> 비교값 대 '잔차'의 산점도, 그리고 잔차의 상자 그림

2)
```
attach(twoway.model)
comparison <- matrix(row, ncol=1)%*%matrix(col, nrow=1)/overall
plot(residuals ~ comparison, xlim=c(-15,15), ylim=c(-15,15))
boxplot(residuals, ylab="residuals")
```

3)
```
round(residuals[order(row),],1)
```

<표 2> 세계 도시의 월별 평균기온 자료에 대한 가법적 모형 잔차

	Oct	Nov	Dec	Jan	Feb	Mar	Apr	May	Jun	Jul	Aug	Sep
MOSCOW	-0.1	-3.1	-4.6	-5.4	-5.6	-4.4	0.0	5.9	7.4	7.1	5.1	1.9
TORONTO	2.0	4.0	-2.0	-3.8	-5.0	-3.8	-2.9	-4.9	5.5	6.8	6.2	4.6
GENEVA	-0.9	-0.9	-0.4	-0.7	-2.9	-0.2	0.2	1.1	0.6	2.8	2.3	0.1
LONDON	0.2	0.8	2.2	2.0	1.2	0.0	-1.1	-0.2	-0.2	0.0	-0.5	-0.2
FRAKFURT	-0.3	-1.8	-2.3	-3.1	-2.8	-0.6	1.3	1.8	2.2	1.9	1.4	0.2
PARIS	-0.1	-0.6	-0.1	1.2	-0.1	-0.3	-0.4	0.0	0.4	0.7	0.2	0.0
NEW_YORK	1.3	-1.2	-3.7	-3.9	-5.7	-4.4	-2.6	1.4	3.3	4.6	3.6	1.9
MADRID	0.0	-1.0	-1.0	-0.2	0.0	-0.2	-0.9	0.6	2.0	4.2	3.8	2.1
SAN_FRANCISCO	1.5	2.0	3.0	3.2	2.5	1.2	-1.4	-2.4	-4.0	-4.8	-4.8	-1.9
TOKYO	0.8	-0.2	-1.2	-2.9	-3.7	-3.9	-2.1	0.4	0.3	2.6	4.1	2.9
ROME	0.5	0.0	0.0	-0.2	0.0	-0.8	-1.4	-0.4	1.0	2.2	2.2	1.1
SYDNEY	-1.4	6.1	14.1	14.9	13.6	7.4	1.2	-4.8	-12.9	-13.6	-12.6	-7.8
MEXICO_CITY	-1.2	1.8	1.8	1.1	4.8	3.6	1.4	-1.1	-4.2	-5.9	-6.4	-4.1
NEW_DELHI	1.4	-1.1	-1.6	-2.3	-0.1	1.2	4.1	6.5	3.9	-0.3	-1.3	0.0
BAHRAIN	1.5	1.0	0.0	-1.2	-2.0	-1.8	-1.4	0.6	0.0	-0.2	0.2	0.6
DUBAI	0.8	0.8	1.2	0.0	-0.2	0.0	-1.1	-0.7	-1.2	0.0	0.0	-0.2
COLOMBO	-0.9	7.6	6.6	7.4	6.1	3.9	0.8	-1.3	-4.9	-7.1	-7.1	-4.3
MANILA	-0.9	1.6	5.1	5.4	4.6	3.4	0.8	-1.3	-4.4	-8.1	-8.1	-5.3
SINGAPORE	-0.6	3.4	6.9	7.6	6.4	4.1	0.5	-2.6	-5.1	-6.9	-6.9	-5.1
CALCUTTA	0.2	-0.2	-0.2	1.0	2.2	4.0	2.9	1.3	-3.2	-5.5	-5.5	-3.2
CHENNAI	-2.6	-0.6	2.4	3.2	2.4	1.2	0.6	1.0	-3.1	-6.3	-6.8	-5.5

또한 <그림 1>의 상자그림에서 특이값으로서 +10 위의 잔차 3개와 -10 아래의 잔차 2-3개를 볼 수 있다. 이들을 `medpolish()` 출력에서 확인해보면 모두 시드니(Sydney)가 출처임을 알 수 있다. 시드니의 12월-2월에서 양의 특이한 잔차, 6월-8월에서 음의 특이한 잔차가 관찰된다. <표 1>의 21개 도시 중에서 유일하게 시드니만 남반구에 위치한 도시임을 고려하면 이와 같은 특이 잔차의 발생을 이해할 수 있을 것이다.

한편, 파리와 두바이의 잔차들은 한결같이 0에 가깝다. 관측 자료값이 가법적 모형의 예측에 매우 가까운 것이다. 이와 같이 잔차 분석으로부터 자료의 세부적 특성을 알아낼 수 있다.

7.3 가구 소비지출 사례

<표 3>은 우리나라 통계청(http://www.nso.go.kr)의 가계조사에서 나온 가구 소비지출 자료(1993년-2004년)이다. 가구의 소비지출을 년도별로 10개 부문으로 나눠 평균값이 나와 있다. 중간값 다듬기를 활용하여 어떤 특이한 징후가 자료 안에 있는가를 살펴보기로 한다.

년도를 i 라고 하고 소비부문을 j 로 표기하자. 그리고 년도 i 의 부문 j 지출을 y_{ij}로 나타내자. y_{ij}에 대해 가법적 모형

$$y_{ij} = \mu + \alpha_i + \beta_j + e_{ij}, \qquad e_{ij} \sim (0, \sigma)$$

$$(i = 1, \cdots, 12 \; ; \; j = 1, \cdots, 10)$$

를 고려하기로 한다. 그리고 `medpolish()`를 활용하여 모형 적합 결과를 살펴보자. 우선적으로 보아야 하는 것은 비교값 대 잔차의 산점도이다. 만약 이것에서 어떤 의미 있는 패턴이 나타난다면 앞의 모형이 적절하지 않은 증거가 될 것이다.

<표 3> 가구 소비지출 자료: 1993년-2004년

	식료품	주거비	광열수도	가구가사	피복신발	보건의료	교육	교양오락	교통통신	기타소비
1993	301675	45588	44341	51479	75672	50533	95654	51904	103564	200544
1994	341574	47389	45995	55698	85239	54408	106110	58551	129972	215496
1995	367080	48301	52271	59117	97474	59373	127027	66848	142972	245429
1996	409502	54037	60177	62996	104896	65592	149334	75746	167487	277086
1997	427458	54038	67972	63376	97831	66640	162403	77057	188192	284584
1998	365859	49785	74272	53147	69750	58652	151439	58589	183911	250820
1999	412056	54190	76172	55533	80223	67098	164242	71850	225085	272430
2000	447018	57026	86762	59539	91785	70606	182370	84481	261442	291272
2001	463582	68246	92527	70408	98140	74300	199407	86650	286626	322237
2002	481049	62394	93238	71424	101980	81057	206033	86705	309288	341645
2003	509649	65051	94395	72480	106861	89657	224005	93911	329453	337389
2004	544775	66631	97937	79384	105079	94494	235813	97981	346974	349143

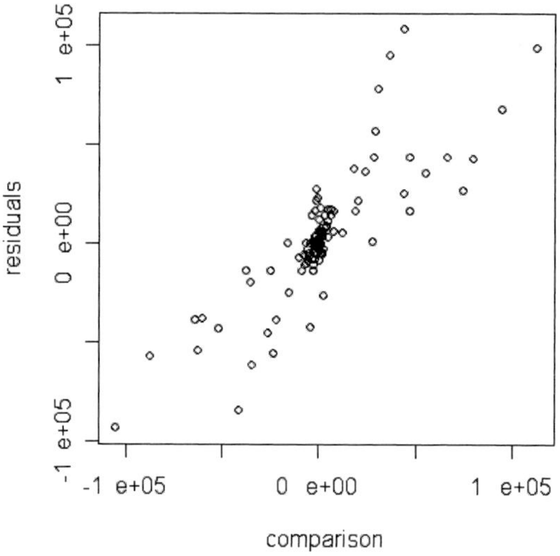

<그림 2> 비교값과 잔차의 산점도

<그림 2>가 비교값과 잔차의 산점도인데 쉽게 볼 수 있듯이 거의 +1의 기울기를 가진 경향선을 볼 수 있다.[4] 이것은 자료를 생성하는 모형이 승법적임을 말하는 증거로 볼 수 있다. 따라서 가법적 틀에 맞추어 자료 값을 분해하는 것은 옳지 않다. 그러면 어떻게 할 것인가?

$$y_{ij} \simeq \mu' \ (1+\alpha_i')(1+\beta_j')$$

이므로 y_{ij}에 로그를 취하면

$$\log\ y_{ij} \simeq \log\ \mu' + \log\ (1+\alpha_i') + \log\ (1+\beta_j')$$

가 되어 행 수준 i와 열 수준 j의 가법적 형태로 표현된다. 따라서 자료 값 y_{ij}를 로그 변환하여 medpolish()에 다시 넣기로 한다. <그림 3>이 그 결과로 얻은 비교값과 잔차의 산포도이다.[5] 이제는 경향선을 찾기 어렵다.

---

4)
```
consumption <- read.table("household.txt", header=T)
twoway.out <- medpolish(consumption)
attach(twoway.out)
comparison <- matrix(row,ncol=1)%*%matrix(col,nrow=1)/overall
plot(residuals ~ comparison)
detach(twoway.out)
```

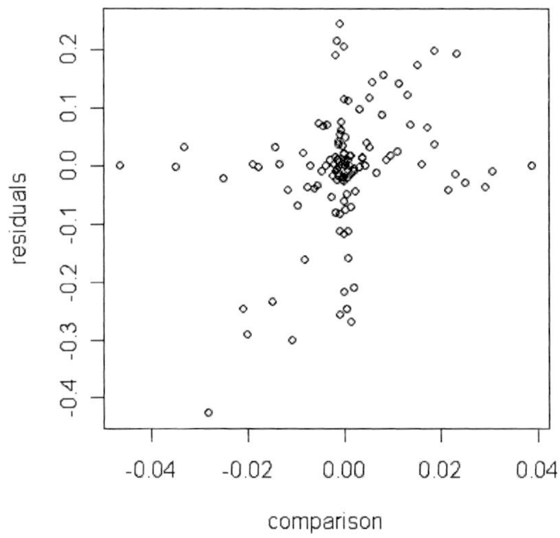

<그림 3> 비교값과 잔차의 산점도: 로그변환 자료의 경우

이제 로그변환 자료에 대한 중간값 다듬기 결과를 보도록 하자.[6]

Overall: $\hat{\mu}$ = 11.30

Row Effects: $\hat{\alpha}_i$ (1993년부터 2004년까지 순서로)

-0.32	-0.23	-0.12	-0.01	0.01	-0.13
-0.01	0.06	0.15	0.17	0.21	0.27

Column Effects: $\hat{\beta}_j$

식료품	주거비	광열수도	가구가사	피복신발
1.63	-0.40	0.07	-0.29	0.06
보건의료	교육	교양오락	교통통신	기타소비
0.18	0.73	-0.08	0.99	1.23

행 효과는 대체로 증가하나 유독 1998년에서 감소하였음은 볼 수 있다. IMF 외

5)
```
twoway.log.out <- medpolish(log(consumption))
attach(twoway.log.out)
comparison <- matrix(row,ncol=1)%*%matrix(col,nrow=1)/overall
plot(residuals ~ comparison)
```

6)
```
twoway.log.out
```

환위기의 영향으로 볼 수 있겠다. 열 효과는 소비부문의 상대적 크기를 보여준다고 하겠는데 식료품, 기타소비, 교통통신, 교육의 순서로 나타난다. 마지막으로 잔차를 살펴 보기로 한다. <표 4>를 보라.[7] 1993-2004년에 걸쳐 대체적으로 교육과 교통통신 부문이 증가세인 것을 볼 수 있다. 다른 소비 부문에 비교하여 이들 두 부분의 상대적 증가세가 높음을 의미한다. 특히 교통통신의 증가세가 뚜렷하다.

<표 4> 잔차 자료: 로그변환 자료의 중간값 다듬기 결과

	식료품	주거비	광열수도	가구가사	피복신발	보건의료	교육	교양오락	교통통신	기타소비
1993	0.00	0.14	-0.21	0.16	0.19	0.03	**-0.25**	-0.04	**-0.43**	0.00
1994	0.03	0.09	-0.27	0.14	0.22	0.01	**-0.24**	-0.02	**-0.29**	-0.02
1995	0.00	0.00	-0.25	0.10	0.24	-0.01	**-0.16**	0.01	**-0.30**	0.00
1996	-0.01	0.00	-0.22	0.05	0.20	-0.02	**-0.11**	0.02	**-0.26**	0.01
1997	0.02	-0.02	-0.12	0.03	0.11	-0.02	**-0.05**	0.02	**-0.16**	0.02
1998	0.00	0.04	0.11	0.00	-0.08	-0.01	**0.02**	-0.11	**-0.04**	0.03
1999	0.00	0.01	0.02	-0.08	-0.06	0.01	**-0.02**	-0.03	**0.04**	0.00
2000	0.01	-0.02	0.08	-0.08	0.00	-0.02	**0.02**	0.06	**0.12**	-0.01
2001	-0.04	0.07	0.05	0.00	-0.02	-0.05	**0.02**	0.00	**0.12**	0.00
2002	-0.03	-0.04	0.04	-0.01	-0.01	0.01	**0.03**	-0.03	**0.17**	0.04
2003	-0.01	-0.04	0.01	-0.03	0.00	0.07	**0.07**	0.02	**0.20**	-0.02
2004	0.00	-0.07	-0.01	0.00	-0.07	0.07	**0.07**	0.00	**0.19**	-0.04

7.4 2원 빈도 표 분석

2원 빈도 표(two-way frequency table)는 2개(행 · 열) 요인의 결합 빈도를 나타낸다. 즉 f_{ij} 는 칸 (i,j)에서 해당하는 개체 빈도(frequency) 또는 사건 도수(度數, count)이다. 행 요인에 따라 열 요인이 어떻게 달라지는가를 보고자 하는데 분석의 목적이 있다.

한 예를 보자. <표 5>는 UC 버클리 대학교 대학원의 1973년 입학 자료에서 나온 것으로 성별 · 지원학과의 지원자 빈도를 보여준다.[8]

---

7) round(residuals,2)

8)
```
data(UCBAdmissions)
UCBAdmissions
Tab1 <- UCBAdmissions[1,,]
Tab2 <- UCBAdmissions[2,,]
```

<표 5> 버클리 내학교 대학원 지원자의 성별 지원학과 빈도

Gender	Dept A	B	C	D	E	F	Sum
Male	825	560	325	417	191	373	2691
Female	108	25	593	375	393	341	1835
Sum	933	585	918	792	584	714	4526

이 표에서 우리가 볼 수 있는 것 지원학과별 남녀의 빈도, 남녀별 지원학과의 빈도 등이다. 이를 그래프화 함으로써 전공에 있어서의 성 차이(gender difference)를 볼 수 있을 것이다. <그림 4>의 왼쪽 막대 플롯(bar plot)은 지원학과별로 남녀의 절대적 빈도를 비교해 본 것이다.[9] 각 학과별로 지원자 수를 알 수 있고 그 안에서 성별 분포를 파악해볼 수 있다. 따라서 학과 간 남녀 비율을 상대적으로 비교해 보는 것이 어렵다. 예컨대 지원자 중 남자 비율이 학과 C와 학과 E 중에서 어느 쪽이 큰가는 판단하기 어렵다. 이런 목적에서라면 학과 지원자 수를 100으로 놓고 그 중에서 남자와 여자가 차지하는 비율을 플롯에 직접 나타낼 필요가 있을 것이다. <그림 4>의 오른 쪽 막대 플롯이 바로 지원학과별로 남녀의 상대적 빈도(%)를 비교해 본 것이다.[10] 학과 A와 B에서 남자 비율이 높고 학과 C와 E는 여자 비율이 높고 학과 D와 F는 비슷하게 나타난다.

<그림 4>에서는 성별로 구분하여 지원학과 분포를 보기 어렵다. 이것을 한 것이 <그림 5>인데, 왼쪽 것은 남녀 별로 지원학과를 절대적 빈도로 나타낸 것이고 오른쪽 것은 상대적 비율(%)로 나타낸 것이다.[11] 남자들의 경우 학과 A와 B에 50% 이상이

```
Tab <- Tab1 + Tab2
addmargins(Tab)
```

9)
```
barplot(Tab, legend=rownames(Tab))
```

10)
```
Tab.col <- apply(Tab,2,sum)
Tab.C <- Tab %*% diag(1/Tab.col) * 100
colnames(Tab.C) <- c("A","B","C","D","E","F")
rownames(Tab.C) <- c("Male","Female")
x11(); barplot(Tab.C, legend=rownames(Tab.C))
```

11)
```
barplot(t(Tab), beside=T,legend=colnames(Tab))
Tab.row <- apply(Tab,1,sum)
Tab.R <- diag(1/Tab.row) %*% Tab * 100
colnames(Tab.R) <- c("A","B","C","D","E","F")
rownames(Tab.R) <- c("Male","Female")
```

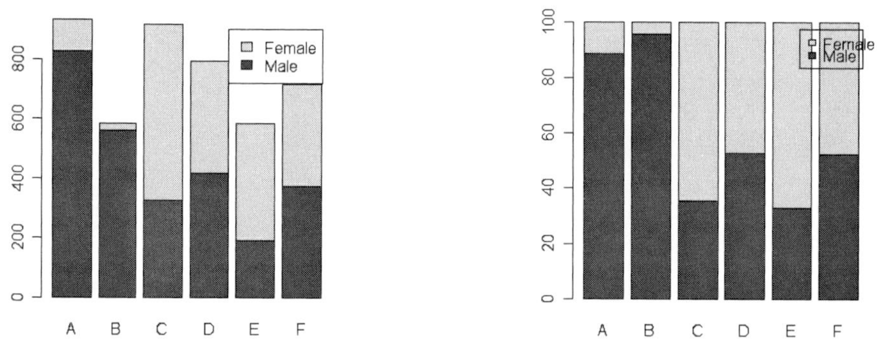

<그림 4> 학과별 남녀 지원자 수: 절대적 빈도(왼쪽)와 상대적 비율(오른쪽)

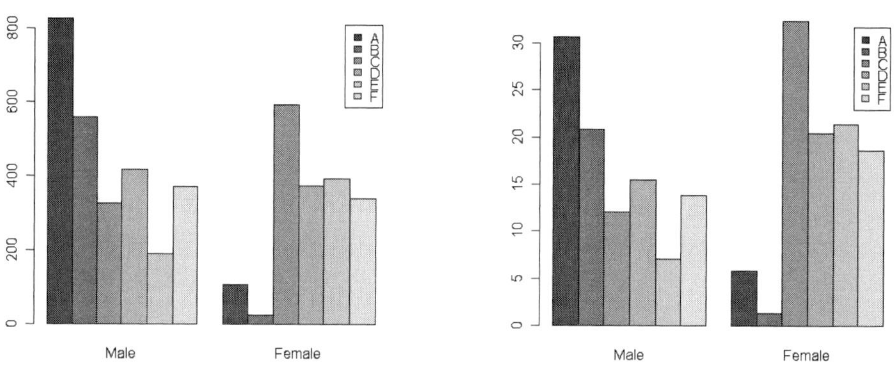

<그림 5> 남녀별 지원학과 분포: 절대적 빈도(왼쪽)와 상대적 비율(오른쪽)

집중되어 있는 반면 여자들은 학과 C, D, E, F에 90% 이상이 집중되어 있다.

<표 6>은 <표 5>는 세분화한 것으로 일차로 지원자를 성별로 나눈 다음 학과별 합격자 · 불합격자 빈도를 보여주는 3차원 표이다.[11] 전체적으로 남자 합격률은 44.5% (=1198/2691), 여자 합격률은 30.4% (=557/1835)로 나타났다.

```
x11(); barplot(t(Tab.R), beside=T,legend=colnames(Tab.R))
```

11)
```
Tab.M <- UCBAdmissions[,1,]
addmargins(Tab.M)
Tab.F <- UCBAdmissions[,2,]
addmargins(Tab.F)
```

<표 6> 버클리 대학교 대학원 지원자의 성별 지원학과 합격자 빈도

"Male"

Admit \ Dept	A	B	C	D	E	F	Sum
Admitted	512	353	120	138	53	22	1198
Rejected	313	207	205	279	138	351	1493
Sum	825	560	325	417	191	373	2691

"Female"

Admit \ Dept	A	B	C	D	E	F	Sum
Admitted	89	17	202	131	94	24	557
Rejected	19	8	391	244	299	317	1278
Sum	108	25	593	375	393	341	1835

그러면 이제 남자의 학과별 합격률과 여자의 학과별 합격률을 비교해보자. <그림 6>은 남녀별로 지원학과 합격률을 비교한 것이다.[12] 전체 합격률에서는 남자가 높았지만 학과별로 보았을 때에는 여자의 합격률이 다소 높은 것을 볼 수 있다. 심프슨의 역설(Simpson's paradox)을 보여주는 한 예이다.

막대 플롯에 대한 대안으로 모자이크 플롯이 있다. R의 mosaicplot() 함수를 활용하여 만든 <그림 7>을 보라.[13] 왼쪽 그래프는 지원학과의 빈도에 비례하여 막대 폭을 잡은 뒤 각 막대 내에서 지원학과 내 성별 빈도에 비례하여 막대를 구분한 것이고, 오른쪽 그래프는 그 반대로 한 것이다. 두 그래프 모두 고유한 장점을 갖는다. 성별과 지원학과 빈도분포가 크게 다른 것을 볼 수 있다.

---

12)
```
Tab.M.col <- apply(Tab.M,2,sum)
Tab.M.C <- Tab.M %*% diag(1/Tab.M.col) * 100
colnames(Tab.M.C) <- c("A","B","C","D","E","F")
x11(); barplot(Tab.M.C, legend=rownames(Tab.M.C), main="Male")
Tab.F.col <- apply(Tab.F,2,sum)
Tab.F.C <- Tab.F %*% diag(1/Tab.F.col) * 100
colnames(Tab.F.C) <- c("A","B","C","D","E","F")
x11(); barplot(Tab.F.C, legend=rownames(Tab.F.C), main="Female")
```

13)
```
mosaicplot(~Dept+Gender, data=UCBAdmissions, color=T)
x11(); mosaicplot(~Gender+Dept, data=UCBAdmissions, color=T)
```

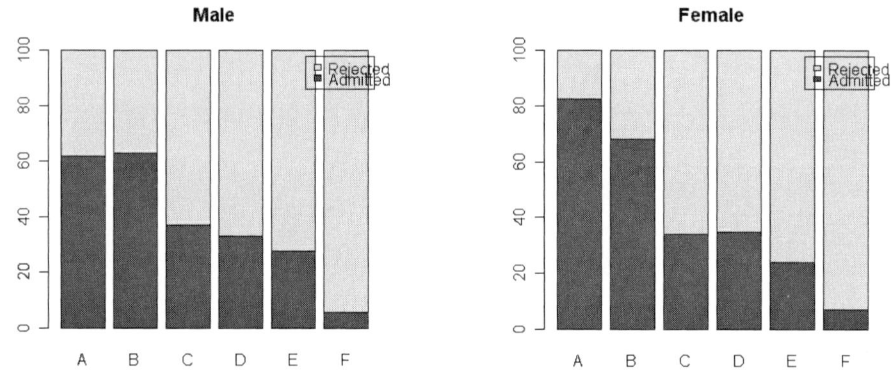

<그림 6> 남녀별 지원학과 합격률 비교: 남자(왼쪽)와 여자(오른쪽)

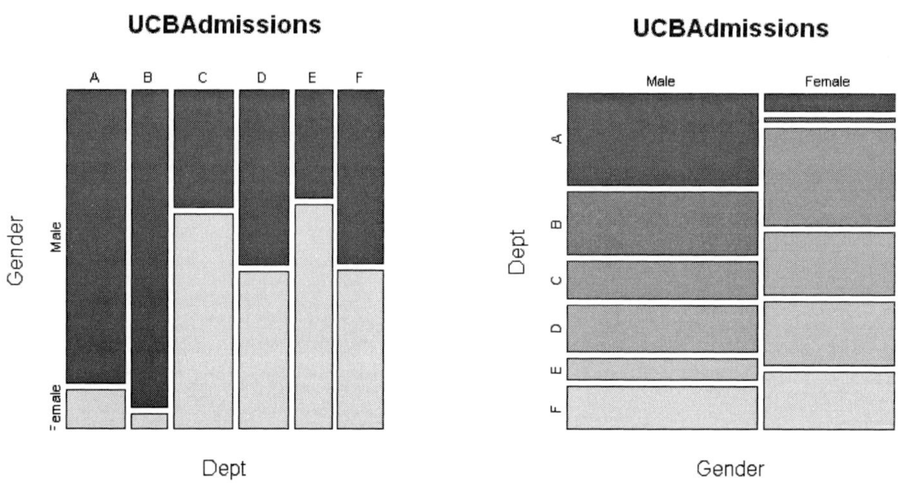

<그림 7> 모자이크 플롯: 지원학과*성별 (왼쪽), 성별*지원학과 (오른쪽)

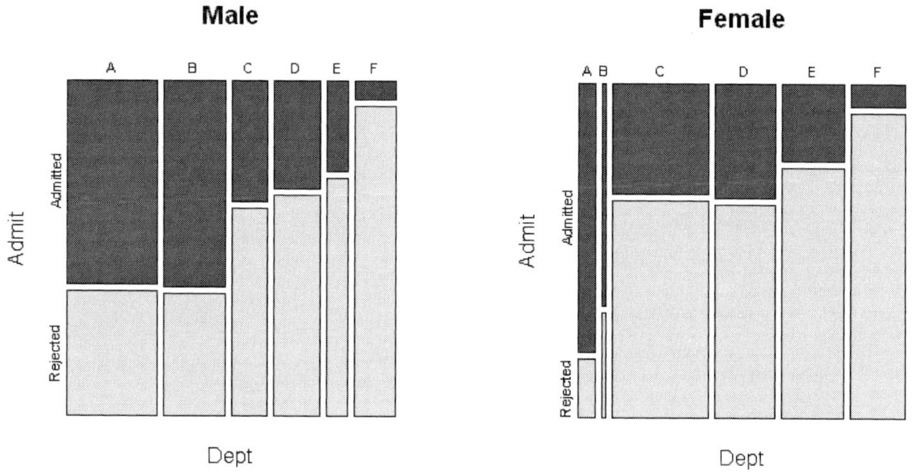

<그림 8> 모자이크 플롯: 남자(왼쪽)와 여자(오른쪽)의 지원학과*합격여부

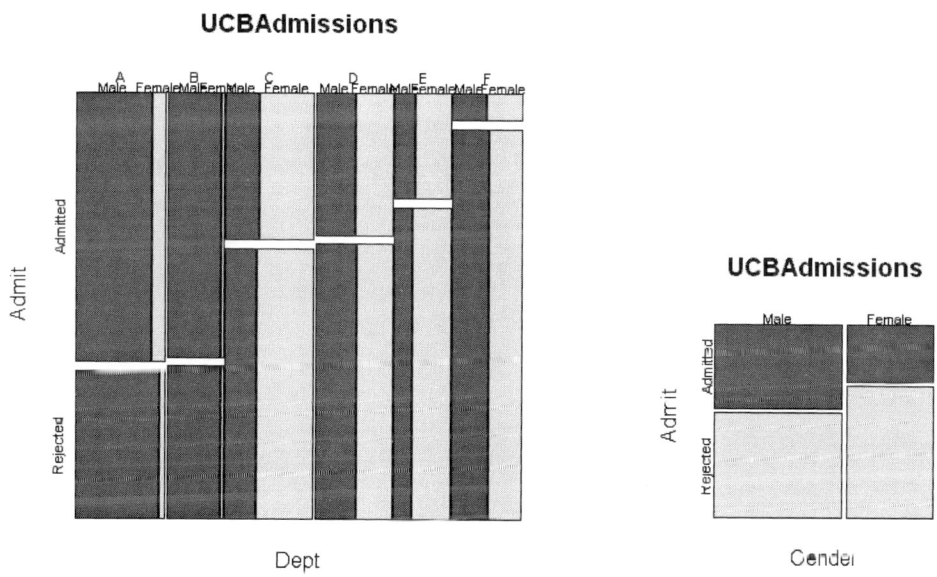

<그림 9> 모자이크 플롯: 지원학과*합격여부*성별(왼쪽)과 성별*합격여부(오른쪽)

<그림 8>은 남자(왼쪽)와 여자(오른쪽)의 지원학과*합격여부를 보여주는 모자이크 플롯이다.14) 학과별로 합격률이 심하게 다른 것을 볼 수 있다. 그러나 학과 내에서 성별에 따른 합격률의 차이는 미미하다.

마지막으로 <그림 9>의 왼쪽 그래프는 지원학과*합격여부*성별의 3개 요인의 결합 패턴을 한꺼번에 보여주는 모자이크 플롯이다.15) 보기가 쉽지 않지만 집중해 보면 학과 내에서 합격여부에 관한 성 차이가 별로 없음을 알 수 있다. 이 점은 <그림 8>이 더 명확하게 보여준다. <그림 9>의 오른쪽 플롯은 성별*합격여부를 보여주는데 합격여부에 관한 성 차이가 있는 것처럼 보인다.

버클리 대학 자료에서 합격률이 대체로 높은 A 학과와 B 학과는 이공계열 대학원 학과이고 유난히 합격률이 낮은 E 학과와 F 학과는 경영학·법학 계열의 전문 대학원 학과라고 한다. 따라서 여자들의 이공계 기피에 따른 착시적 현상, 즉 각 학과별로는 그렇지도 않은 데 전체로는 여자의 합격률이 낮은 것으로 나타난 것이다 (심프슨의 역설).

7.5 요약

- 중간값 다듬기(median polish)는 2원 자료 표(two-way data table)에서 교차분류 칸 (i,j)에 수치값 y_{ij}가 행 요인과 열 요인으로 받는 가법적 영향을 정량적으로 분석해낸다.
- R의 `mosaicplot()` 함수와 `barplot()` 함수는 2원 빈도 표(two-way frequency table)를 시각화하는 데 있어 매우 유용하게 쓰일 수 있다.

---

14)
```
Tab.M <- as.table(UCBAdmissions[,1,])
Tab.F <- as.table(UCBAdmissions[,2,])
x11(); mosaicplot(~Dept+Admit, data=Tab.M, color=T, main="Male")
x11(); mosaicplot(~Dept+Admit, data=Tab.F, color=T, main="Female")
```

15)
```
mosaicplot(~Dept+Admit+Gender, data=UCBAdmissions, off=2, color=T)
x11(); mosaicplot(~Gender+Admit, data=UCBAdmissions, off=2, color=T)
```

8장. 시계열 자료의 탐색

일별 종합주가지수라든지 월별로 집계된 제조업 가동률과 같은 경제·경영·사회 자료는 시계열(time series)로 주어진다. 이러한 시계열 자료를 '신호(signal)' 부분과 '잡음(noise)' 부분으로 분리하여 보면 자료해석에 도움이 된다. 이 장에서는 평활법(smoothing method)과 분해법(decomposition method)으로 시계열자료를 탐색하는 방법에 대하여 설명하기로 하겠다.

주요 R 함수: `smooth()`, `decompose()`, `acf()`, `ccf()`

8.1 시계열 평활이란?

시점 1에서 시점 n 까지 관측된 시계열 자료를 $\{x_t \; ; \; t = 1, \cdots, n\}$ 으로 표기하자. 이 시계열에는 의미 있는 부분인 신호 s_t 와 잡음 부분 a_t 의 합으로 구성되어 있다고 가정하자. 여기서 잡음(雜音, noise)이란 그 시점에만 발생한 관측오차, 불규칙변동을 말한다. 그러면

$$x_t = s_t + a_t$$

로 표현된다. 여기서 신호 s_t 는 모수(parameter), 잡음 a_t 는 평균 0, 표준편차 σ 를 갖고 변동하는 확률변량으로 간주할 수 있다.

가상적인 예를 들어 보겠다. 신호로서

$$s_t = \sin(2\pi t/12) + \sin(2\pi t/30), \quad t = 1, \cdots, 60$$

를 생각하자. 첫 번째 sine 항은 주기 12를 갖고 있고 두 번째 sine 항은 주기 30을 갖는다. 그리고 잡음 a_t 는 평균이 0, 표준편차가 1인 정규분포에서 생성한 임의 수(random number)로 잡았다. 그리고 s_t 와 a_t 를 더하여 시계열 x_t 를 만들었다.[1]

---

1)
```
t <- seq(1:60)
s <- sin(2*pi*t/12)+sin(2*pi*t/30)
a <- rnorm(60,0,1)
x <- s+a
```

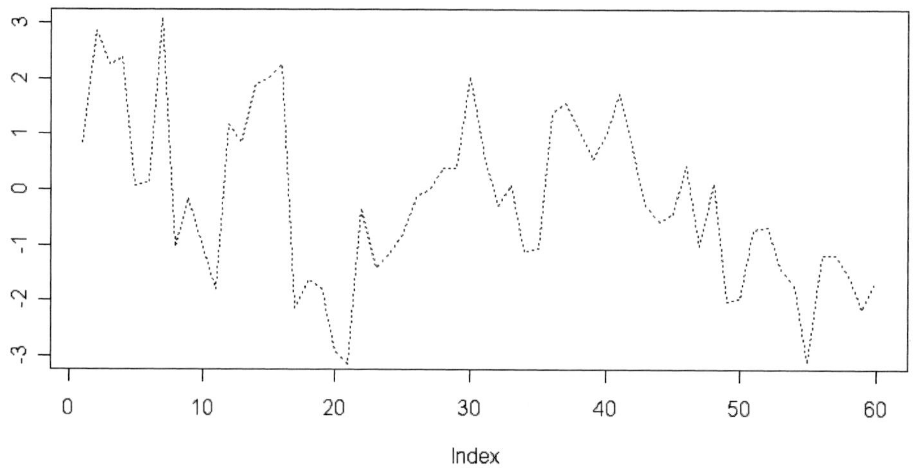

<그림 1> 모의생성 시계열 x_t의 시도표

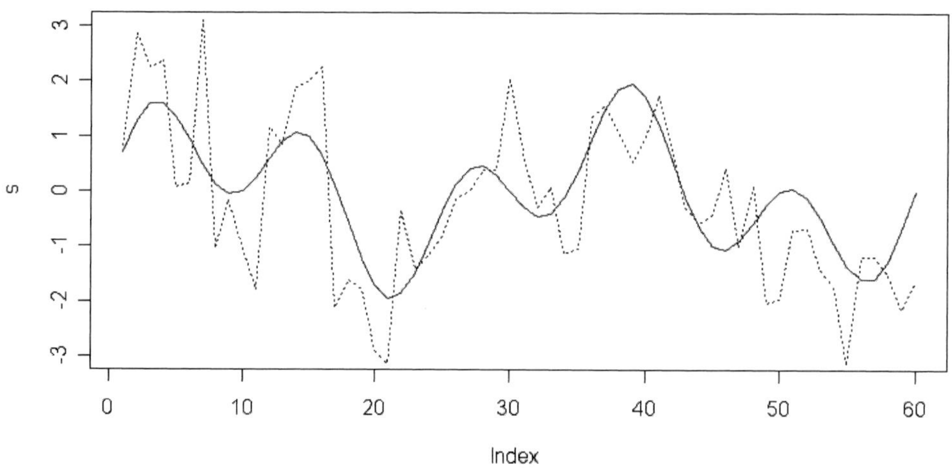

<그림 2> 모의생성 시계열 x_t(점선)과 신호 계열 s_t(실선)의 시도표

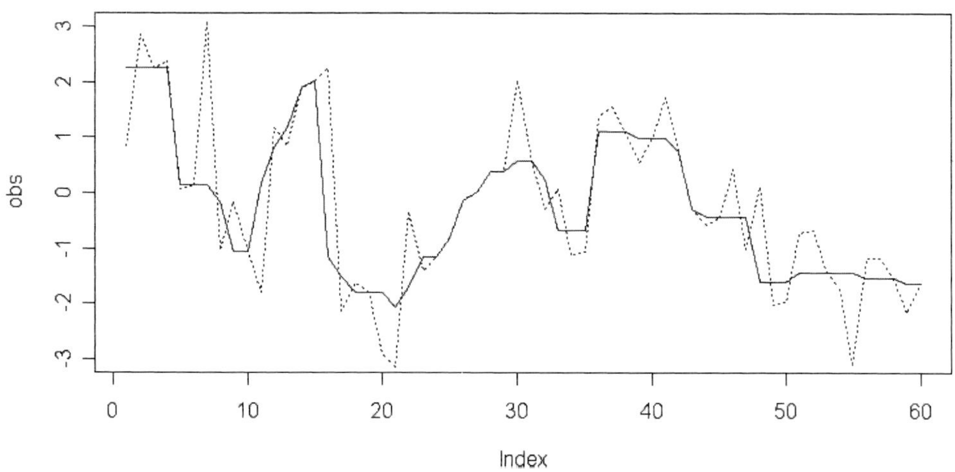

<그림 3> 시계열 x_t (점선)로부터 추출한 신호 계열 $\hat{s}_t$ (실선)의 시도표

<그림 1>이 모의생성 시계열 x_t 를 시간 순서로 연결하여 따라 그린 것인데 이런 그래프를 시도표(時圖表; time plot)라고 한다. 언뜻 보기에는 난삽하여 그 안에 의미 있는 신호가 들어가 있는 것으로 보이지 않는다. <그림 2>는 시계열 x_t 외에 신호 계열 s_t 를 같이 그린 시도표이다.2) 이제는 시계열 x_t 를 이해할 수 있을 것이다: 아하, 이렇구나. 그러나 문제는 시계열 x_t 가 관측 계열인 경우에는 분석자가 신호 계열을 찾아내야 한다는 데 있다.

<그림 3>은 시계열 x_t 를 관측 계열로 간주한 상황에서 R이 제공하는 smooth() 함수를 써서 추정한 신호 계열의 시도표이다. <그림 2>의 참 신호에 가까운 패턴을 보여준다. 다음 절에서 이 함수를 설명할 것이다.3)

---

2)
```
plot(x, type="l", ylab = "", ylim = c(-3,3), lty="dotted")
x11()
plot(s, type="l", ylim = c(-3,3), col = "blue")
par(new=T)
plot(x, type="l", ylab = "", ylim = c(-3,3), lty="dotted")
```

3)
```
smooth.f <- smooth(x)
x11()
plot(smooth.f, type="l", ylab = "", ylim = c(-3,3), col="blue")
par(new=T)
plot(x, type="l", ylim = c(-3,3), lty="dotted")
```

8.2 평활방법

시계열 평활(平滑, smoothing) 기법의 기초는 이동평균(running average)이다. 이 방법은 시점 t의 평활값을

$$smooth_t = (x_{t-k} + \cdots + x_t + \cdots + x_{t+k})/(2k+1), \quad k+1 \le t \le n-k \tag{1}$$

로 한다. 즉, x_t를 중심으로 좌우의 k개씩의 관측값을 평균낸다. 그러므로 연속 시점의 평활값들은 $2k$개의 관측값을 공유하게 되고 이것은 $smooth_t$ 계열이 평탄하게 되도록 한다. (1)의 계산에서 $t \le k$인 시점에서는 평활값을 산출하는 과정에서 좌측에서 k개씩의 관측값을 확보할 수 없게 된다. 이런 경우엔 불가피하게 좌측에서 가용한 모든 관측값들과 우측에서 같은 수의 관측값들을 평균 내는 방법이 적용된다. 마찬가지로 $t \ge n-k+1$인 시점에서는 평활값을 산출하는 과정에서 우측에서 k개씩에서 같은 수의 관측값들을 평균 내는 방법이 적용된다. 하지만 대부분의 시점에서는 $2k+1$개의 관측값들을 평균 내게 되는데 이를 평활 너비(smoothing span)이라고 한다.

이동평균에서 평활너비 $K(=2k+1)$를 크게 하면 매시점의 평활값을 산출하기 위하여 많은 수의 관측값들을 사용하게 되므로 $smooth_t$ 계열이 평탄하게 된다. 반대로 K를 작게 하면 매 시점의 평활값 산출시 작은 수의 관측값들을 사용하게 되므로 $smooth_t$ 계열에 잦는 변동이 생긴다. 그렇다면 추정신호 계열이 평탄할수록 좋은가? 반드시 그렇지는 않다. 평활의 너비가 클수록 추정 신호는 평평해지는 경향이 생기는데 이것은 실제 신호를 잡지 못하고 놓칠 위험이 있음을 의미한다. 반대로 평활의 너비가 작아 변동이 잦아지면 오신호(誤信號, false signal)의 위험을 수반한다. 따라서 평활의 너비는 너무 크지도 않고 너무 작지도 않아야 한다. 평활 너비의 적정 값을 정하기 위해서는 여러 신호 계열의 시도표를 보고 수용 가능한 것을 선택한다.

이동평균은 일종의 평균이므로 특이점(outlier)에 취약하다. 이에 따라 EDA에서는 '평균'을 '중간값'으로 대치한 이동중간값(running median)이 선호된다. 너비 K $(=2k+1)$의 이동중간값은

$$smooth_t = \text{median}(x_{t-k}, \cdots, x_t, \cdots, x_{t+k}) \tag{2}$$

로 정의된다. 여기서도 시점 $t \le k$와 $t \ge n-k+1$인 시점에서는 평활값을 산출하는 과정에서 좌측 또는 우측에서 k개씩의 관측값을 확보할 수 없으므로 같은 수의 가용한 관측값들에서 중간값을 내게 된다.

<표 1> 너비 3의 이동중간값 계산 예 1

t	x_t	A: "3"	B: "3"	C: "3"
1	2.1	2.1	2.1	2.1
2	9.8	9.8	9.8	9.8
3	19.5	19.5	19.5	19.5
4	22.5	19.5	19.5	19.5
5	16.6	16.6	16.6	16.6
6	16.1	16.6	16.6	16.6
7	18.5	16.1	16.1	16.1
8	-3.4	8.9	8.9	8.9
9	8.9	-3.4	-3.4	-3.4
10	-25.2	-14.0	-14.0	-14.0
11	-14.0	-14.0	-14.0	-14.0
12	-0.4	-0.4	-0.4	-0.4

<표 1>은 길이 12의 관측 계열 x_t에 대한 너비 3의 이동중간값을 계산한 예이다. 열 A의 이동중간값 3의 첫 칸과 마지막 칸은 각각 x_t의 첫 값과 마지막 값을 그대로 넣었다.[4] 그 외의 나머지 칸들은 x_t 열에서 3개 값의 중간값을 구한 결과이다. 앞으로 너비 3의 이동중간값을 "3"으로 표기할 것이다.

<표 1>의 x_t 열에서 6회에 걸쳐 상승·하락세가 바뀐다 (t = 5,7,8,9,10,11). 그러나 A의 이동중간값 열에서는 오직 2회에 걸쳐 상승·하락세가 바뀐다 (t = 5,12). 그 만큼 관측 계열이 평탄한 신호 계열로 바뀐 것이다.

이동중간값에서도 너비를 크게 함으로써 더욱 평탄한 신호 계열을 만들 수 있지만 다른 한 방법은 같은 이동중간값을 거듭 적용하는 것이다. 즉

관측 계열		이동중간값		이동중간값
x_t	→	s_t'	→	s_t''

4) 실제로 R의 `smooth()`나 `runmed()`에서는 첫 시점의 평활값으로 $\text{med}(x_0^*, x_1, x_2)$를 적용한다. 여기서 $x_0^* = 3x_2 - 2x_3$로 정의된다. 이와 유사하게 마지막 시점의 평활값은 $\text{med}(x_{n-1}, x_n, x_{n+1}^*)$을 적용한다. 여기서 $x_{n+1}^* = 3x_{n-1} - 2x_{n-2}$. 그 배경에 대하여는 다음 쪽의 "S"를 참조.

<표 2> 너비 3의 이동중간값 계산 예 2

t	x_t	A: "3"	B: "3"	C: "3R"
1	1.5	1.5	1.5	1.5
2	19.3	1.5	1.5	1.5
3	-0.8	19.3	1.5	1.5
4	27.7	-0.8	-0.8	-0.8
5	-4.3	-4.3	-4.3	-4.3
6	-11.2	-11.2	-11.2	-11.2
7	-13.6	-13.5	-13.5	-13.5
8	-13.5	-13.6	-13.6	-13.6
9	-25.2	-17.7	-17.7	-17.7
10	-17.7	-25.2	-18.3	-18.3
11	-27.2	-18.3	-18.3	-18.3
12	-18.3	-18.3	-18.3	-18.3

<표 2>의 예를 보자. A열은 관측 계열 x_t에 대한 너비 3의 이동중간값을 계산한 결과인데, B열은 A열에 대하여 다시 너비 3의 이동중간값을 계산한 결과이다. 다소의 변동이 있음을 볼 수 있다. C열은 B열에 대하여 다시 너비 3의 중간값을 계산한 결과를 보여준다. 이제 더 이상의 변동을 볼 수 없다. 따라서 C열에 다시 너비 3의 중간값을 계산하더라도 더 이상 신호 추정값들은 달라지지 않을 것이다. <표 1>에서는 열 A 이후 더 이상의 변동이 없다. 이와 같이 너비 3의 이동중간값을 더 이상의 변동이 없을 때까지 반복하는 평활방법을 "3R"이라고 한다.

3R 평활의 결과로서 2개 값이 연이어 나타나는 경우가 많은데 이것은 봉우리나 골짜기를 평평하기 때문에 자연스럽게 보이지 않는다. 이 때 S라는 분리(splitting) 기법을 적용하여 문제를 완화시킬 수 있다. 이 방법은 다음과 같다.

평활의 대상이 시점 t 와 $u\,(=t+1)$에서 밋밋한 봉우리(골짜기)를 형성하고 있는 상태라고 하자. 즉,

$$s_{t-2},\ s_{t-1} < s_t = s_u > s_{u+1},\ s_{u+2}$$

이 때 시점 t 의 S 평활값은

$$smooth_t = \mathrm{median}(s_{t-1},\ s_t,\ s^*_{t+1})$$

이다. 여기서

$$s^*_{t+1} = 3\,s_{t-1} - 2\,s_{t-2}$$

<표 3> 너비 3의 이동중간값 계산 예 1

t	x_t	A: "3"	B: "3R"	C: "S"
1	2.1	2.1	2.1	
2	9.8	9.8	9.8	
3	19.5	19.5	**19.5**	19.5
4	22.5	19.5	**19.5**	16.6
5	16.6	16.6	16.6	
6	16.1	16.6	16.6	
7	18.5	16.1	16.1	
8	-3.4	8.9	8.9	
9	8.9	-3.4	-3.4	
10	-25.2	-14.0	-14.0	
11	-14.0	-14.0	-14.0	
12	-0.4	-0.4	-0.4	

로 정의되는데 이렇게 하는 이유는 시도표에서 세 점

$$(t-2, s_{t-2}),\ (t-1, s_{t-1}),\qquad (t+1, s^*_{t+1})$$

을 일직선상에 놓이게 하기 위해서이다. 즉 가장 오른 쪽의 점 $(t+1, s^*_{t+1})$는 왼쪽 두 점을 잇는 선분을 외연(外延, extrapolation)시켜 찾아진다.

시간의 방향을 바꾸되 마찬가지 방식을 적용하여 시점 u의 "S" 평활값

$$smooth_u = \text{median}(s^*_{u-1}, s_u, s_{u+1})$$

을 얻어낸다. 여기서, $s^*_{u-1} = 3\,s_{u+1} - 2\,s_{u+2}$.

이제 <표 1>의 열 B에 "S"를 적용해보기로 하자. 평평한 봉우리를 이루는 3번째 값과 4번째 값이 "S" 적용대상이 된다.[5] 시점 3의 "S" 평활값은

$$smooth_3 = \text{median}(s_2, s_3, s^*_4),\quad s^*_4 = 3\,s_2 - 2\,s_1$$

이다. 수치를 대입하면 $smooth_3 = 19.5$가 된다. 같은 방법으로 $smooth_4 = 16.6$을 얻을 수 있다. 나머지 값들은 그대로 옮겨진다.

R의 smooth() 함수는 "3", "3R", "S" 등의 평활을 제공하는데 디폴트 방법은 "3RS3R"이다. "3RS3R"은 관측 시계열에 "3R"을 적용한 후 그 결과에 "S"를 하고 다시 그 결과에 "3R"을 적용하는 복합평활기법(composite smoothing)이다.

5) 10번째와 11번째 값도 평평한 골짜기를 형성하므로 역시 S의 적용대상이지만 11번째 값이 우측에 1개 값밖에 없으므로 계산이 어렵다.

8.3 사례분석

<그림 4>는 한 젖소의 체온을 30일간 매일 오전 6시 30분에 측정한 기록을 플롯한 시도표이다 (Velleman and Hoaglin, 1981, p.165). 원격체온측정계(telemetric thermometer)라는 장치를 젖소에 부착하면 "찍, 찍, 찍, 찍,…"하는 소리를 내게 되는데 그 빈도는 체온이 높을수록 빨라지며 주변에 설치된 기록기에 수신된다고 한다. 젖소는 체온이 올라갔을 때 번식력이 높기 때문에 최고점의 탐지가 낙농가에 도움이 된다고 한다. 그러나 <그림 4>의 시도표에서는 측정값의 잔 변동으로 그것이 명확히 드러나 보이지 않는다.6)

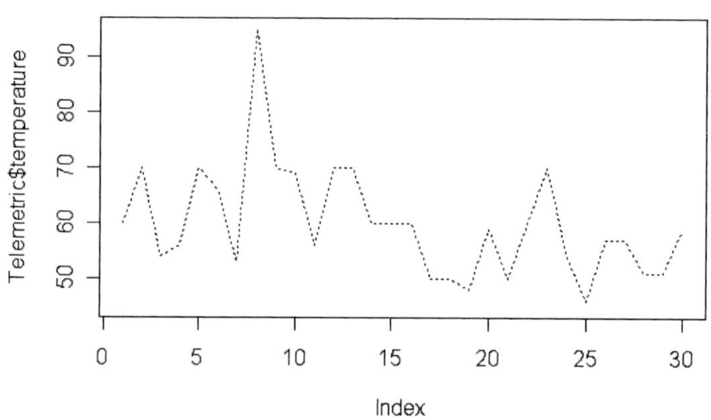

<그림 4> 젖소 체온의 시도표

이제 R의 smooth() 함수로 평활한 결과를 보도록 하겠다. 특별히 이번 평활에서는 'twiceit'이라는 기능을 사용해보기로 한다. 'twiceit'이란 원계열을 1차 평활하여 생긴 잔차(잡음) 항을 동일한 평활기에 재여과시키는 방법이다. 즉,

관측 계열 x_t → 1차 신호 s_t + 1차 잡음 a_t ,

---

6)
```
Telemetric <- read.table("Telemetric.txt", header=T)
plot(Telemetric$temperature, type="l", lty="dotted", ylim=c(45,95))
```

1차 잡음 a_t → 2차 신호 s_t' + 2차 잡음 a_t'

를 얻은 후, 두 결과를 더하면

관측 계열 x_t → 1차 신호 s_t + 2차 신호 s_t' + 2차 잡음 a_t'

가 되므로 다음과 같이 최종 정리된다.

최종 신호 = 1차 신호 s_t + 2차 신호 s_t' ,

최종 잡음 = 2차 잡음 a_t' .

<그림 5>는 젖소의 체온 자료에 '3RS3R twiceit' 기법을 적용한 결과이다.[7] 10일-11일에서 1차 고점(高點)에, 21일-23일에 2차 고점에 도달한 것을 볼 수 있다.

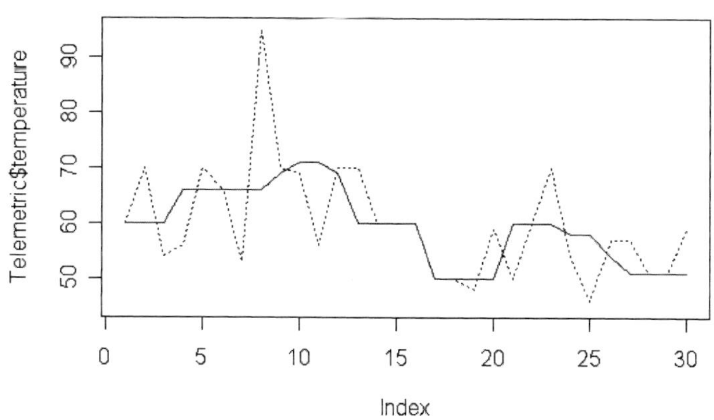

<그림 5> 젖소 체온(점선)과 그것의 평활 결과(실선)

이동중간값(running median)를 위한 R의 함수로 `runmed()`가 있다. 너비의 크기 K(=1, 3, 5, 7, …)를 다양하게 지정하는 것이 가능하다.

---

7)
```
x11()
plot(Telemetric$temperature, type="l", lty="dotted", ylim=c(45,95))
par(new=T)
plot(smooth(Telemetric$temperature, twiceit=T), type="l", col="blue", ylim=
     c(45,95), ylab="")
```

8.4 계절형 시계열의 분해

관측계열이 1년을 주기로 계절성(seasonality)을 갖는 경우가 있다. 기온, 강수량 등 자연현상 뿐 아니라 산업생산, 수입과 수출 등 경제 활동에서도 그런 예가 많다. <그림 6>은 1988년 1월부터 2005년 11월까지의 월별 수출액 자료이다 (단위 $1,000). 대개의 경영·경제 계열과 같이 수출액 계열도 지수적 추세를 보이므로 로그변환을 취하기로 한다. <그림 7>은 우리나라 월별 수출액의 로그변환 시도표이다.[8)]

시계열 x_t 가 추세 T_t, 계절성 S_t 등 2개의 신호 항과 잡음 a_t 를 갖는다고 하자. 즉, x_t 에 대한 모형으로

$$x_t = T_t + S_t + a_t, \quad a_t \sim (0, \sigma)$$

을 생각한다. R의 decompose() 함수는 복합적인 이동평균을 사용하여 추세 T_t, 계절성 S_t와 잡음 a_t 를 분리해내는 알고리즘을 제공한다. 다음은 월별 수출액의 로그변환 계절로부터 추출한 계절성 S_t 값이다.[9)]

1월~ 6월: -0.1534 -0.1182 0.0357 -0.0019 0.0177 0.0596
7월~12월: -0.0253 -0.0389 0.0088 0.0504 0.0540 0.1114

1월이 가장 작고 12월이 가장 큰 것을 볼 수 있다 (이 값들은 자연로그 변환에 대한 가법적 모형의 추정값이므로 퍼센트 변동으로 받아들일 수 있다. 예컨대 1월의 계열값은 1년 평균에 비해 15.34% 작고 12월은 11.14% 크다.)

이제 추세 변화를 살펴보자. <그림 8>이 추세 T_t 의 시도표이다.[10)] 1995년 말부터 3년 정도에 걸친 침체, 2001년 중반부터 약 1년간의 하락을 볼 수 있다.

서로 다른 월의 계열값을 비교하기 위하여는 계절성 조정(seasonal adjustment)을 하는 것이 보통이다. 예컨대 1월과 3월의 계열값은 계절성에 의해 차이가 나므로

---

8)
```
Export <- read.table("Export_1988.txt", header=T)
Series <- ts(Export$Series/1000, start=c(1988,1), frequency=12)
plot(Series)
x11()
Log.Series <- log(Series)
plot(Log.Series, ylim=c(8.5,10.0))
```

9)
```
decomp.out <- decompose(Log.Series)
round(decomp.out$season[1:12],4)
```

10)
```
x11(); plot(decomp.out$trend)
```

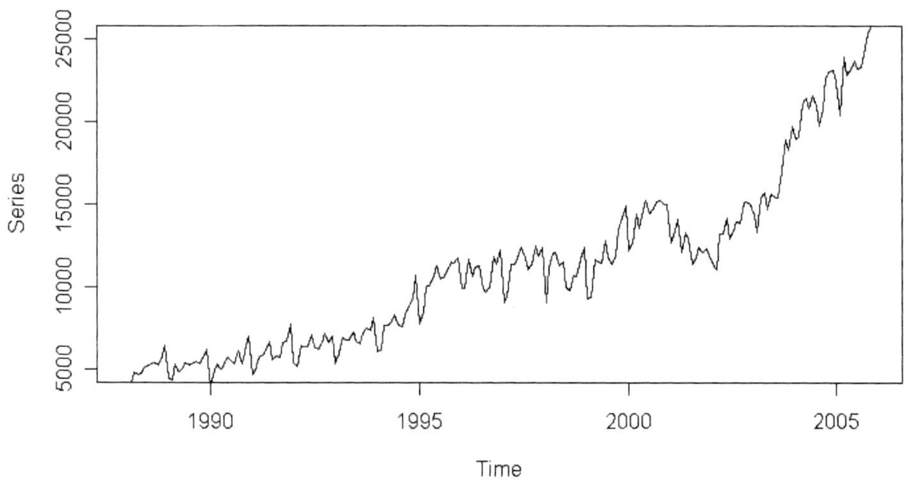

<그림 6> 우리나라의 월별 수출액 시도표 (1988년 1월~2005년 11월)

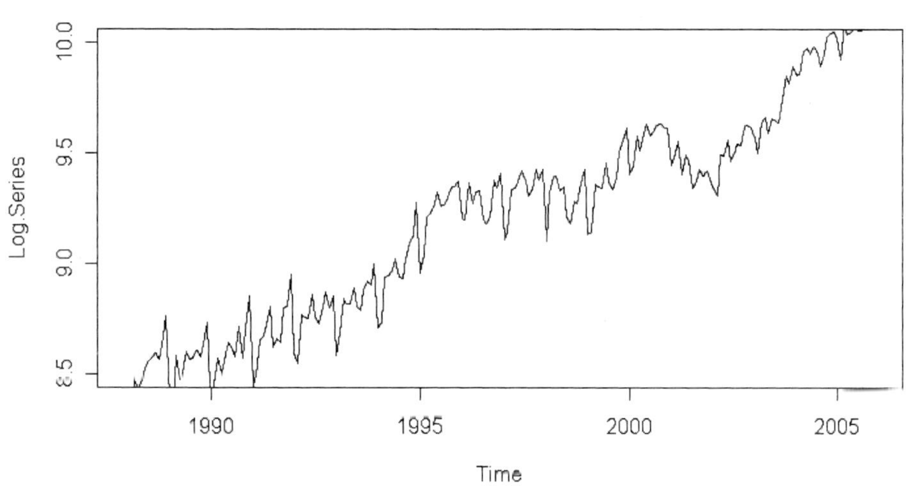

<그림 7> 우리나라 월별 수출액의 로그변환 시도표

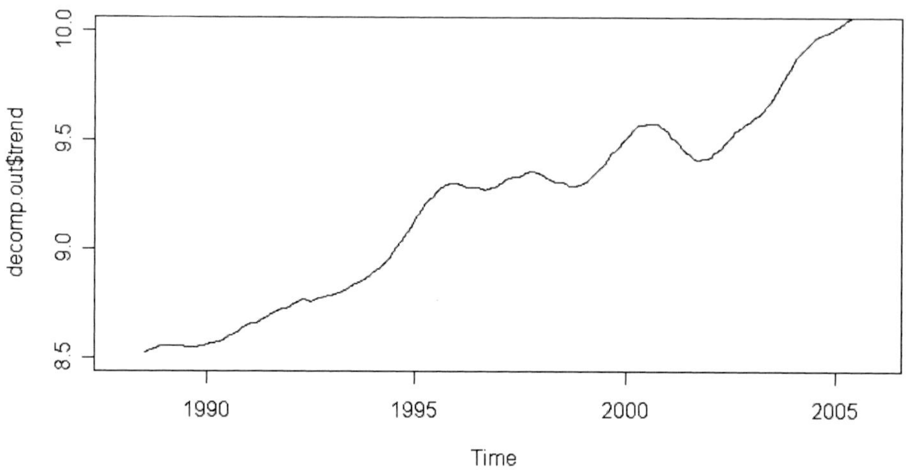

<그림 8> 우리나라 월별 수출액의 로그변환의 연도별 추세

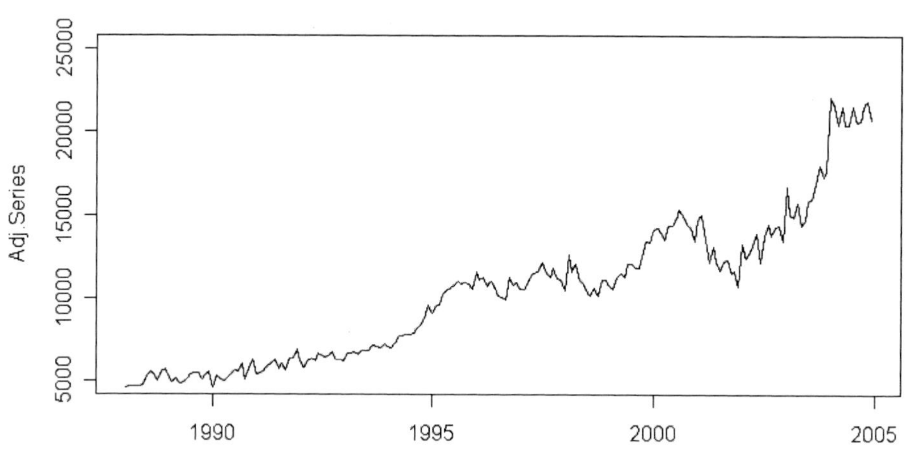

<그림 9> 우리나라 월별 수출액의 계절성 조정 계열에 대한 시도표

단순 비교할 수 없기 때문이다. 계절성 계정 조정 계열 $\tilde{x}_t$ 의 산식은 다음과 같다.

$$\tilde{x}_t = T_t + a_t = x_t - S_t.$$

x_t 자체가 원 계열의 로그 변환이라면 계절조정 계열은 $\exp \tilde{x}_t$ 가 된다. <그림 9>는 우리나라 월별 수출액의 계절성 조정 시도표이다.[11] <그림 6>과 비교해보라.

R에는 계절성 분해 함수로 `decompose()` 외에 10장에서 다룰 `loess` 평활에 의한 `stl()` 함수가 있다. `decompose()`는 계절성 S_t에 대하여 고정된 추정값을 제공하나 `stl()`은 가변적인 추정값을 제공한다는 점에서 주목할만한 차이가 있다.

8.5 자기상관과 다중 시계열

시계열 x_t $(t = 1, \cdots, n)$를 깊게 탐구하기 위하여 자기상관(autocorrelation) 성질을 살펴볼 필요가 있다. 이것은 x_t 와 x_{t-k} 사이의 상관성으로 다음과 같이 정의되는 자기상관계수 r_k로 측정 된다 $(k = 1, 2, 3\cdots)$.

$$r_k = \frac{\sum_{i=k+1}^{n} (x_i - \bar{x})(x_{i-k} - \bar{x})}{\sum_{i=1}^{n} (x_i - \bar{x})^2}.$$

여기서 k는 시차이다. r_k를 자기상관계수 시차 k의 함수로 본 것이 자기상관함수(ACF; autocorrelation function)이다.

예로서 2장에서 다룬 바 있는 geyser 자료 사례에서 waiting과 duration 각각의 ACF를 보도록 하자. <그림 10>과 <그림 11>은 그것을 R의 `acf()` 함수로 구한 결과이다.[12]

---

11)
```
Adjusted <- exp(Log.Series - decomp.out$seasonal)
Adj.Series <- ts(Adjusted, start=c(1988,1), frequency=12)
x11(); plot(Adj.Series, ylim=c(5000,25000))
```

12)
```
library(MASS)
geyser
stl(geyser)
attach(geyser)
acf(waiting)
x11(); acf(duration)
plot(duration ~ waiting)
```

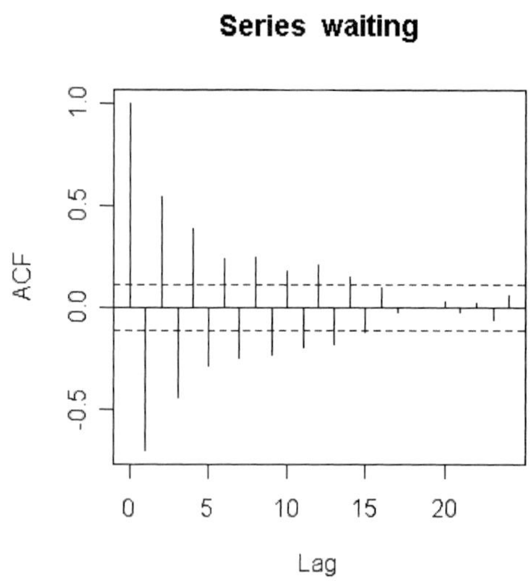

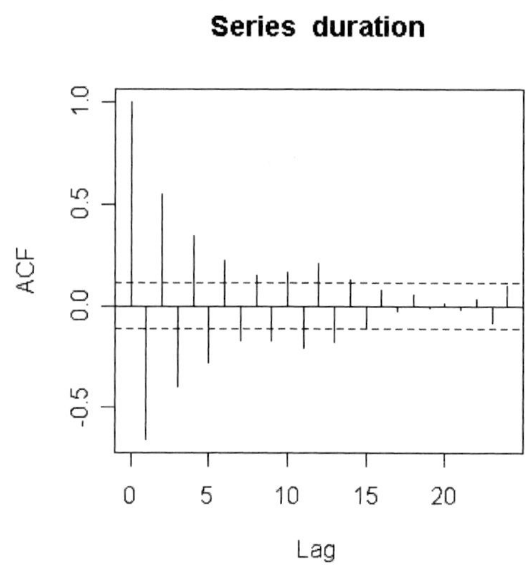

<그림 10> waiting의 자기상관함수 <그림 11> duration의 자기상관함수

<그림 10>을 보면 waiting과 duration에 대한 시차 0, 1, 2, 3, 4에서의 자기상관은 각각 다음과 같다.[13)]

```
waiting:   1.000 -0.702  0.547 -0.445  0.386
duration:  1.000 -0.657  0.553 -0.398  0.346
```

즉, 음(-)과 양(+)이 교대로 반복하는 패턴을 보인다. 이것은 한 번 waiting이 길면 다음엔 짧아지고 그리고 그 다음엔 다시 길어지는 경향이 있음을 의미한다. duration에 대하여도 그렇다.

그러면 waiting과 duration 사이의 관계는 어떨까? 이것은 다음과 같이 정의되는 교차상관함수(CCF; cross-correlation function)로 알 수 있다.

$$c_k(x,y) = \frac{\sum_{i=k+1}^{n}(x_i-\bar{x})(y_{i-k}-\bar{y})}{\sqrt{\sum_{i=1}^{n}(x_i-\bar{x})^2}\sqrt{\sum_{i=1}^{n}(y_i-\bar{y})^2}}, \quad k = \pm 1, \pm 2, \pm 3, \cdots.$$

여기서 시차 k는 음과 양의 두 방향으로 나갈 수 있는데, 교차상관 c_k는 $k=0$에 대하여 대칭이 아니다. 예를 들어 c_{-1}은 x_t와 y_{t+1}사이의 상관이고 c_1은 x_t와

13) round(acf(waiting)$acf[1:5],3)
round(acf(duration)$acf[1:5],3)

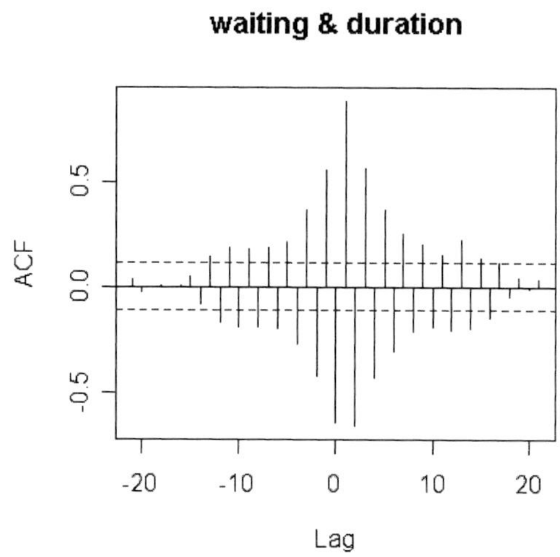

<그림 12> waiting과 duration 사이의 교차상관함수

y_{t-1} 사이의 상관이므로 두 값이 다를 수 있다. 또한 $c_k(x, y)$와 $c_k(y, x)$도 다르다.

<그림 12>는 waiting과 duration 사이의 CCF를 보여준다. c_{-1}= 0.557, c_0 =-0.645, c_1 = 0.886이다.[14] 여기서 c_0에 해당하는 산점도는 x축에 waiting을, y축에 duration을 잡은 그래프이다. <그림 13>을 보라.[15]

그러면 c_1에 해당하는 산점도가 무엇인가를 생각하여 보자. 이것은 x축에 t 시점의 waiting을 잡았다면, y축에는 $t-1$ 시점의 duration을 잡아 그린 그래프일 것이다. 다시 이것은 x축에 t 시점의 duration을, y축에는 $t+1$ 시점의 waiting을 잡은 그래프와 마찬가지이다. 이것을 그린 것이 <그림 14>이다.[16] 이제 왜 한 번 waiting이 길면 다음엔 짧아지고 그 다음엔 다시 길어지는 경향이 있는지, 마찬가지로 한 번 duration이 길면 그 다음엔 짧아지고 그 다유엔 다시 길어지는 경향이 있는지를 이해할 수 있을 것이다.

---

14)
```
ccf(waiting, duration)
attach(ccf(waiting, duration))
round(cbind(ccf(waiting, duration)$lag, ccf(waiting, duration)$acf),3)
```

15)
```
plot(duration ~ waiting)
```

16)
```
waiting.1 <- c(waiting[2: 299], NA)
x11(); plot(waiting.1 ~ duration)
```

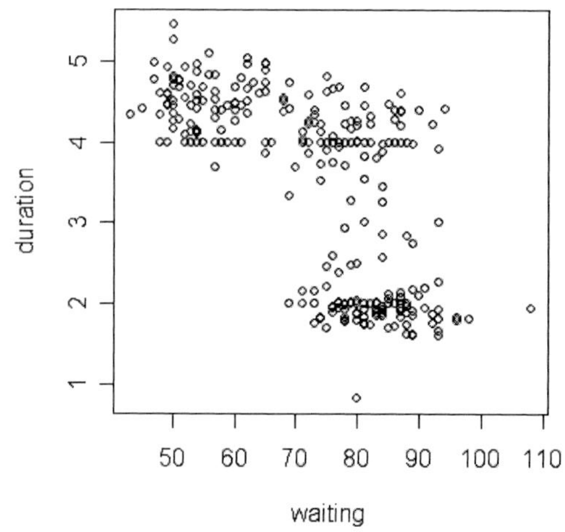

<그림 13> waiting과 duration 간 산점도

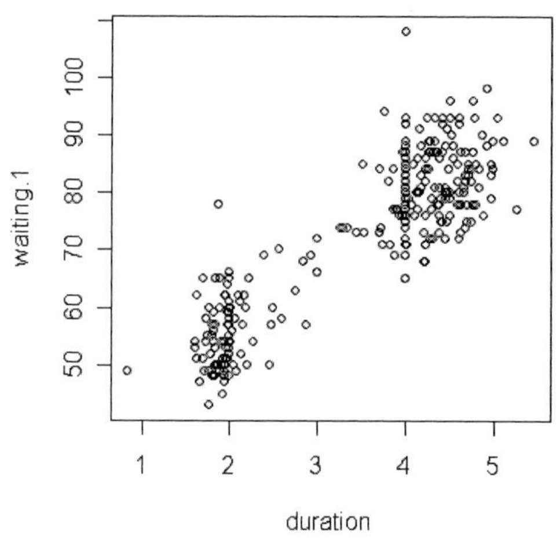

<그림 14> duration과 다음 waiting 사이의 산점도

8.6 주가 사례: 임의보행

주가 예측은 경제활동을 사는 사람들에겐 주요 관심사이다. 그러나 주가예측은 매우 어렵다. 그 이유는 주가 y_t (t = 1, …, n)가 다음과 같은 임의보행(任意步行, random walk) 과정을 따르기 때문이다.

$$y_t = y_{t-1} + x_t, \qquad x_t \sim \text{독립적 } (0, \sigma).$$

즉, 전 시점 비교 현 시점의 증분 $x_t = y_t - y_{t-1}$는 독립적으로 평균이 0이고 일정한 산포를 가지는 분포로부터 임의생성되는 것으로 모형화된다. 따라서 어느 시점에서나 다음 시점의 계열 값을 예측할 수 없다. 금융수학에서는 흔히 이러한 임의보행에서 증분 x_t가 정규분포를 따른다는 추가적인 가정을 하기도 하는데 과연 그런가를 확인해보자.

<그림 15>는 2005년 1월부터 2005년 6월까지의 전기전자 업종의 일별 주가 증분 세열 x_t의 시도표이고, <그림 16>은 증분 계열에 대한 자기상관함수이다.[17] 특별

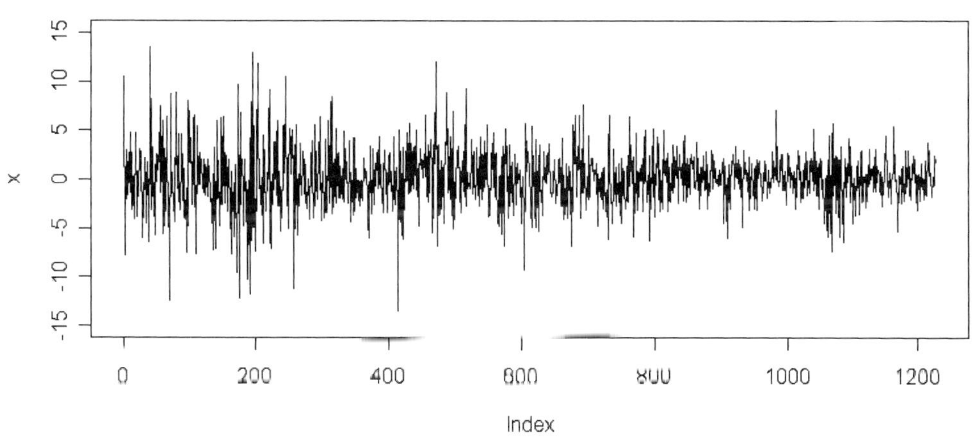

<그림 15> 전기전자 일별 주가 증분 계열의 시도표

---

17)
```
library(foreign)
ee <- read.spss("EEstock2000.sav")
x <- ee$CHANGE
plot(x, type="l", ylim=c(-15,15))
acf(x, ylim=c(-1,1))
```

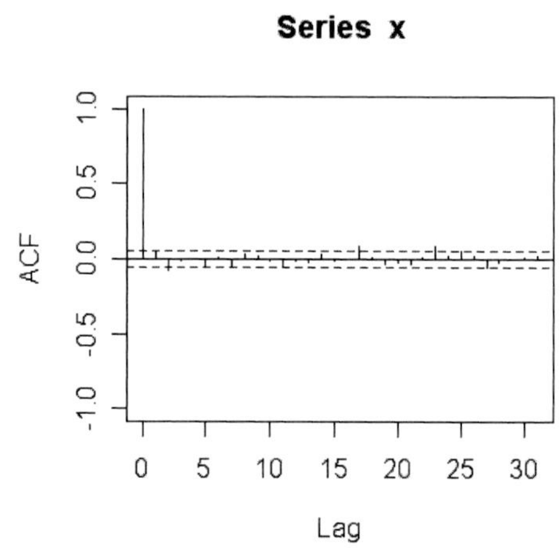

<그림 16> 전기전자 일별 주가 증분 계열의 자기상관함수

한 자기상관성을 보이지 않는다. 그러면 과연 증분값들이 정규분포를 충실하게 따르는가? <그림 17>은 증분 계열 x_t 의 히스토그램에 같은 평균과 표준편차의 정규분포 밀도 곡선을 덧붙인 것이다.[18] 중앙과 꼬리 부분에서 히스토그램 구간상자가 밀도곡선 위에 뜨는 반면 그 사이 부분에서는 히스토그램 구간상자가 밀도곡선 아래에 깔리는 모습을 볼 수 있다. 매듭을 짓자면 증분 계열 x_t 는 (예컨대 t-분포와 같이) 첨도가 정규분포보다 큰 분포로부터 생성된다고 하겠다.

<그림 18>은 금속철강 업종 자료에 대하여 동일한 분석을 한 결과이다. 이 자료에서도 역시 주가지수 증분의 분포는 정규분포에 비해 뾰족한 형태를 보인다.[19] 이처럼 주가 계열의 증분 과정이 정규성으로부터 이탈되어 있으므로 정규성의 가정 하에 향후 주가흐름을 예측하면 잘 맞지 않는 결과를 초래한다.

---

18)
```
m <- mean(x); sd <- sd(x)
hist(x, freq=F, nclass=20, main = "Daily Stock Change")
curve(dnorm(x, m, sd),add=T)
```

19)
```
library(foreign)
ms <- read.spss("MSstock2000.sav")
x <- ms$CHANGE
m <- mean(x); sd <- sd(x)
hist(x, freq=F, nclass=20, xlim=c(-15,15), main = "Daily Stock Change")
curve(dnorm(x, m, sd),add=T)
```

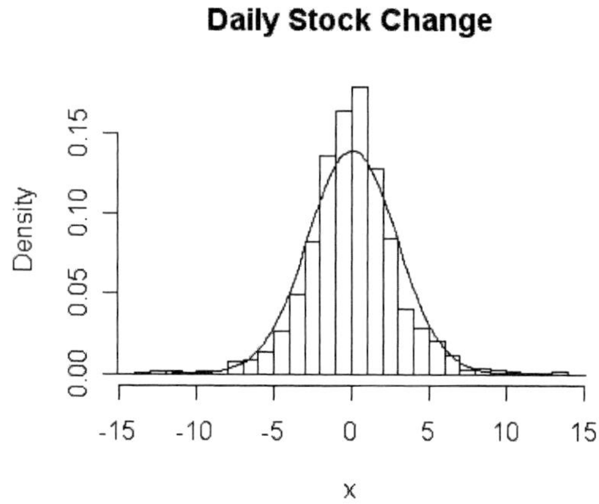

<그림 17> 전기선사 일별 주가 변동과 정규분포 적합

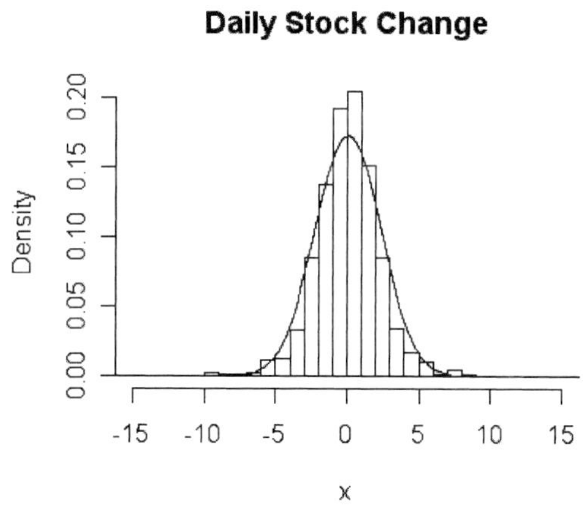

<그림 18> 금속철강 일별 주가 변동과 정규분포 적합

8.7 요약

- 평활법(smoothing method)을 활용하여 시계열(time series) 자료를 신호(signal)와 잡음(noise)으로 분리한다.
- 계절형 시계열은 추세, 계절성과 잡음으로 분해하여 각 성분을 해석한다.
- 단일 시계열에 대하여는 자기상관성을, 다중 시계열에 대하여는 교차상관성을 살펴봄으로써 자료에 대한 깊은 이해를 할 수 있다.

9장. 로버스트 선형회귀

선형회귀는 사용빈도가 매우 높은 통계적 방법으로 어떤 변수 Y의 변이를 설명하고자 p개의 연관된 변수들 $X_1,\cdots,X_p$를 활용한다. 여기서 Y와 X 변수들을 연결하는 "회귀" 함수는 선형으로 간주되는데 이 함수의 추정시에 전통적으로는 최소제곱법이 활용된다. 그러나 최소제곱 회귀선이 강건하지 못하므로 대안적인 기법들이 새로운 컴퓨팅 환경 하에서 개발되었다. 이 장에서는 M-추정, LMS/LTS 추정 등 로버스트 회귀분석을 다루기로 한다.

주요 R 함수: `rlm()`, `lqs()`

9.1 최소제곱 추정 vs 대안적 방법

단순한 모의사례(simulated case)를 보도록 하자. 이 사례에서 X는 $1, 2, 3, \cdots, 10$으로 정해졌고 Y는

$$Y = 2.5 + 0.5X + \epsilon, \quad \epsilon \sim N(0,1)$$

으로부터 생성되었다. 따라서 $X = 10$에서 Y는 정상적으로는 평균이 7.5여야 하지만, -10으로 그 값을 바꾸었다. <그림 1>의 왼쪽 그래프에서 Y와 X의 산점도를 보라.

<그림 1>의 오른쪽 그래프는 이 자료에 대한 3개의 적합 회귀직선을 보여주고 있는데, 실선으로 표시된 것이 최소제곱 회귀에서 나온 것이고 점선으로 표시된 2개의 회귀직선이 이 장에서 설명하고자 하는 로버스트 회귀에서 나온 것이다. 실선은 기울기가 음으로 자료점들의 주된 경향을 반영하지 못한다. 그러나 2개의 점선은 기울기가 양으로 자료점들을 대체로 잘 포용하고 있다. 왜 이런가?

자료점을 (x_i, y_i), $i = 1,\cdots,n$으로 표기할 때, 최소제곱법은 회귀직선을

$$\min_{\beta_0, \beta_1} \sum_{i=1}^{n} (y_i - \beta_0 - \beta_1 x_i)^2$$

로부터 얻어낸다. 즉 최소제곱(LS, least squares) 방법은 개체 i에서 발생하는 잔차

$$r_i = y_i - \beta_0 - \beta_1 x_i, \quad i = 1,\cdots,n$$

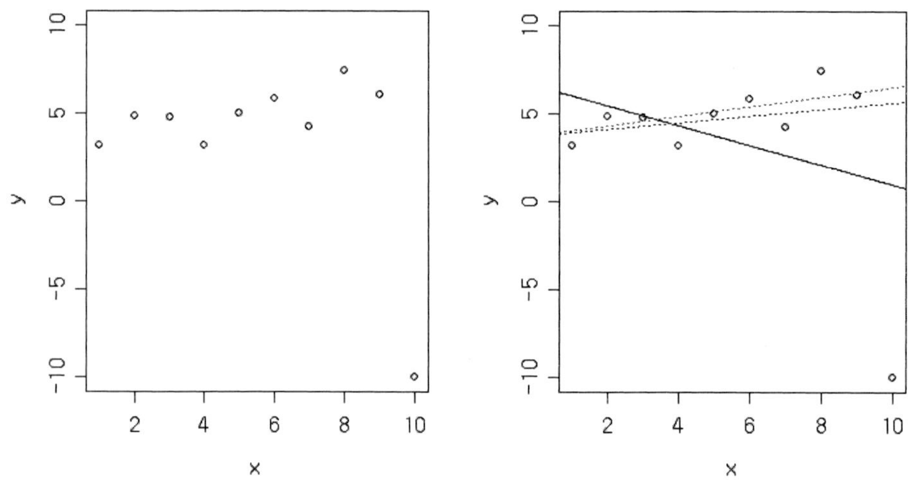

<그림 1> Y와 X의 산점도(왼쪽)와 3개의 적합 회귀직선 (오른쪽) 1)

에 제곱을 취하여 합을 구하므로 큰 절대값 잔차가 발생하지 않도록 회귀직선을 움직인다. 따라서 한 개의 특이점 $(10, -10)$이 회귀직선의 결정에 막중한 영향을 미치게 된다. 이런 것은 탐색적 자료분석에서는 바람직하지 못하다. 이 장에서는 회귀직선의 최소제곱 추정에 대한 로버스트적인 대안으로 다음 2개 방법을 설명할 것이다.

1) 후버의 M-추정 (Huber's M-estimation),

2) LMS/LTS (least median of squares, least trimmed squares) 추정.

---

1)
```
set.seed(1234567)
x <- seq(1,10)
y <- 2.5 +0.5*x +rnorm(10,0,1)
y[10] <- -10
par(mfrow=c(1,2))
plot(y ~ x, ylim=c(-10,10))
library(MASS)
m0 <- lm(y ~ x)
m1 <- rlm(y ~ x)
m2 <- lqs(y ~ x)
plot(y ~ x, ylim=c(-10,10))
abline(m0$coef)
abline(m1$coef, lty="dotted", col="blue")
abline(m2$coef, lty="dotted", col="red")
```

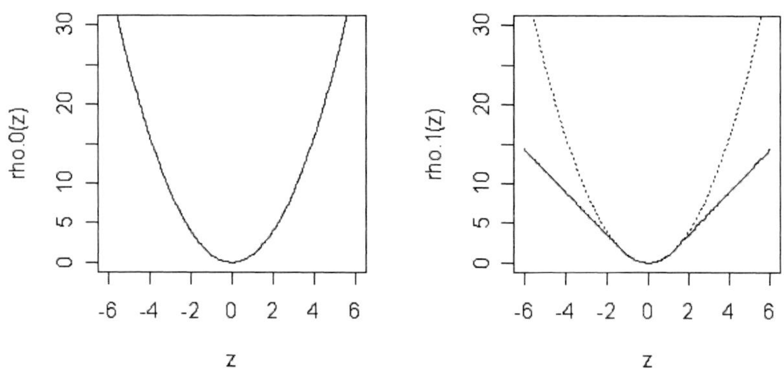

<그림 2> 2개의 로(rho) 함수 2): $\rho_0(z)$와 $\rho_1(z)$

M-추정

최소제곱(LS, least squares) 추정은, 함수 $\rho_0(z) = z^2$으로 정의할 때

$$\sum_{i=1}^{n} \rho_0(r_i/\sigma)$$

를 최소화한다. LS 추정치가 안정적이지 못한 원인은 $\rho_0(z)$ 함수가 z^2에 비례하는 형태라는 데 있으므로 이를 완화하기 위하여 다음과 같은 변형을 생각하자.

$$\rho_1(z) = \begin{cases} z^2 & \text{if } |z| < c, \\ c(2|z| - c) & otherwise. \end{cases}$$

<그림 2>에서 $\rho_0(z)$와 $\rho_1(z)$의 차이를 볼 수 있다. $c = 1.345$로 두었는데, 왼쪽 것은 $\rho_0(z)$의 그래프이고 오른쪽 것은 $\rho_1(z)$의 그래프이다 (점선은 $\rho_0(z)$).

---

2)
```
psi.0 <- function(z){z^2}
psi.1 <- function(z){c <- 1.345; ifelse(abs(z)<c,z^2,c*(2*abs(z)-c))}
z <- seq(-6,6,0.1)
y.0 <- psi.0(z)
y.1 <- psi.1(z)
par(mfrow=c(1,2))
plot(y.0 ~ z, type="l", ylim=c(0,30), ylab="psi.0(z)")
plot(y.1 ~ z, type="l", ylim=c(0,30), ylab="psi.1(z)")
par(new=T)
plot(y.0 ~ z, type="l", lty="dotted", ylim=c(0,30), ylab="")
```

$|z| < c$ (=1.345)에서는 $\rho_1(z) = \rho_0(z)$이지만 $|z| \geq c$에서는 $\rho_1(z)$은 z의 1차 함수이므로 2차 함수인 $\rho_0(z)$에 비해 서서히 증가한다. 따라서, $\rho_0(z)$로 해를 구하는 경우에 비교하여 $\rho_1(z)$로 해를 구하는 경우엔, 큰 $|z|$의 영향이 그렇게 커지지 않는다. 따라서 보다 안정적인 해를 얻게 되는데 이런 방법을 후버의 M-추정(Huber's M-estimation)이라고 한다. 즉 회귀계수 β_0, β_1에 대한 M-추정치는

$$\min_{\beta_0, \beta_1} \sum_{i=1}^{n} \rho_1(r_i/\sigma)$$

에서 나온다. 여기서 잔차 r_i를 척도 파라미터 σ(= 오차항 ϵ의 표준편차)로 나누게 되는데 이것이 미지이므로 잔차에 대한 MAD(median of absolute deviations), 즉

$$\tilde{\sigma} = median\,(|r_1|, \cdots, |r_n|)/0.675$$

로 반복·추정해 넣는다.

> MAD(median of absolute deviations): $x_1, \cdots, x_n$이 중심이 μ이고 표준편차가 σ인 모분포로부터 생성되는 경우 앞에서는 σ에 대한 로버스트 추정치로 $IQR/1.35$를 사용한 바 있다. MAD는 σ에 대한 또 하나의 추정치로서
>
> $$\tilde{\sigma} = median\,(|x_1 - m|, \cdots, |x_n - m|)/0.675$$
>
> 로 정의된다 (m은 $x_1, \cdots, x_n$의 median).
>
> * $median\,(|x_1 - m|, \cdots, |x_n - m|)$을 0.675로 나누는 이유는 확률변수 Z가 $N(0,1)$을 따르는 경우 $|Z|$의 50% 분위수(=median)가 0.675이기 때문이다.

이런 방법으로 얻은 회귀직선과 오차항의 표준편차는 다음과 같다:

$$\hat{\beta}_0 = 3.76,\ \hat{\beta}_1 = 0.19,\ \hat{\sigma} = 1.22.$$

참고로, 모형생성에 쓰인 파라미터는 $\beta_0 = 2.5$, $\beta_1 = 0.5$, $\sigma = 1$이었다.

이 계산을 위하여 R 라이브러리 `MASS`의 `rlm()` 함수를 사용하였다.[3] 따라서 `MASS`가 R에 설치되지 않은 경우엔 `http://www.r-project.org`의 CRAN에서 패키지 `MASS`를 내려 받아 R 시스템에 넣어야 한다.

---

3) `rlm(y ~ x)`

LMS/LTS 회귀

자료점을 $(x_i, y_i),\ i = 1,\cdots,n$ 으로 표기할 때, 최소제곱법은

$$\min_{\beta_0,\beta_1} \sum_{i=1}^{n} r_i^2\ ,\quad \text{즉}\quad \min_{\beta_0,\beta_1} mean\,(r_1^2,\ \cdots,\ r_n^2\ ) \qquad (1)$$

를 풀어 회귀직선을 얻어낸다. 여기서 $r_i = y_i - \beta_0 - \beta_1 x_i$ 는 잔차이다. LMS 회귀는 로버스트성(robustness)의 관점에서 이것을

$$\min_{\beta_0,\beta_1} median\,(r_1^2,\ \cdots,\ r_n^2\ ) \qquad (2)$$

으로 개량한 것이다. LMS는 "Least Median of Squares"의 약어이다. 반면 최소제곱법은 LS로 "Least Squares"의 약어인데 이것은 "Least Mean of Squares"로 간주할 수 있겠다. (1)은 선형대수적 풀이가 가능하여 계산이 쉬운 편이지만 (2)는 많은 횟수의 몬테칼로 반복시행을 통해 해가 얻어진다. LMS 해는 "회귀" 특이점에 대해 강건하지만 추정치가 불안정하다는 문제가 있기는 하다.

앞과 조금 다른 모의사례(simulated case)에 M 회귀와 LMS 회귀를 적용해 보도록 하자. 이 사례에서 X는 $1, 2, 3,\ \cdots, 10$ 의 값을 취하고 Y는

$$Y\ = 2.5\ + 0.5\,X + \epsilon,\quad \epsilon\ \sim\ N(0,1)$$

으로부터 생성되었다. 다만, 10번째 자료점을 (100,-100)으로 바꾸었다. X =100은 확연히 특이한 설명변수 값일 뿐만 아니라 X =100일 때 정상적으로는 Y의 평균이 52.5여야 하므로 반응값 -100은 "회귀" 특이점이기도 하다. <그림 3>의 왼쪽 그래프에서 Y와 X의 산점도를 보라. <그림 3>의 오른쪽 그래프에서 실선으로 나타난 것이 LMS 회귀직선이다. 회귀직선과 오차항의 표준편차를 추정한 결과는

$$\hat{\beta}_0\ = 3.33,\quad \hat{\beta}_1\ = 0.46,\quad \hat{\sigma}\ = 0.81$$

이었다.[4] 모형 생성에 쓰인 파라미터는 $\beta_0 = 2.5$, $\beta_1 = 0.5$, $\sigma = 1$이었다.

한편, 이 자료에 대해 M 회귀를 적합해본 결과가 <그림 3>의 오른쪽 그래프에서 점선으로 표시되었는데 M 회귀가 전혀 실제 모형을 복원하지 못하였음을 볼 수 있다.[5] <그림 4>는 (0,10)× (0,10) 영역에서 <그림 3>을 다시 그린 것이다.

---

4) MASS library에서 `lqs()` 함수로 LMS 추정을 할 수 있다. `lqs(y~x, method="lms")`는 $[(n+1)/2]$번째 값을 최소화하고 `lqs(y~x, method="lqs")`는 $[(n+p+1)/2]$번째 값을 최소화한다. 두 방법은 p가 n에 비해 작은 경우 별 차이는 없지만 후자 방법이 이론적으로 우수하다는 사실이 알려져 있다. 여기서 p는 설명변수의 수이다 (절편항 포함).

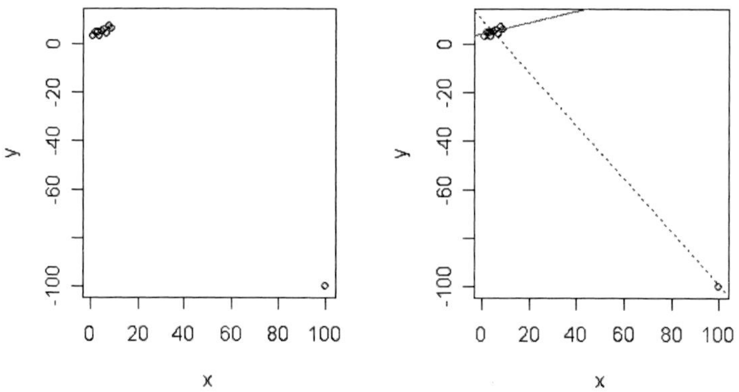

<그림 3> Y와 X의 산점도 (왼쪽)와 M-회귀 vs LMS 회귀 (오른쪽) 6)

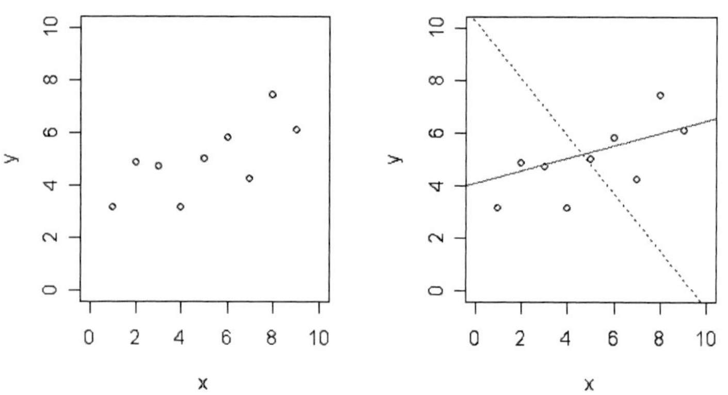

<그림 4> Y와 X의 산점도 (왼쪽)와 M-회귀 vs LMS 회귀 (오른쪽)

5) M-회귀 추정치는 $\hat{\beta}_0$=10.24, $\hat{\beta}_1$ = -1.09, $\hat{\sigma}$=3.67이었다.

6)
```
set.seed(1234567)
x <- seq(1,10)
y <- 2.5 +0.5*x +rnorm(10,0,1)
x[10] <- 100
y[10] <- -100
par(mfrow=c(1,2))
plot(y ~ x, ylim=c(-100,10))
m1 <- rlm(y ~ x); m1
m2 <- lqs(y ~ x, method="lms"); m2
plot(y ~ x, ylim=c(-100,10))
abline(m1$coef, lty="dotted", col="blue")
abline(m2$coef, col="red")
```

LTS(Least Trimmed Squares, 최소절삭제곱) 회귀는 (1)의 최소제곱법 정식화에 대한 다른 대안으로

$$\min_{\beta_0, \beta_1} \sum_{i=1}^{q} r_{(i)}^2 \tag{3}$$

을 풀어 회귀직선을 얻는다. 여기서 "q"는 $r_{(1)}^2 \leq \cdots \leq r_{(n)}^2$ 에서의 순서로서 디폴트 값은 n 의 50% 정도에 해당하는 $[n/2]+[(p+1)/2]$ 이지만, q 를 n 의 75% 정도에 맞추면 추정치의 정확도가 높아진다는 이론적 연구결과가 있다. <그림 5>의 왼쪽 그래프에서 점선으로 나타난 것이 LTS의 디폴트 결과이다. <그림 5>의 오른쪽 그래프는 n =10개 중 8번째 값까지의 제곱잔차의 합을 최소화한 quantile 옵션 결과이다. 두 회귀 적합에 사용된 자료는 바로 앞에서 언급된 자료이다 (즉, 9개의 모의생성 자료와 1개의 특이점 (100, -100)을 갖는 크기 n =10의 자료.) <그림 5>의 LTS 적합직선은 <그림 4>의 LMS 적합직선에 비해 자료의 주 경향선에 더 가까워 보인다

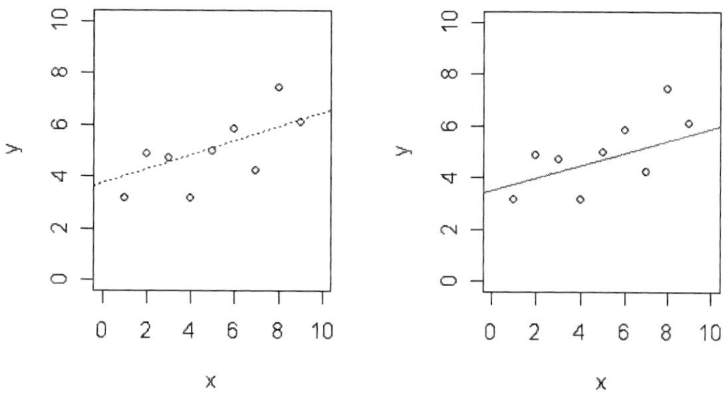

<그림 5> 2개의 LTS 회귀: 디폴트(왼쪽)과 quantile 옵션 (오른쪽) [7]

---

7)
```
par(mfrow=c(1,2))
m2a <- lqs(y ~ x, method="lts"); m2a
m2b <- lqs(y ~ x, method="lts", quantile=8); m2b
plot(y ~ x, xlim=c(0,10), ylim=c(0,10))
abline(m2a$coef, lty="dotted", col="blue")
plot(y ~ x, xlim=c(0,10), ylim=c(0,10))
abline(m2b$coef, col="red")
```

9.2 다중선형회귀

변수 Y를 $X_1,\cdots,X_p$로 설명하는 다중선형회귀 모형은 다음과 같다.

$$Y = \beta_0 + \beta_1 X_1 + \cdots + \beta_p X_p + \epsilon, \quad \epsilon \sim (0, \sigma).$$

회귀계수 $\beta_0, \beta_1, \cdots, \beta_p$의 추정을 위하여

- 최소제곱(LS) 회귀: $\min_{\beta_0, \beta_1, \cdots, \beta_p} \sum_{i=1}^{n} r_i^2$
- M 회귀: $\min_{\beta_0, \beta_1, \cdots, \beta_p} \sum_{i=1}^{n} \rho_1 (r_i / \sigma)$
- LMS 회귀: $\min_{\beta_0, \beta_1, \cdots, \beta_p} median\,(r_i^2;\ i = 1,\cdots,n)$
- LTS 회귀: $\min_{\beta_0, \beta_1, \cdots, \beta_p} \sum_{i=1}^{q} r_{(i)}^2$

를 풀어낸다. 여기서

$$r_i = y_i - \hat{\beta}_0 - \hat{\beta}_1 x_{i1} - \cdots - \hat{\beta}_p x_{ip}, \ i = 1, \cdots, n$$

은 잔차이고 $r_{(1)}^2 \leqq \cdots \leqq r_{(n)}^2$는 순서화된 제곱잔차(squared residuals)이다.

사례로서 예를 들어 "손실분량(stack loss)" 자료에 대한 회귀분석을 생각해 보자. 이 자료는 암모니아(NH_3)를 산화하여 질산(HNO_3)을 만드는 화학공정에 관한 것으로 연속된 21일에 걸쳐 측정되었고 분석 변수들은 다음과 같다.

X_1 = `Air.Flow` = 공기흐름(속도),
X_2 = `Water.Temp` = 냉각수 온도,
X_3 = `Acid.Conc.` = 질산의 농축도,
Y = `stack.loss` = 암모니아 비수거분(손실분, %).

이 자료에 대한 4개의 적합 회귀모형은 다음과 같다.8)

---

8)
```
data(stackloss)
attach(stackloss)
str(stackloss)
m1 <- lm(stack.loss ~ Air.Flow + Water.Temp + Acid.Conc.); m1
library(MASS)
m2 <- rlm(stack.loss ~ Air.Flow + Water.Temp + Acid.Conc.); m2
m3 <- lqs(stack.loss ~ Air.Flow + Water.Temp + Acid.Conc., method="lms"); m3
m4 <- lqs(stack.loss ~ Air.Flow + Water.Temp + Acid.Conc., method="lts",
     quantile=16); m4
```

- 최소제곱(LS) 회귀:

```
(Intercept)    Air.Flow   Water.Temp   Acid.Conc.
  -39.9197      0.7156      1.2953      -0.1521
```

- M 회귀:

```
(Intercept)    Air.Flow  Water.Temp  Acid.Conc.
  -41.0265311  0.8293739  0.9261082  -0.1278492
```

- LMS 회귀:

```
(Intercept)    Air.Flow    Water.Temp   Acid.Conc.
 -3.425e+01   7.143e-01    3.571e-01   -6.644e-18
```

- LTS 회귀: `quantile = 16`

```
(Intercept)    Air.Flow    Water.Temp   Acid.Conc.
  -35.76074    0.82227      0.43750     -0.07031
```

<그림 6>은 4개 적합 회귀모형으로부터의 잔차 분포를 보여준다. 다수의 특이점도 볼 수 있는데 그 수가 LS 회귀에서는 0개이고 M 회귀에서 2개, LMS 회귀에서 4개처럼 보인지만 5개이고, LTS 회귀에서 3개처럼 보이지만 4개이다. LMS 회귀와 LTS 회귀에서 공통적으로 확연하게 드러나는 특이점은 4개이다.

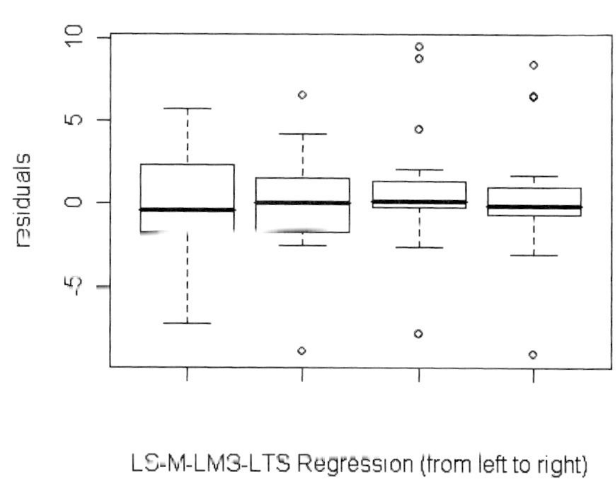

<그림 6> 4개 적합 회귀모형으로부터의 잔차 분포 [9]

9) boxplot(m1$resid, m2$resid, m3$resid, m4$resid, ylab="residuals", xlab="LS-M-LMS-LTS Regression (from left to right)")

LTS 회귀에 근거하여 잔차 r_i의 절대값이 4 이상인 4개 관측을 분석에서 제외할 특이점으로 간주하기로 하고 이들을 살펴보자. 다음에서 볼 수 있듯이 제 1일, 제 3일, 제 4일, 제 21일 관측이 특이함을 볼 수 있다.

```
> stackloss[abs(m4$resid) >= 4,]

   Air.Flow Water.Temp Acid.Conc. stack.loss
1        80         27         89         42
3        75         25         90         37
4        62         24         87         28
21       70         20         91         15
```

앞에서 탐지된 4개 특이점을 제거하고 남은 자료에 최소제곱법으로 회귀함수를 찾아보면 다음과 같다.

```
> m5 <- lm(stack.loss ~ Air.Flow + Water.Temp + Acid.Conc.,
           data = stackloss[abs(m4$resid) < 4, ])
> summary(m5)

Call:
lm(formula = stack.loss ~ Air.Flow + Water.Temp + Acid.Conc.,
    data = stackloss[abs(m4$resid) <= 4, ])

Residuals:
    Min      1Q  Median      3Q     Max
-2.5065 -0.6713  0.1432  0.5862  1.9342

Coefficients:
            Estimate Std. Error t value Pr(>|t|)
(Intercept) -37.65246    4.73205  -7.957 2.37e-06 ***
Air.Flow      0.79769    0.06744  11.828 2.48e-08 ***
Water.Temp    0.57734    0.16597   3.479  0.00408 **
Acid.Conc.   -0.06706    0.06160  -1.089  0.29611
---
Signif. codes:  0 '***' 0.001 '**' 0.01 '*' 0.05 '.' 0.1 ' ' 1

Residual standard error: 1.253 on 13 degrees of freedom
Multiple R-Squared: 0.975,      Adjusted R-squared: 0.9692
F-statistic:   169 on 3 and 13 DF,  p-value: 1.159e-10
```

따라서 다음을 stackloss에 대한 최종 모형으로 정할 수 있겠다.

$$stackloss = -37.65 + 0.798\,Air.Flow + 0.577\,Water.Temp. - 0.0671\,Acid.Conc. + \epsilon,$$

$$\text{여기서 } \epsilon \sim (0, 1.253).$$

9.3 회귀모형의 대안적 추정 방법[10)]

이 절에서는 설명변수가 1개인 단순선형회귀에서 최소제곱추정, M-추정과 LMS/LTS 추정의 방법을 설명하도록 할 것이다. 이들 추정방법은 단순선형회귀에서 다중선형회귀로 쉽게 확장된다.

단순선형모형

$$y_i = \beta_0 + \beta_1 x_i + \epsilon_i, \quad \epsilon_i \sim N(0, \sigma), \quad i = 1, \cdots, n$$

에서 회귀계수 β_0, β_1에 대한 최소제곱추정은 전술한대로

$$\min_{\beta_0, \beta_1} \sum_{i=1}^{n} (y_i - \beta_0 - \beta_1 x_i)^2$$

로부터 나온다. 따라서 목적함수를

$$h(\beta_0, \beta_1) = \sum_{i=1}^{n} (y_i - \beta_0 - \beta_1 x_i)^2$$

로 정의하고 함수 $h(\beta_0, \beta_1)$을 β_0, β_1로 편미분하면

$$\partial h / \partial \beta_0 = 2 \sum_{i=1}^{n} (-1)(y_i - \beta_0 - \beta_1 x_i),$$

$$\partial h / \partial \beta_1 = 2 \sum_{i=1}^{n} (-x_i)(y_i - \beta_0 - \beta_1 x_i)$$

이 된다. $h(\beta_0, \beta_1)$가 볼록한 2차 함수이므로 $\partial h / \partial \beta_0 = 0$, $\partial h / \partial \beta_1 = 0$의 해에서 최소가 될 것이다. 즉 β_0, β_1에 대한 최소제곱 추정치는 연립선형방정식

$$\partial h / \partial \beta_0 = 0 : \quad n \cdot \beta_0 + \sum_{i=1}^{n} x_i \cdot \beta_1 = \sum_{i=1}^{n} y_i,$$

$$\partial h / \partial \beta_1 = 0 : \quad \sum_{i=1}^{n} x_i \cdot \beta_0 + \sum_{i=1}^{n} x_i^2 \cdot \beta_1 = \sum_{i=1}^{n} x_i y_i$$

를 풀어 얻어진다.

한편, 일반적으로 β_0, β_1에 대한 M-추정치는

$$\min_{\beta_0, \beta_1} \sum_{i=1}^{n} \rho\left(\frac{y_i - \beta_0 - \beta_1 x_i}{\sigma}\right)$$

로 구성되는데 앞에서 후버의 rho 함수 $\rho_1(z)$은 구체적으로 정의된 바 있다. 따라서

10) 다소 이론적 설명이 될 것이므로 응용에만 관심이 있는 학생은 건너뛰어도 무방하다.

$$h(\beta_0, \beta_1) = \sum_{i=1}^{n} \rho\left(\frac{y_i - \beta_0 - \beta_1 x_i}{\sigma}\right)$$

로 정의하고 $\partial h / \partial \beta_0 = 0$, $\partial h / \partial \beta_1 = 0$ 의 해를 구하면 된다 (후버의 함수 뿐만 아니라 rho 함수는 볼록하기 때문이다). 함수 $h(\beta_0, \beta_1)$을 β_0, β_1로 편미분하면

$$\partial h / \partial \beta_0 = \frac{1}{\sigma} \sum_{i=1}^{n} (-1)\, \psi\left(\frac{y_i - \beta_0 - \beta_1 x_i}{\sigma}\right),$$

$$\partial h / \partial \beta_1 = \frac{1}{\sigma} \sum_{i=1}^{n} (-x_i)\, \psi\left(\frac{y_i - \beta_0 - \beta_1 x_i}{\sigma}\right)$$

가 된다. 여기서 psi 함수 $\psi(z) = \rho'(z)$이다. 또한

$$w(z) = \frac{\psi(z)}{z}$$

를 도입하면 $\partial h / \partial \beta_0 = 0$, $\partial h / \partial \beta_1 = 0$ 은 각각

$$\sum_{i=1}^{n} (-1)\, w_i\, (y_i - \beta_0 - \beta_1 x_i) = 0,$$

$$\sum_{i=1}^{n} (-x_i)\, w_i\, (y_i - \beta_0 - \beta_1 x_i) = 0$$

로 표현된다. 여기서

$$w_i = \left\{\psi\left(\frac{y_i - \beta_0 - \beta_1 x_i}{\sigma}\right)\right\} / \left\{\frac{y_i - \beta_0 - \beta_1 x_i}{\sigma}\right\}$$

로 일종의 가중치로 볼 수 있다. 따라서 β_0, β_1는 연립방정식

$$\sum_{i=1}^{n} w_i \cdot \beta_0 + \sum_{i=1}^{n} w_i x_i \cdot \beta_1 = \sum_{i=1}^{n} w_i y_i,$$

$$\sum_{i=1}^{n} w_i x_i \cdot \beta_0 + \sum_{i=1}^{n} w_i x_i^2 \cdot \beta_1 = \sum_{i=1}^{n} w_i x_i y_i$$

를 풀어 얻어진다. 다만 w_i가 β_0, β_1 및 σ에 의존하므로 반복계산이 필요하다.

참고로 후버의 M-추정법에서

$$\rho_1(z) = \begin{cases} z^2 & \text{if } |z| < c, \\ c(2|z| - c) & otherwise. \end{cases}$$

이므로 $\psi(z)$와 $w(z)$ 함수는 다음과 같다 (아래에서 $\psi_1(z)/2$를 $\psi_1(z)$로, $w_1(z)/2$를 $w_1(z)$로 재정의함).

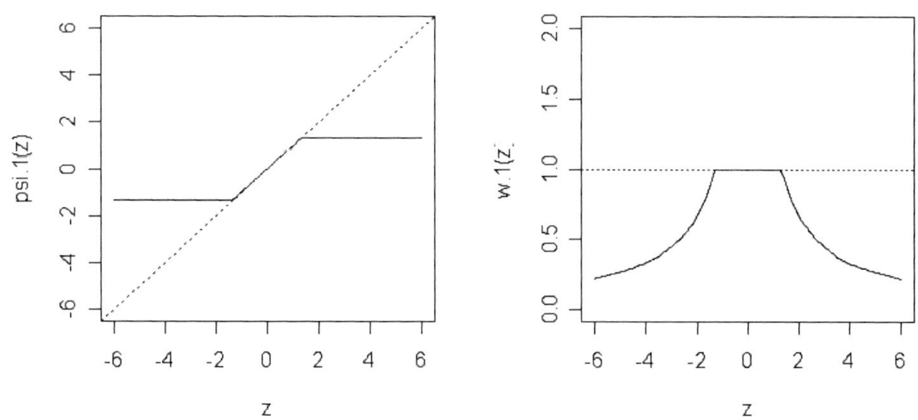

<그림 7> 후버의 psi 함수 $\psi_1(z)$와 가중치 함수 $w_1(z)$

$$\psi_1(z)/2\ (:=\psi_1(z)) = \begin{cases} -c & \text{if } z < -c, \\ z & \text{if } -c < z < c, \\ c & \text{if } z > c. \end{cases}$$

$$w_1(z)/2\ (:=w_1(z)) = \begin{cases} -c/z & \text{if } z < -c, \\ 1 & \text{if } -c < z < c, \\ c/z & \text{if } z > c. \end{cases}$$

<그림 7>이 후버의 psi 함수 $\psi_1(z)$와 가중치 함수 $w_1(z)$를 그린 것이다 [11] ($c = 1.345$). 그리고 <그림 7>에서 점선으로 표현된 것은 최소제곱 추정에서의 psi 함수와 가중치 함수이다. 그러므로 M-추정은 $z\ (= r/\sigma)$ 값이 커지면 1보다 작은 가중치를 부여함으로써 특이점이 영향을 줄이는 메거니즘이라는 것을 알 수 있다.

---

11)
```
psi.1 <- function(z){c <- 1.345; ifelse(abs(z)<c,z,ifelse(z >c, c,-c))}
w.1 <- function(z){c <- 1.345; ifelse(abs(z)<c,1,c/abs(z))}
z <- seq(-6,6,0.1)
y.1 <- psi.1(z)
y.2 <- w.1(z)
par(mfrow=c(1,2))
plot(y.1 ~ z, type="l", ylim=c(-6,6), ylab="psi.1(z)")
abline(c(0,1), lty="dotted", col="blue")
plot(y.2 ~ z, type="l", ylim=c(0,2), ylab="w.1(z)")
abline(h=1, lty="dotted", col="blue")
```

LMS/LTS 추정은 전술한 바와 같이

$$H(r_1^2, \cdots, r_n^2) = median(r_1^2, \cdots, r_n^2) \text{ 또는 } \sum_{i=1}^{q} r_{(i)}^2$$

을 최소화하는 β_0, β_1를 찾는 것인데 그 해를 찾기 위하여 많은 횟수의 몬테칼로 시행을 한다. 즉 다음과 같은 알고리즘으로 해를 얻어낸다.

0) $\beta_0 = \bar{y}$, $\beta_1 = 0$를 초기 추정치로 하여 $H(r_1^2, \cdots, r_n^2)$을 산출한다. 이때 잔차는 $r_i = y_i - \bar{y}$이다.
1) n개의 개체 $(x_1, y_1), \cdots, (x_n, y_n)$ 중에서 2개를 임의로 선택하여 두 점을 지나는 직선을 구한다. 이 직선의 절편과 기울기가 β_0와 β_1에 대한 추정치가 된다.
2) β_0와 β_1에 대한 추정치로 $H(r_1^2, \cdots, r_n^2)$을 계산하여 이전의 H값과 비교하여 작으면 이 추정치를 유지하고 그렇지 않으면 버린다.
3) 앞의 두 단계를 사전 정해진 충분히 큰 횟수 반복하고 종료한다. 총 시행을 통하여 가장 작은 H값을 만들어낸 β_0와 β_1 값을 출력한다.

이와 같이 LMS/LTS 추정은 몬테칼로 알고리즘으로 산출되므로 계산할 때마다 약간씩 다른 결과를 낸다. 또한 계산적인 부담이 상당한 것이 사실이지만 최근 컴퓨터 성능의 급속한 발전으로 실제로는 자료 분석에 있어 제약이 되질 않는다.

9.4 요약

- 최소제곱법(LS, least squares)에 의한 선형회귀는 로버스트(robust, 강건)하지 못하다. 단지, 1개의 특이점에 의하여 적합모형이 크게 달라질 수 있다.
- 최소제곱법은 제곱잔차의 합을 최소화의 기준으로 한다. 로버스트 대안으로서, 제곱잔차와 절대값 잔차의 결합을 최소화하는 M-추정, 제곱잔차의 중간값을 최소화하는 LMS(least median of squares), 제곱잔차들의 절삭합을 최소화하는 LTS(least trimmed squares) 추정 등이 있다.
- 로버스트 적합모형으로부터의 잔차에 대한 히스토그램 또는 상자그림을 통하여 특이점을 구별해낼 수 있다.

10장. 이변량 자료 탐색

이변량 자료를 위한 몇 가지 탐색 기법을 소개할 것이다. 산점도에서 시작하여 밀도추정, 조각별 회귀(piecewise regression), 산점도 평활기(scatterplot smoother) 등 현대적 자료분석 기법을 다루기로 한다.

주요 R 함수: `plot()`, `jitter()`, `symbols()`, `density()`, `kde2d()`, `bagplot()`, `lowess()`

10.1 산점도와 흐트림

산점도(scatterplot)는 이변량 자료 탐색에 있어 기초적인 도구이지만 가장 강력한 도구이기도 하다. 그런 증빙으로서, <그림 1>은 네 가지 서로 다른 분포 양상을 보여준다. 그 중 (a)는 두 변수가 상관된 1개 군집을 보이는 경우이지만 (b)는 2개 군집으로 되어 있는데 각 군집 내에서 두 변수는 관련성이 없어 보이는 경우이다. (c)는 1개 점을 제외하면 두 변수가 완전한 선형적 관계에 있고 (d)는 군집내에서 완전한 선형적 관계에 있는 2개 군집으로 되어 있다. 이처럼 (a), (b), (c), (d)는 자료 특성이 엄청 다르지만 상관계수는 0.88, 0.89, 0.87, 0.88로 거의 같다. 따라서 <그림 1>은 탐색적 자료분석 시 "상관계수"라는 이변량 자료의 수치적 요약에 너무 의존해서는 곤란하다는 교훈을 준다. 이변량 자료 탐색에서는 산점도가 기본이고 필수이다. 상관계수는 단지 참고 사항일 뿐이다.

변수의 속성이 근본적으로는 연속형이지만 정수 또는 단순한 유효숫자로 기록되는 경우가 많다. 예를 들어 나이(age)는 생년월일로부터 경과한 시간으로 정확히 나타내려면 'yy년 mm월' 경과로 기록되어야 하지만 아주 어린아이가 아닌 다음에는 만 나이인 'yy년' 경과로 기록된다. 체중도 마찬가지로 대개 킬로그램(Kg) 정도로 기록된다. 그러다보면 두 변수간 산점도가 격자(格子, 바둑판 눈; grid) 형상으로 나타나 이상하게 보일 수 있다. 예를 보자.

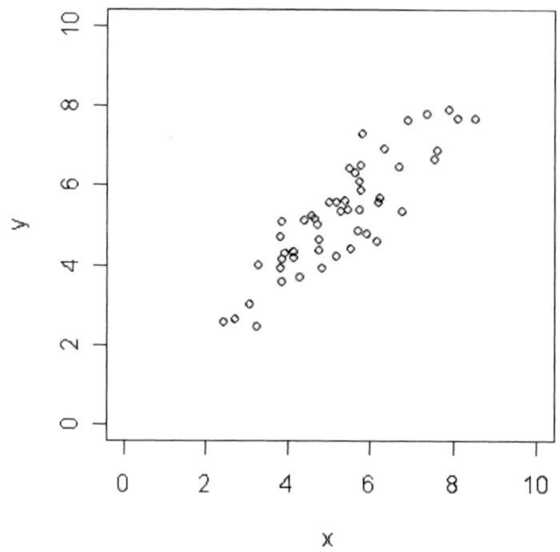

(a) 1개 군집 r = 0.88

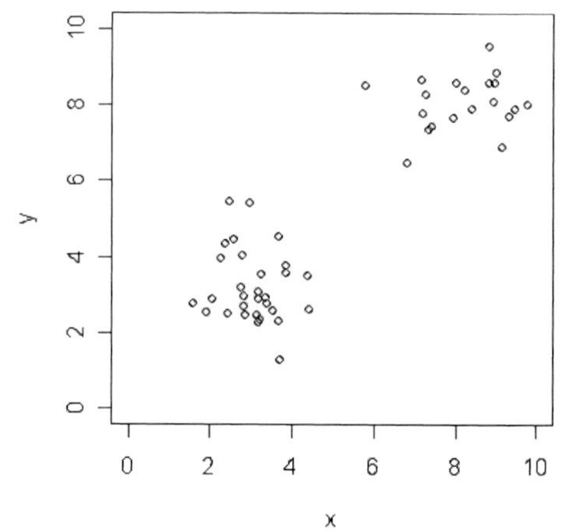

(b) 2개 군집 r = 0.89

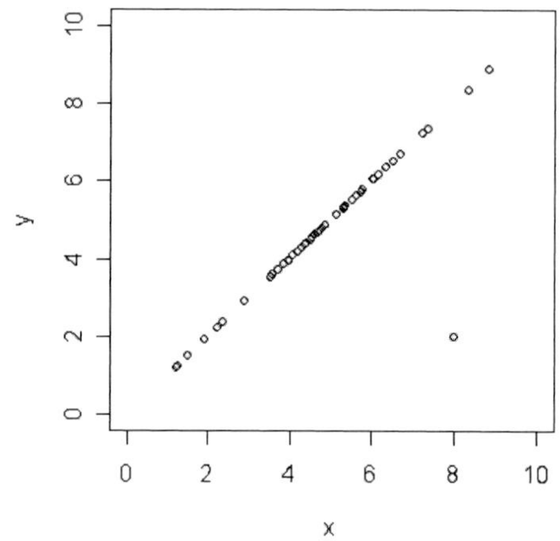

(c) 1개의 특이점 r = 0.87

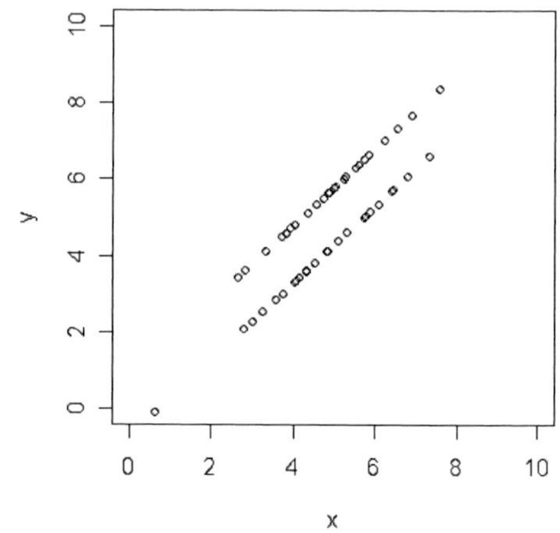

(d)2개의 군집 r = 0.88

<그림 1> 이변량 산점도[1]

---

1)
```
par(mfrow=c(2,2))
# (a)
x <- 5 + rnorm(50,0,1.5)
y <- 0.9*(x - 5) + sqrt(0.19)*rnorm(50,0,1.5) + 5
cor(x,y)
plot(y~x, xlim=c(0,10),ylim=c(0,10))
# (b)
x <- c(rnorm(30,3,1),rnorm(20,8,1))
```

변수 x와 y를 각각 평균 5, 표준편차 1의 정규분포로부터, 그리고 상관이 0.8이 되도록 생성시킨 다음 두 변수의 산점도를 그려보았다 (자료 길이= 50). <그림 2>에서 왼쪽 위 것이 x와 y의 산점도이다.[2] 그러나 이것을 정수로 반올림하여 그리면 <그림 2>에서 오른쪽 위 것이 된다.[3] <그림 2>의 오른쪽 위의 것에는 16개의 점에만 플롯이 되어 있다. 자료길이가 50개이므로 격자 1개당 평균 3개꼴로 개체가 들어가 있는 셈이다. 이와 같은 정수 자료 (x1, y1)의 문제를 해결하기 위하여는 -0.5에서 0.5 사이의 임의 값을 (x1, y1)에 붙여 실수처럼 보일 필요가 있다. 그 결과를 나타낸 그래프가 <그림 2>의 왼쪽 아래 것이다.[4] 이와 같은 기법을 흐트림(jittering)이라고 한다.

R 함수 `jitter()`는 흐트림을 간편하게 할 수 있도록 한다. `jitter()`의 용법은

```
jitter(변수, amount=k)
```

인데 그렇게 하면 지정된 변수에 구간 $(-k,k)$에서의 균일 난수를 붙인다. 즉, 앞의

```
y <- c(rnorm(30,3,1),rnorm(20,8,1))
cor(x,y)
plot(y~x, xlim=c(0,10),ylim=c(0,10))
# (c)
x <- sort(5 + rnorm(50,0,1.75))
y <- x
x[50] <- 8; y[50] <- 2
cor(x,y)
plot(y~x, xlim=c(0,10),ylim=c(0,10))
# (d)
x1 <- sort(5 + rnorm(25,0,1.5))
y1 <- x1-0.75
x2 <- sort(5 + rnorm(25,0,1.5))
y2 <- x2+0.75
x <- c(x1, x2);  y <- c(y1, y2)
cor(x,y)
plot(y~x, xlim=c(0,10),ylim=c(0,10))
```

2)
```
par(mfrow=c(2,2))
x <- rnorm(50)+5
y <- rnorm(50)*0.6+(x-5)*0.8+5
plot(y ~ x, xlim = c(1,9), ylim = c(1,9))
```

3)
```
x1 <- round(x)
y1 <- round(y)
plot(y1 ~ x1, xlim=c(1,9), ylim=c(1,9))
```

4)
```
x2 <- x1 + runif(50,-0.5,0.5)
y2 <- y1 + runif(50,-0.5,0.5)
plot(y2 ~ x2, xlim=c(1,9), ylim=c(1,9))
```

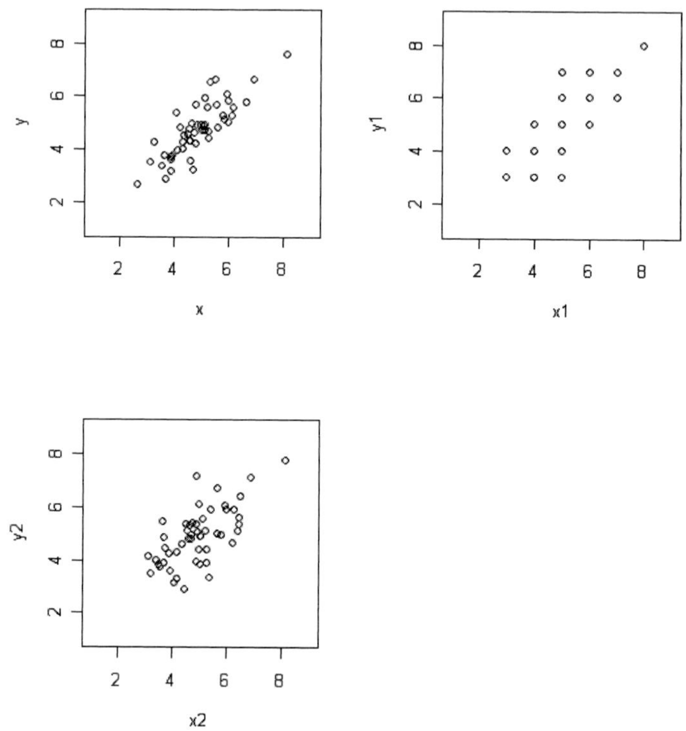

<그림 2> 3개의 산점도 (왼쪽 위: 원래 것, 오른쪽 위: 정수화, 왼쪽 아래: 흐트림)

예에서 정수값 변수 x1과 y1에 -0.5에서 0.5사이의 임의 값을 붙이기 위한 R 용법은 다음과 같다.

```
> x2 <- jitter(x1, amount=0.5)
> y2 <- jitter(y1, amount=0.5)
```

다른 한 예로서, 남태평양 피지의 지진(quakes) 자료를 보자. 이 자료는 남태평양 피지(Fiji) 열도에서 발생한 지진에 대하여, 위도(latitude), 경도(longitude), 지표로부터의 깊이(depth), 지진의 강도(mag), 측정소(station) 등을 기록한 것이다. <그림 3>의 왼쪽 것은 깊이와 강도의 관계를 본 산점도인데 강도가 0.1 단위로 되어 있어 산점도가 y 축에 평평한 층들이 쌓여 있는 양상을 보인다. 따라서 ±0.05 크기의 임의 난수를 mag에 덧붙여 두 변수간 관계를 보이는 것이 자연스러울 것이다. 그 결과가 <그림 3>의 오른쪽 것이다.5)

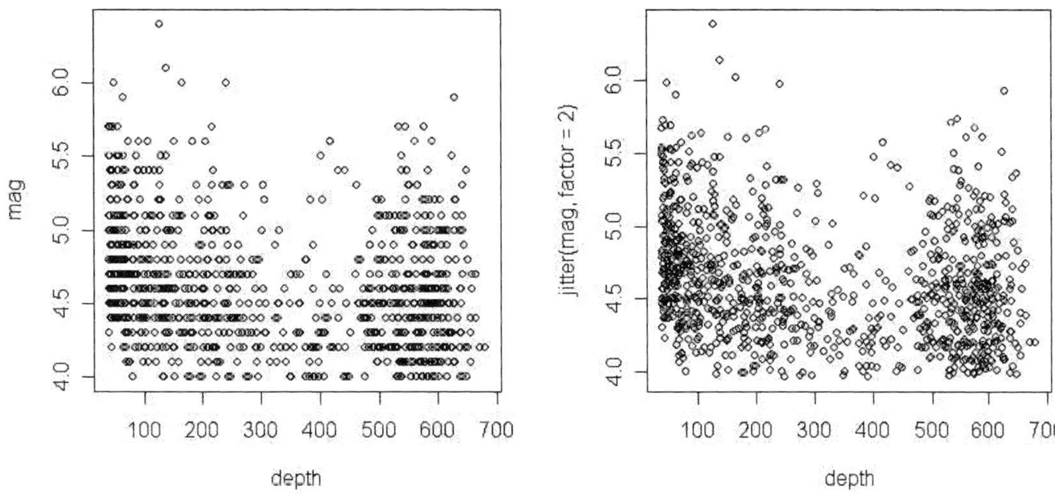

<그림 3> 피지 지진자료에서 깊이(depth)와 강도(mag)의 관계

<그림 3>에서 깊이(depth)와 강도(mag) 사이에 어떤 관계가 있는가? depth가 양봉 분포를 이루고 있어 한 눈에 보고 답하기는 곤란하다. <그림 4>는 depth의 구간별로 mag의 상자그림을 그려본 것이다.[6] 이제 U자형의 패턴을 볼 수 있다.

x와 y의 산점도로 자연스럽게 제 3의 변수 z를 표현할 수 있다. 그 방법은 x와 y의 산점도상 개별 자료점에 각각의 z 값 크기에 비례하는 부호를 그려 넣는 것이다. 예를 들어 <그림 5>의 왼쪽 것은 Black Cherries 나무에 대한 trees 자료에서 Girth(=나무의 둘레)와 Height의 관계를 보여주는 산점도인데 <그림 5>의 오른쪽 것은 여기에 Volume을 원의 크기로 표현해 넣었다.[7] 이러한 산점도를 부호 그래프(symbols graph)라고 한다.

---

5)
```
library(lattice)
data(quakes)
str(quakes); attach(quakes)
par(mfrow=c(1,2)); plot(mag ~ depth)
plot(jitter(mag,factor=2) ~ depth)
```

6)
```
depth.grp <- trunc(depth/100)
boxplot(quakes$mag ~ depth.grp, ylab="magnitude", xlab="depth intervals")
```

7)
```
attach(trees)
par(mfrow=c(1,2)); plot(Girth, Height, main="Trees' Grith vs Height")
symbols(Girth,Height, circles=Volume,inches=0.2, main="Trees' Volume")
```

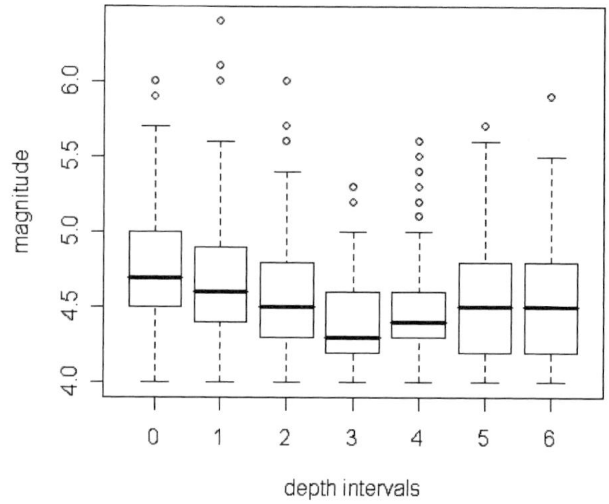

<그림 4> quakes 자료에서 depth의 구간별 mag의 상자그림

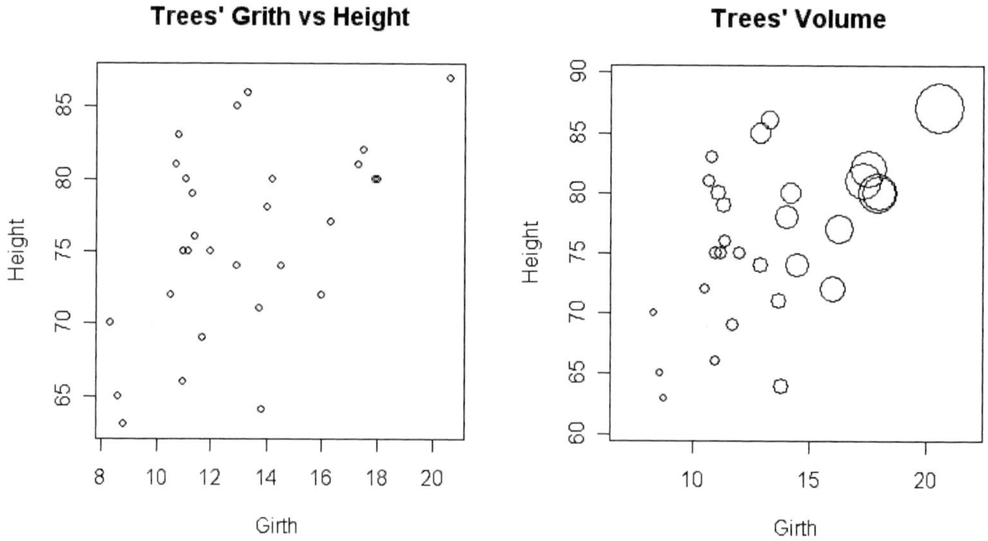

<그림 5> Girth와 Height의 관계: 오른 쪽 그래프에서 원의 크기는 Volume.

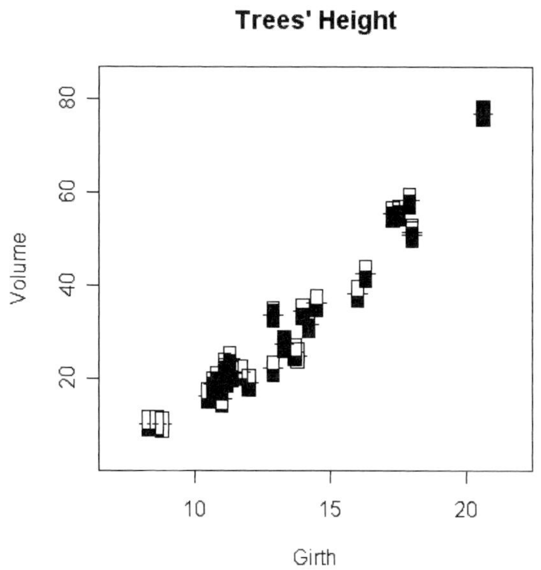

<그림 6> trees 자료에서의 Girth와 Volume의 관계: 온도계 눈금은 Height.

부호 그래프에는 여러 변형이 있다. <그림 6>은 Girth와 Volume의 산점도의 온도계(thermometer) 눈금에 Height를 넣은 것이다.[8] 자세한 용법에 대하여는 R의 `help(symbols)`를 보라.

10.2 밀도 추정과 보자기 그림

총 면적이 1이 되도록 척도화된 히스토그램은 일변량 확률변수의 밀도를 보여준다고 할 수 있다. 예를 들어 <그림 7>은 geyser의 분출 지속시간(duration)에 대한 히스토그램인데 딱딱해 보인다.[9] 이것을 좀 더 매끄럽게 표현할 수 있을까?

---

8)
```
Rel.Height <- (Height-min(Height))/(max(Height)-min(Height))
x11(); symbols(Girth, Volume, thermometers=cbind(0.5,1,Rel.Height), inches=0.2,
      main="Trees' Hoight")
```

9)
```
library(MASS)
data(geyser)
attach(geyser)
hist(duration, freq=F)
```

한 방법은 다음과 같은 커널 밀도추정(kernel density estimation)이다.

> 관측자료 $x_1, \cdots, x_n$을 미지의 밀도함수 $f(x)$로부터의 임의표본이라고 하자. $f(x)$에 대한 추정치로
>
> $$\hat{f}(x) = \frac{1}{n}\sum_{i=1}^{n}\frac{1}{b}K\left(\frac{x-x_i}{b}\right)$$
>
> 를 쓰기로 하자. 여기서 함수 $K(z)>0$ 를 커널(kernel, 핵/알맹이)이라고 하고 $b>0$ 를 띠 너비(bandwidth)라고 한다. $K(z)$와 b의 디폴트 값은 다음과 같다.
>
> $$K(z) = \frac{1}{\sqrt{2\pi}}e^{-\frac{z^2}{2}}, \qquad b = 0.9\ \min(s,\ \mathrm{IQR}/1.35)\ n^{-\frac{1}{5}}.$$

커널 밀도함수 추정을 위한 R의 함수는 `density()`이다. <그림 8>의 왼쪽 것이 R의 density 함수로 구한 duration의 추정 밀도인데[10], duration = 2와 4.25 정도에서 최고의 밀도를, 그리고 그 사이에서 낮은 골짜기 형의 밀도를 보이고 있다. <그림 8>의 오른쪽 것은 히스토그램에 추정 밀도를 겹쳐 그린 것이다.[11] 히스토그램과 추정밀도의 차이를 한 눈에 볼 수 있다.

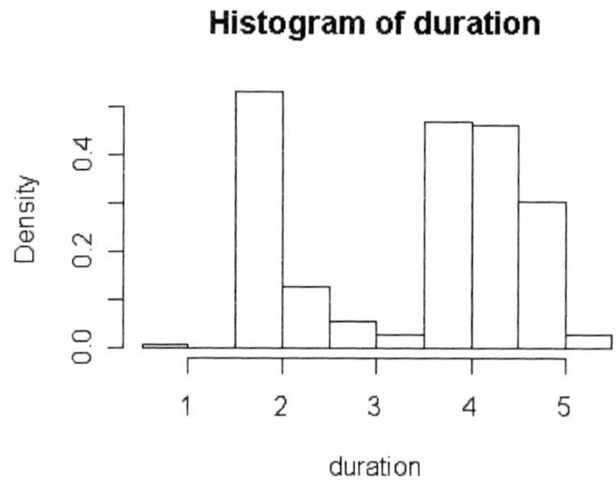

<그림 7> geyser 자료의 간헐천 분출 지속시간(duration): 히스토그램

10) `plot(density(duration))`

11) `hist(duration, freq=F, xlim=c(0,6))`
`lines(density(duration), lty=2)`

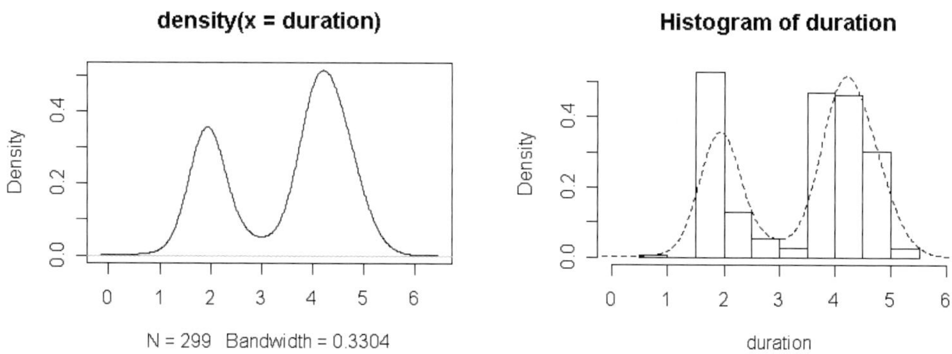

<그림 8> geyser duration의 추정 밀도와 히스토그램

커널 밀도추정은 이변량 분포에 대해 다음과 같이 확장된다.

> 이변량 자료 $(x_1, y_1), \cdots, (x_n, y_n)$이 미지의 밀도함수 $f(x, y)$로부터의 임의표본이라고 하자. $f(x, y)$에 대한 추정치로
>
> $$\hat{f}(x,y) = \frac{1}{n}\sum_{i=1}^{n}\frac{1}{b_1}K\left(\frac{x-x_i}{b_1}\right)\frac{1}{b_2}K\left(\frac{y-y_i}{b_2}\right)$$
>
> 를 고려하자. 여기서 커널 함수 $K(z) > 0$와 띠 너비 $b_1 > 0, b_2 > 0$에 대한 디폴트는 일변량에서와 같다.

이변량 커널 밀도함수 추정을 위한 R의 함수는 MASS library의 `kde2d()`이다. 이 함수의 용법은

```
kde2d(x, y, n)
```

인데 여기서 x와 y는 변수명이고 n은 각 축 그리드 점의 수이다. 따라서 n을 작게 하면 추정밀도 그래프가 거칠게 표현되지만 빨리 실행된다. 반면 n을 크게 하면 추정밀도 그래프 표현이 부드럽게 되지만 더디게 실행된다. <그림 9>는 geyser 자료의 (waiting, duration)에 대한 이변량 추정 밀도에 대한 등고선 그림(contour plot)이다.[12] 왼쪽 것과 오른쪽 것은 그리드 수에 있어 차이가 있다.

12)
```
density1 <- kde2d(waiting, duration, n=25)
density2 <- kde2d(waiting, duration, n=100)
density3 <- kde2d(waiting, duration, n=400)
```

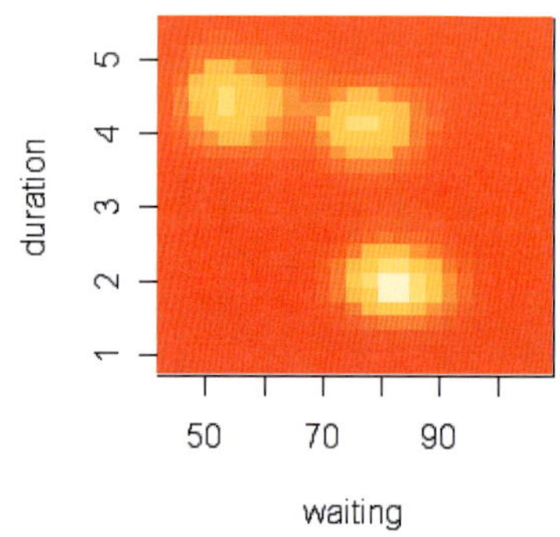

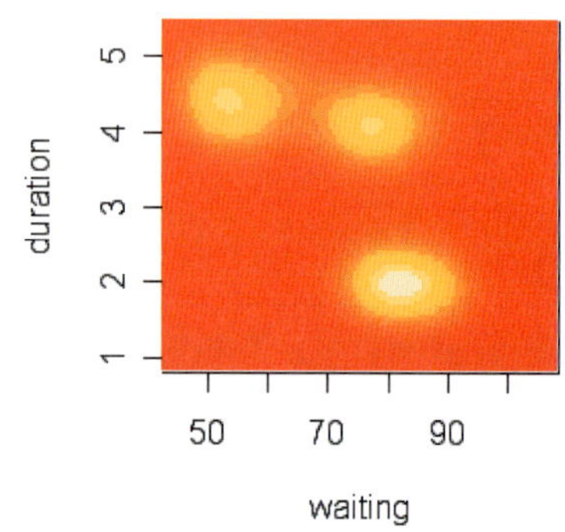

<그림 9> geyser 자료의 (waiting, duration)에 대한 이변량 추정 밀도:
그리드 수 = 25 (좌), 100 (우)

이변량 밀도함수와 비슷한 기능을 하는 것으로 **보자기 플롯**(bag plot)이 있다. 이것은 이변량 자료에 적용되도록 확장된 상자그림(box plot)이다. 즉, 보자기 플롯은 이변량 연속형 자료 $(x_1, y_1), \cdots, (x_n, y_n)$에 적용되는 상자그림으로, 중간점과 자료의 50%를 담아내는 보자기 경계(bag hull), 자료의 내부점을 담아내는 외곽경계(loop hull), 그리고 외부점(outlier, 특이점) 등이 표현된다. <그림 10>을 보라.[13] 60종 자동차 중량과 배기량 자료에 대한 보자기 플롯이다.

R에서 보자기 그림을 그리기 위해서는 aplpack 팩키지의 bagplot() 함수를 활용한다. 이 함수에서 "show.whiskers=F"는 중앙점과 개체를 연결하는 콧수염 선을 억제시킨다. 그리고 character expansion 인수인 "cex"는 1로 둔다 (디폴트 값은 0.4). <그림 10>에서 5개 점이 외부 특이점으로 나타나 있다.

```
image(density1, xlab = "waiting", ylab = "duration")
x11(); image(density2, xlab = "waiting", ylab = "duration")
```

13)
```
library(aplpack)
library(rpart)
data(car.test.frame)
str(car.test.frame)
attach(car.test.frame)
bagplot(x=Weight, y=Disp., show.whiskers=F, cex=1, xlab="Car Weight",
        ylab="Displacement")
```

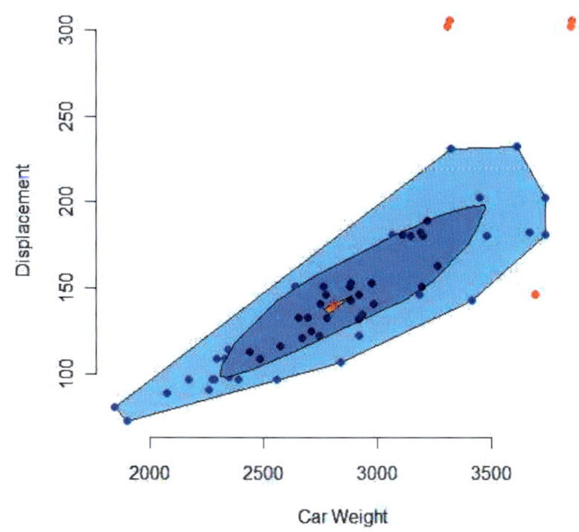

<그림 10> 60종 자동차 중량과 배기량의 보자기 플롯

보자기 플롯(bag plot)의 방법론을 간단히 설명하면 다음과 같다.[14)]

이변량 좌표점 P의 깊이(depth)는 P가 경계인 반평면(half-plane)에 포함된 자료점 $(x_1, y_1), \cdots, (x_n, y_n)$의 최소 수(smallest number)로 정의된다. 예컨대 4개 점 자료 S: (-1,-1), (-1,+1), (+1,-1), (+1,+1)의 경우, (0,0)의 깊이는 2이다. 그러나 $(\pm\frac{1}{2}, \pm\frac{1}{2})$의 깊이는 1이다. 그림을 그려보면 쉽게 알 수 있다. 깊이 k의 영역 D_k는 깊이가 k 이상인 좌표점들의 집합으로 정의된다. 자료 S의 경우, D_1은 (-1,-1), (-1,+1), (+1,-1), (+1,+1)이 꼭지점인 정사각형의 내부이다. D_2는 $\{(0,0)\}$이다. 이변량 중간점(bivariate median) M은 깊이가 가장 큰 좌표점 또는 그 영역의 무게중심으로 정의된다. 자료 S의 경우, $M = (0,0)$.

보자기(bag)의 경계는 $[n/2]$개 이상의 개체를 담아내는 가장 깊은 영역으로 정의된다. 울타리(fence)는 보자기의 3배 확장이다 (확장의 중심은 M). 외곽(loop) 경계는 울타리 내부에 있는 자료점, 즉 내부점을 포함하는 가장 작은 다각형이다. 플롯에서 울타리는 보이지 않는다. 외부점(outlier), 즉 특이점은 울타리 밖의 자료점이다.

14) Rousseeuw, Ruts and Tukey (1999). "The Bagplot: A Bivariate Boxplot". *The American Statistician*, 53(4). 382-387.

10.3 조각별 선형회귀

선형회귀는 설명변수의 구간(영역)에서 회귀함수의 형태가 선형임을 전제한다. 때문에 지나치게 경직되기도 한다. 그런 경우에는 구간별로 선형이되 연속인 회귀함수가 바람직하다. 예컨대

$$f(x;\beta_0,\beta_1,\gamma) = \beta_0 + \beta_1 x, \qquad \text{if } x \le c$$
$$= \beta_0 + \beta_1 x + \gamma (x-c)^+, \qquad \text{if } x > c$$

와 같은 함수는 $x = c$에서 연속이면서 2개의 구간, 즉 $x \le c$와 $x > c$에서 모두 선형이다. 여기서

$$(x-c)^+ = x-c, \quad \text{if } x-c > 0$$
$$= 0, \quad \text{if } x-c \leqq 0$$

으로 정의된다. 따라서 앞의 함수는 다음과 동치이다.

$$f(x;\beta_0,\beta_1,\gamma) = \beta_0 + \beta_1 x, \qquad \text{if } x \le c$$
$$= (\beta_0 - \gamma c) + (\beta_1 + \gamma) x, \qquad \text{if } x > c.$$

이런 기법을 조각별 선형회귀(piecewise linear regression)라고 한다.

자료 예로서 MASS library의 Cars93 자료셋에서 자동차 Weight(중량)와 Price(가격)의 관계를 보도록 하겠다. <그림 11>의 왼쪽 그래프가 두 변수간 산점도와 적합도 최소제곱직선을 보여주는데, Weight $\le$ 3000 구간에서는 회귀 직선이 대부분의 관측점을 상회하고 있어 적절한 적합이 아님을 볼 수 있다. 이 문제를 해결하기 위하여 c = 3000으로 하여 앞의 조각별 선형함수로 모형화해보자.[15)]

---

15)
```
library(MASS)
data(Cars93)
attach(Cars93)
x11(); plot(Price ~ Weight)
log.Price <- log(Price,10)
lm1 <- lm(log.Price ~ Weight)
x11(); plot(log.Price ~ Weight)
abline(lm1$coef)
Weight3000 <- ((Weight-3000) + abs(Weight-3000))/2
lm2 <- lm(log(Price,10) ~ Weight + Weight3000)
plot(log.Price ~ Weight, ylim=c(0.8,1.8))
par(new=T)
plot(lm2$fit[order(Weight)]~sort(Weight), ylim=c(0.8,1.8),
     type="l",col="blue", xlab="",ylab="")
```

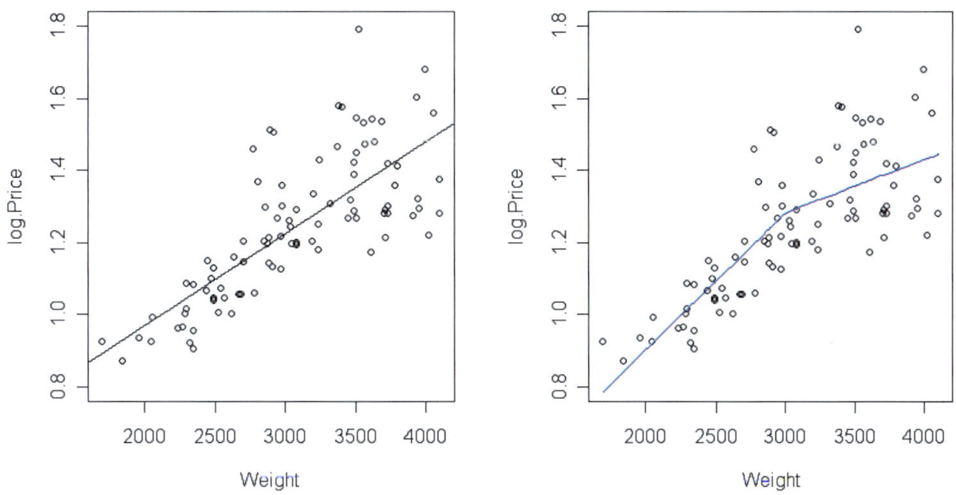

<그림 11> 자동차의 중량과 로그 가격의 관계: 단순선형회귀와 조각별 선형회귀

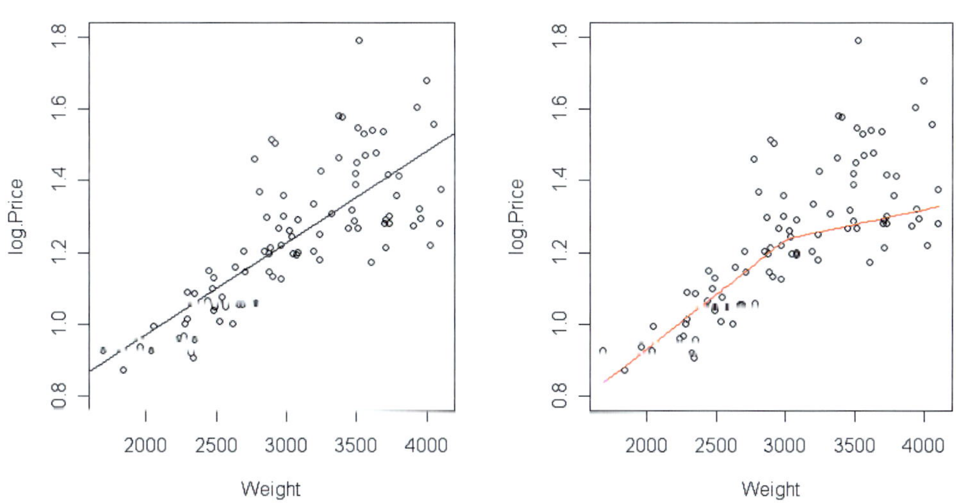

<그림 12> 자동차의 중량과 로그 가격의 관계: 최소중간제곱법에 의한 단순선형회귀와 조각별 선형회귀

<그림 11>의 오른쪽 그래프가 그 결과이다. Weight=3000에서 직선의 기울기가 바뀐다. 이것은 증가추세가 일정 수준을 넘어서면 둔화되는 경향이 있음을 말한다. 같은 자료에 대하여 최소제곱(LS)법 대신 최소중간제곱(LMS)법을 사용하여 회귀선을 구해볼 필요가 있겠는데 <그림 12>가 그 결과이다.[16)]

이제까지는 $x = c$를 경계로 2개 구간으로 나눠는 조각별 선형회귀의 경우를 다루었다. 만약 경계점이 $x = c_1$과 $x = c_2$의 2개인 경우, 즉 전체를 3개의 구간으로 나누는 2개의 경계점에서 연속인 조각별 선형회귀를 하기 위해선, 통상적인 선형회귀 모형에 2개의 설명변수 $(x - c_1)^+$ 와 $(x - c_2)^+$ 를 추가하면 된다.

10.4 산점도 평활기 LOWESS

이변량 자료에서 선형회귀의 강점은 단순성에 있다. 그러나 2개 변수가 단순한 선형적 관계에 있지 않은 경우엔 앞의 조각별 회귀를 시도해볼 수는 있겠지만 경계점을 분석자가 일일이 설정해야 하므로 번거로운 일이다. 대안적 방법은 분석자가 특정한 회귀모형을 설정하지 않더라도 컴퓨터가 적절한 회귀 함수를 찾아주도록 하는 것이다. LOWESS(Locally Weighted Scatterplot Smoother)는 그 한 방법이다.

이 방법의 특징은 윈도우(window)와 가중최소제곱(weighted least squares) 방법을 사용한다는 점이다.

1) 윈도우: 이변량 자료를

$$S = \{(x_1, y_1), \cdots, (x_i, y_i), \cdots, (x_n, y_n)\}, \quad x_1 \leq \cdots \leq x_n$$

이라고 할 때, $i\ (=1, \cdots, n)$번째 윈도우는

$$S_i = \{(x_{i-k}, y_{i-k}), \cdots, (x_i, y_i), \cdots, (x_{i+k}, y_{i+k})\}$$

로 구성된다. 즉 (x_i, y_i)를 중심으로 좌측의 k개 관측점과 우측의 k개 관측점을 포함하는 x의 구간을 말한다. 통상적인 윈도우의 크기는 $2k+1$로 이것을 평활기 너비(smoother span)이라고 한다. 자료의 양 끝 부분에서는 윈도우가 평활기 너비보다 적은 수의 관측점들로 구성된다.

2) 가중치: 윈도우 중앙에 있는 (x_i, y_i)에는 가장 큰 가중치 w_0을 주고 $(x_{i\pm1}, y_{i\pm1})$

16) 앞의 각주에서 `lm()` 함수 대신 `lqs(,method="lms")` 함수를 사용하면 된다.

에는 두 번째 큰 가중치 w_1을 주며, …, 가장 바깥에 있는 $(x_{i\pm k}, y_{i\pm k})$에는 가장 작은 가중치 w_k를 부여한다:

$$w_0 \geqq w_1 \geqq \cdots \geqq w_k .$$

실제 존재하지 않는 관측점에는 가중치를 주지 않는다.

LOWESS는 $x = x_i$에서의 적합값 $\hat{y}_i$을 $i\ (=1,\cdots,n)$번째 윈도우내 자료로부터의 가중 선형회귀(weighted linear regression)로부터 구한다. 즉,

$$\hat{y}_i \leftarrow \min_{\beta_0,\beta_1} \sum_{|j-i|\leqq k} w_{|j-i|}(y_j - \beta_0 - \beta_1 x_j)^2 , \quad i = 1, \cdots, n.$$

따라서 많은 계산이 필요하다. 원칙적으로는 각 관측점별로 독자적인 회귀적합을 하기 때문이다. 마지막으로 LOWESS는 적합점들

$$(x_1, \hat{y}_1), \cdots, (x_i, \hat{y}_i), \cdots, (x_n, \hat{y}_n)$$

을 연결하여 최종적인 회귀곡선(regression curve)을 산출한다. 각 관측점별로 별도의 모형으로부터 적합값이 산출되기는 하지만 연이은 윈도우들은 많은 부분을 공유하므로 적합점들의 연결선은 매끄러운 곡선 형태가 된다.

LOWESS를 하기 위한 R의 함수는 `lowess()`이다. 간단한 용법은

```
lowess(y ~ x, f)
```

와 같은 형식인데 여기서 f는 자료크기 대비 평활기 너비(smoother span)의 비율이다. f의 디폴트 값은 2/3이다. 평활기 너비 f를 크게 하면 회귀함수가 직선에 가까운 밋밋한 곡선이 되고 (과소적합, under-fitting), 반대로 f를 작게 하면 회귀함수가 휜 정도가 큰 곡선이 된다 (과다적합, over-fitting). 관측자료의 적합정도를 세밀하게 관찰하여 적절한 평활기 너비를 찾아야 한다.

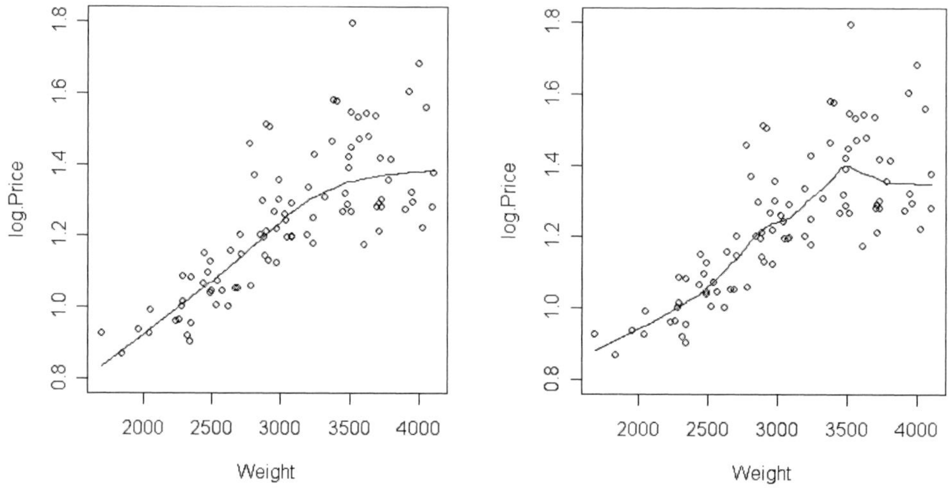

<그림 13> 자동차의 중량과 로그 가격의 관계: LOWESS 적합
평활기 너비 f = 2/3 (좌)와 f = 1/3 (우)

<그림 13>의 왼쪽 그래프는 `Cars93` 자료에서 Weight와 log.Price의 LOWESS 회귀곡선을 보여준다(f = 2/3)[17]. 회귀선이 Weight ≤ 3200 구간에서는 직선에 가깝게 나왔고 Weight ≥ 3500에서는 거의 상수로 보인다. <그림 13>의 오른쪽 그래프는 f = 1/3로 한 것인데[18] 불퉁불퉁하게 보일 뿐만 아니라 Weight ≥ 3500에서 감소하고 있어 부적절한 것으로 생각된다.

---

17)
```
library(MASS)
data(Cars93)
attach(Cars93)
plot(Price ~ Weight)
log.Price <- log(Price,10)
s1 <- lowess(log.Price ~ Weight)
par(mfrow=c(1,2))
plot(log.Price ~ Weight, ylim=c(0.8,1.8))
lines(s1)
```

18)
```
s2 <- lowess(log.Price ~ Weight, f =1/3)
plot(log.Price ~ Weight, ylim=c(0.8,1.8))
lines(s2)
```

10.5 요약

- 산점도(scatterplot)는 이변량 자료탐색에 있어 가장 기본적인 도구이다. 다만 변수값이 이산적인 경우 흐트림(jittering)으로 자연스런 모습을 보일 필요가 있다.
- 산점도의 자료점 별로 제3 변수값을 부호로 나타냄으로써 3변량 자료를 표현할 수 있다.
- 이변량 자료의 추정 밀도는 등고선도(contour plot) 또는 보자기 그림(bag plot)으로 나타낼 수 있다.
- 조각별 선형회귀(piecewise linear regression)로써 선형회귀의 체계적 부분을 유연하게 변형할 수 있다.
- 산점도 평활기 lowess는 윈도우와 가중최소제곱을 활용하는 비모수적 회귀곡선을 만들어낸다.

11장. 다변량 자료 탐색

다변량 자료를 위한 몇 가지 탐색 기법을 소개할 것이다. 산점도 행렬에서 시작하여 조건부 플롯, 평행좌표 플롯 등의 그래프적 기법과 차원축소 시각화 기법인 주성분 분석, 그리고 비모수적 다중회귀기법인 LOESS를 다루기로 한다.

주요 R 함수: pairs(), parallel(), order.endlink(), princomp (), loess()

11.1 별 그림

변수의 수가 3 이상인 자료를 다변량 자료라고 하는데 다변량 자료의 시각화에는 많은 어려움이 따른다. 인간이 근본적으로 3차원을 넘는 이미지 정보는 처리하지 못하기 때문이다. 3차원인 경우에서도 컴퓨터 화면이 2차원이기 때문에 컴퓨터 시각화를 위해서는 특별한 처리가 필요하다.

별 그림(star plot)은 다변량 자료를 표현하는 단순한 기법이다. 한 예를 보자. <표 1>은 우리나라 8개 프로야구 구단의 2006년 전력을 6월 2일 현재시점에서 살펴본 것인데 이를 별 그림으로 나타낸 것이 <그림 1>이다.[1] 프로야구 팀의 실력이 타율, 방어율, 출루율 측면에서 표현되어 있다. 이 때, 팀 타율과 출루율은 클수록 좋고 방어율은 작을수록 좋기 때문에 3개 변수가 0.2와 1 사이 공통 범위로 표시되도록

팀 타율 ← 0.2 + 0.8*(팀 타율 - 최소값)/(최대값 - 최소값),

팀 방어율 ← 0.2 + 0.8*(최대값 - 팀 방어율)/(최대값 - 최소값),

출루율 ← 0.2 + 0.8*(출루율 - 최소값)/(최대값 - 최소값)

---

1)
```
baseball <- read.csv("프로야구 20060602.csv", header=T)
x <- baseball[,2:4]
x[,1] <- 0.2+0.8*(x[,1]-min(x[,1]))/(max(x[,1])-min(x[,1]))
x[,2] <- 0.2+0.8*(x[,2]-min(x[,2]))/(max(x[,2])-min(x[,2]))
x[,3] <- 0.2+0.8*(max(x[,3])-x[,3])/(max(x[,3])-min(x[,3]))
rownames(x) <- baseball[,1]
stars(x, scale=F, key.loc = c(7,2), col.stars=2:9)
```

<표 1> 우리나라 8개 프로야구 팀의 2006년 시즌 성적 (6월 2일 현재)

구단	승	패	무	승률	팀타율	출루율	팀방어율
현대	27	16	0	0.628	0.264	0.347	3.26
한화	26	16	1	0.619	0.255	0.329	3.34
삼성	25	16	1	0.610	0.249	0.332	3.05
SK	22	21	0	0.512	0.265	0.343	3.63
KIA	20	20	1	0.500	0.253	0.323	3.29
두산	17	23	2	0.425	0.235	0.303	3.07
LG	16	26	1	0.381	0.254	0.317	4.47
롯데	13	28	0	0.317	0.218	0.293	3.63

으로 변환하여 0과 1사이 범위의 값을 취하도록 했다. 따라서 변수 변환 후 각 변수는 최대값 1, 최소값 0을 취하게 되고 팀 타율이 크고 방어율이 작고 출루율이 클수록 큰 삼각형을 형성한다. 2006년 성적이 6월 2일 현재 1위와 2위인 현대와 한화는 삼각형이 크고 아래서 1위와 2위인 롯데와 LG는 작은 삼각형을 형성한다. 삼성은 방어율은 좋지만 타율과 출루율에서 저조하고 SK는 반대로 방어율이 좋지 않지만 타율과 출루율이 좋음을 볼 수 있다.

<그림 2>는 파이조각 그림(pie segments plot)으로 각 변수는 파이조각의 면적으로 나타내어진다.[2] 이와 같은 만화 같은 차트들은 다변수 특성을 갖는 개체들의 특성을 표현해낼 수 있지만 깊이 있는 분석을 하기 어렵다는 한계를 갖는다.

11.2 산점도 행렬

산점도 행렬(scatterplot matrix)이란 모든 2개 변수 쌍의 산점도를 $p \times p$ 행렬에 체계적으로 배열해 놓은 그래프이다. 이것으로 다변량 자료의 일반적인 표현이 가능한데, 다변량 자료의 차원 수를 p라고 하면 산점도 행렬은 $p \times p$ 행렬의 형태가 된다. 그 중에서 대각선 상 플롯은 의미가 없고 대각선을 중심으로 대칭적 위치에 있는 플롯은 내용이 동일하므로 $p \times p$ 산점도 행렬은 실제로는 $p \cdot (p-1)/2$개의 개별 산점도를 포함한다. <그림 3a>가 한 예이다 ($p = 4$).[3] 이 그림은 'Fisher의 붓꽃 자

2) `x11(); stars(x, scale=F, draw.segments=T, full=F, key.loc = c(7,2))`

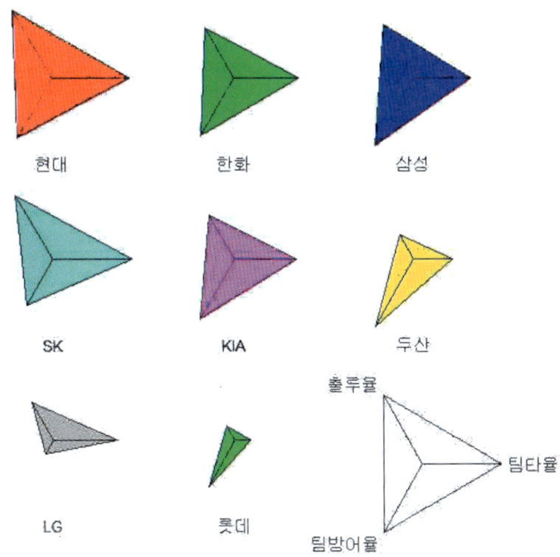

<그림 1> 별 그림: 프로야구 8개 구단의 팀 타율, 팀 방어율, 출루율 비교

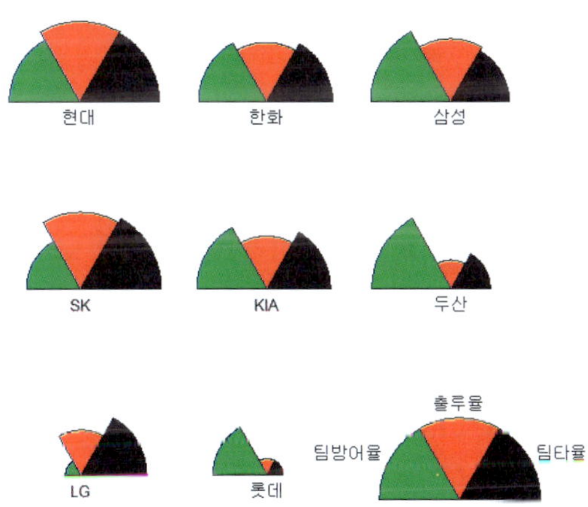

<그림 2> 파이조각 그림: 프로야구 8개 구단의 팀 타율, 팀 방어율, 출루율 비교

---

3)
```
data(iris)
attach(iris)
pairs(iris[1:4], main="Iris Data")
```

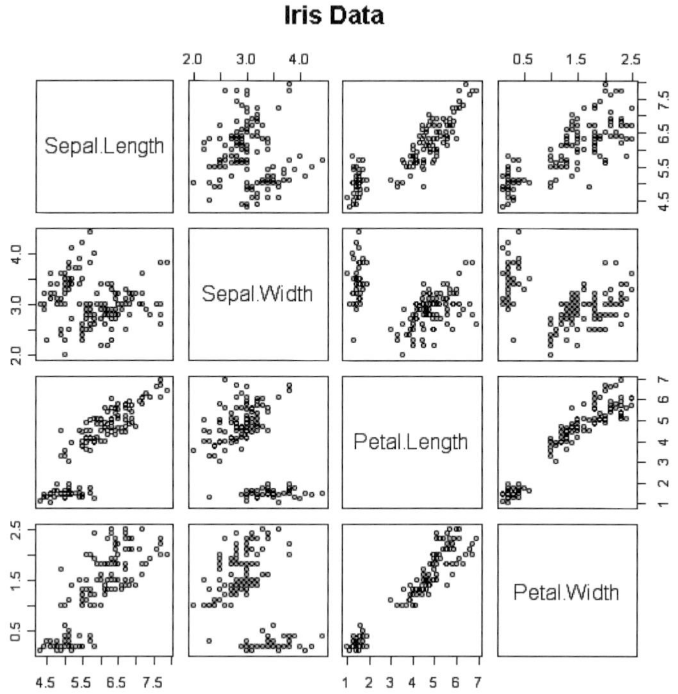

<그림 3a> 붓꽃 자료에 대한 산점도행렬

료(iris data)'에서의 4개 변수 -꽃받침 길이(Sepal.Length), 꽃받침 폭(Sepal.Width), 꽃잎 길이(Petal.Length), 꽃잎 폭(Petal.Width)- 의 모든 2개 변수간 관계를 보여준다. 잘 관찰해보면 Sepal.Length와 Sepal.Width의 산점도에서 2개 정도의 군집이 있음을 발견할 수 있고 Petal.Length와 Petal.Width에서도 2개 정도의 군집이 있는 것을 인지할 수 있다.

<그림 3b>는 <그림 3a>의 산점도 행렬에 각 개체에 대하여 식물학자에 의하여 식별된 품종(Species)별로 다른 색깔을 넣어 품종군 분류를 쉽게 볼 수 있도록 한 그래프이다.[4] 빨간 색으로 표시된 품종 1(=Setosa)는 다른 품종과 완전하게 분리되지만 녹색으로 표시된 품종 2(=Versicolor)와 청색으로 표시된 품종 3(=Virginica)은 대체로 구분가능하되 일부 겹쳐짐을 알 수 있다.

산점도 행렬은 연속형 다변량 자료의 표현에 있어 기본이 되는 그래픽 방법이다.

4)
```
pairs(iris[1:4], main = "Iris Data", pch = 21,
      bg = c("red", "green3", "blue")[unclass(iris$Species)])
```

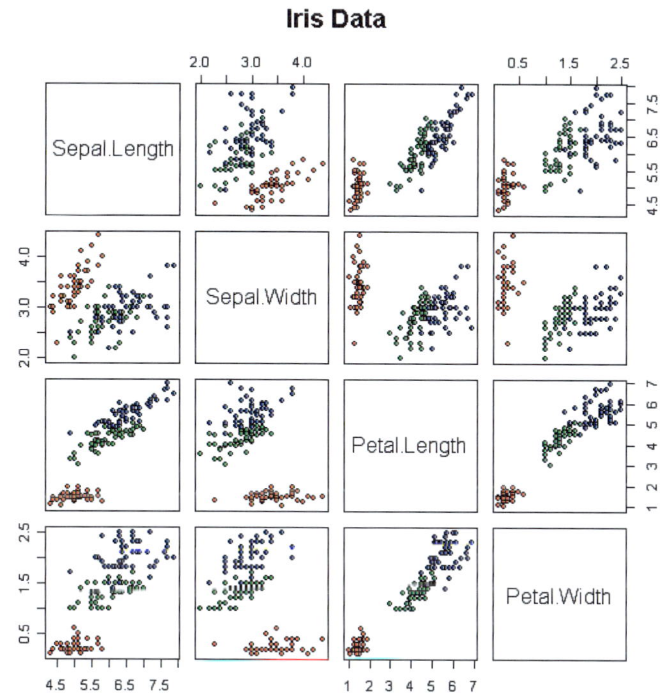

<그림 3b> 붓꽃 자료에 대한 산점도행렬: 품종군 표현

다만, 변수의 수 p가 10을 넘는 경우엔 그래프에 너무 많은 쌍의 산점도가 들어가므로 효율적인 자료탐색이 어렵다. $p=11$인 경우엔 무려 $11 \cdot 10/2\ (=55)$개의 개별 플롯을 살펴보아야 한다.

11.3 조건부 플롯

다변량 자료 분석에서 3개 변수 X, Y와 Z의 관계를 탐색하는 과정에서 변수 X와 Y의 관계를 Z에 조건화하여 볼 필요가 있다. 예를 들어 X를 수학능력시험이 언어영역점수, Y를 수학능력시험의 수리영역점수라고 하고, Z를 재수년수라고 하자 (Z=0이면 고교 재학생, Z=1이면 재수생, Z=2이면 삼수생 이상). 이런 경우 수능 언어와 수능 수리의 관계를 탐색하는 과정에서 재수년수(Z) 별로 X와 Y의 산점도를 그려보면 어떨까?

이런 그래프를 조건부 플롯(conditioning plot)이라고 하는데, 앞의 예에서처럼 Z가 범주형 변수인 경우 Z의 범주별로 다른 색깔을 넣은 산점도를 만들 수 있다. 또는 Z의 범주별로 X와 Y의 산점도를 그리면 된다. 그러나 Z가 연속형인 경우가 문제일 것이다. 여기서 그 방법을 설명하고자 한다.

먼저 해야 할 일은 Z를 몇 개의 구간으로 나누어 범주화하는 일이다. 이 때 요긴한 R 함수는 lattice 라이브러리의 equal.count()이다. 간단한 용법은

```
equal.count(z, number=k1, overlap=k2)
```

인데, 여기서 z는 조건화 변수이고 *k1*은 구간 수이고 *k2*는 0과 1사이의 수로 구간이 겹치는 정도를 제어하는 파라미터이다. 이에 따른 결과로는 z 값에 따라 관측개체를 *k1*개의 구간 중 하나(또는 2개 이상)에 배속시킨다.

사례로서 남태평양 피지(Fiji) 섬의 지진 자료 quakes에서 지진 진원지의 경도(long)와 위도(lat)를 살펴보기로 하겠다. <그림 4>를 보라.[5] 이것을 진원의 깊이(depth)에 따라 4개 그룹으로 분류하자. equal.count() 함수를 사용하여 depth.grp라는 4개 범주를 갖는 변수를 파생시키고 depth.grp의 수준별로 long과 lat의 산점도를 그려본 결과가 <그림 5>이다.[6] 이를 위해 사용한 lattice library 내 xyplot() 함수의 기본 용법은

```
xyplot(y ~ x | z)
```

이다. 여기서 x와 y는 산점도의 수평축과 수직축 변수이고 z는 조건화 변수이다.

<그림 5>에서 depth.grp=1,2,3,4에 해당하는 long과 lat의 산점도가 왼쪽 아래, 오른쪽 아래, 왼쪽 위, 오른쪽 위의 순서로 놓여 있다. 4개의 산점도 중 아래 2개와 위 2개는 서로 달라 보인다. 즉 피지 섬 바깥쪽 낮은 곳과 안쪽 깊은 곳에 단층이 있다는 추론이 가능하다.

---

5)
```
library(lattice)
data(quakes)
str(quakes)
attach(quakes)
xyplot(lat ~ long, main="Earthquakes in Fiji", pch="*", cex=2)
```

6)
```
depth.grp <- equal.count(quakes$depth, number=4, overlap=0)
xyplot(lat ~ long | depth.grp, main="Earthquakes in Fiji", pch="*")
```

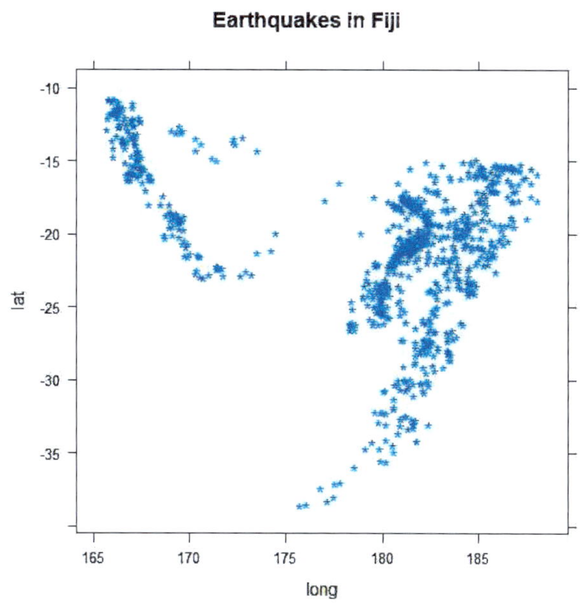

<그림 4> 피지 섬 지진의 경도(long)와 위도(lat)

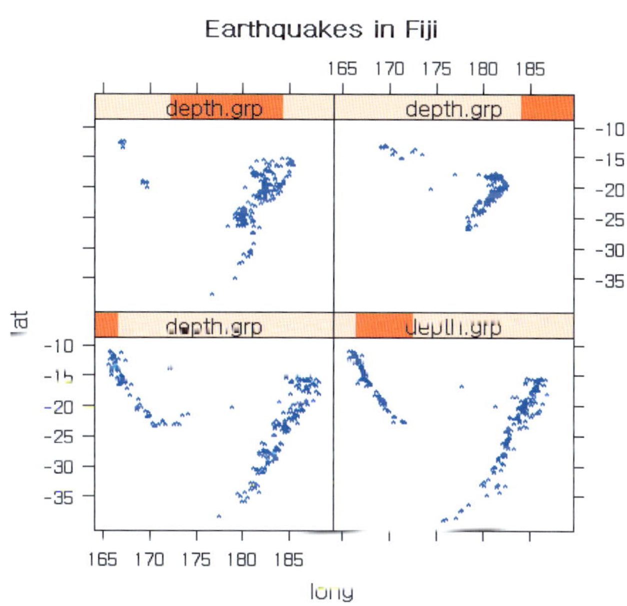

<그림 5> 진원지 깊이(depth)에 따른 피지 섬 지진의 경도(long)와 위도(lat)

11.4 평행좌표 플롯과 변수 순서화

산점도는 2개 변수를 직교좌표에 플롯하여 얻어진다. 이로 인해 산점도를 다변량의 경우로 확장하는 것이 어렵다고 보고 이에 대한 대안으로 제시된 것이 평행좌표 플롯(parallel coordinate plot)이다. 이것은 x 변수, y 변수, z 변수, … 등을 각기 평행선 상에 타점한 점들을 연결하여 얻어진다. <그림 6>과 <그림 7>을 보라. 붓꽃(iris) 자료를 `lattice library`의 `parallel()` 함수를 사용하여 4개 평행좌표 플롯으로 표현해 본 것이다.[7)]

<그림 6>의 왼쪽 그래프에서 Sepal.Length와 Sepal.Width의 연결선들은 서로 엇갈리는 방향으로 놓이는 경향을 보이는데 이런 패턴은 두 변수간 음의 상관이 있음을 나타낸다. 마찬가지로 Sepal.Width와 Petal.Length의 연결선들도 서로 엇갈리는 음의 상관을 보인다. 반면, Petal.Length와 Petal.Width의 연결선들은 나란한 경향을 보이는데 이런 패턴은 두 변수간 양의 상관이 있음을 나타낸다.

그러면 Sepal.Length와 Petal.Length는 어떤 관계에 있을까? 이에 대하여 왼쪽 그래프는 직접 대답하지 않는다. 이것을 보려면 변수들의 나열순서를 달리한 새 평행좌표를 그려보는 수밖에 없다. <그림 6>의 오른쪽 그림을 보라.

<그림 7>은 조건부 평행좌표 플롯(conditioning parallel coordinate plot)이다. 품종군 별로 Sepal.Length, Setal.Width, Petal.Length와 Petal.Width의 평행좌표 플롯을 보여준다.

변수 순서화를 체계적으로 하기 위한 방법으로 Hurley(2004)의 **끝잇기(endlink) 알고리즘**이 있다.[8)] 이 알고리즘은 상관행렬의 대각선 위 요소들의 합을 최대화하는 p 개 변수들의 순서를 찾아낸다.

---

7)
```
library(lattice)
data(iris)
parallel(~iris[,1:4])
parallel(~iris[,c(1,3,2,4)])
parallel(~iris[,1:4] | iris$Species)
parallel(~iris[,c(1,3,2,4)] | iris$Species)
```

8) Hurley, C.B. (2004). "Clustering Visualisations of Multidimensional Data", Journal of Computational and Graphical Statistics, 13(4). 788-806.

끝잇기 알고리즘:

[0] p개 변수 간 상관계수 행렬을 산출하여 상관도가 큰 순서대로 변수 쌍을 나열한다. 예를 들어 6개($=p$) 변수 자료에서 다음 순서로 변수 쌍이 나열되었다고 하자.

1-5, 4-6, 3-6, 2-6, 1-4, 1-2, 3-4, 4-5, 2-4, 1-6, 5-6, 1-3, 3-5, 2-5, 2-3, ⋯

[1] 가장 상관도가 높은 두 변수를 연결하여 묶는다. 나머지 변수들은 독자적 묶음으로 간주된다. 예에서, 변수 묶음은 1-5, 2, 3, 4, 6이 된다 (변수 묶음의 수는 5개).

[2] 변수 묶음이 1개가 될 때까지, 변수 묶음 양쪽 끝 간 상관도가 가장 큰 변수 묶음을 찾아 해당 끝을 연결한다. 예에서, 최우선 연결은 4-6이다. 따라서 변수 묶음은

1-5, 4-6, 2, 3

이 된다. 다음의 우선 연결은 3-6 (or 6-3)이다. 따라서 변수 묶음은

1-5, 4-6-3, 2

가 된다. 다음 우선 연결은 2-6이지만 6은 변수 묶음의 끝에 있지 않다. 따라서 부적합하다. 다음 우선 연결은 1-4이다. 따라서 변수 묶음은

5-1-4-6-3, 2

이다. 다음 우선 연결은 1-2이지만 1이 변수 묶음의 끝에 있지 않으므로 부적합. 이어지는 우선 연결 3-4, 4-5, 2-4, 1-6, 5-6, 1-3, 3-5도 마찬가지로 적합하지 않다. 그 다음 우선 연결 2-5는 적합하다. 이에 따라 변수 묶음은

2-5-1-4-6-3

이 된다 (or 3-6-4-1-5-2). 모든 변수들이 연결되있으므로 끝.

예로서, 붓꽃(iris) 자료의 4개 변수 Sepal.Length, Sepal.Width, Petal.Length, Petal.Width에 끝잇기 알고리즘을 적용해보자.

	Sepal.Length	Sepal.Width	Petal.Length	Petal.Width
Sepal.Length	1.00	-0.12	0.87	0.82
Sepal.Width	-0.12	1.00	-0.43	-0.37
Petal.Length	0.87	-0.43	1.00	0.96
Petal.Width	0.82	-0.37	0.96	1.00

이 상관행렬의 비대각 요소 중 가장 큰 값은 Petal.Length와 Petal.Width 간 0.96이다. 따라서 Petal.Length와 Petal.Width가 가장 먼저 이어진다. 다음으로 큰 값은 Sepal.Length와 Petal.Length 간 0.87이다. 이에 따라 Sepal.Length – Petal.Length – Petal.Width가 한 줄을 이룬다. 다음으로 큰 값은 Sepal.Length와 Petal.Width 간 0.82이지만 이미 이들 변수는 한 줄로 엮여있다. 그 다음으로 큰 값은 Sepal.Length와 Sepal.Width 간 –0.12이다. 따라서

Sepal.Width – Sepal.Length – Petal.Length – Petal.Width

로 엮여진다. 역방향인

Petal.Width – Petal.Length – Sepal.Length – Sepal.Width

로 말해도 마찬가지이다.

끝잇기(endlink) 알고리즘은 R에서 `gclus` 팩키지의 `order.endlink()` 함수에 구현되어 있다.[9]

9)
```
library(gclus)
round(cor(iris[,1:4]),2)
order <- order.endlink(cor(iris[,1:4]))
order
round(cor(iris[,order]),2)
parallel(~iris[,c(order)])
```

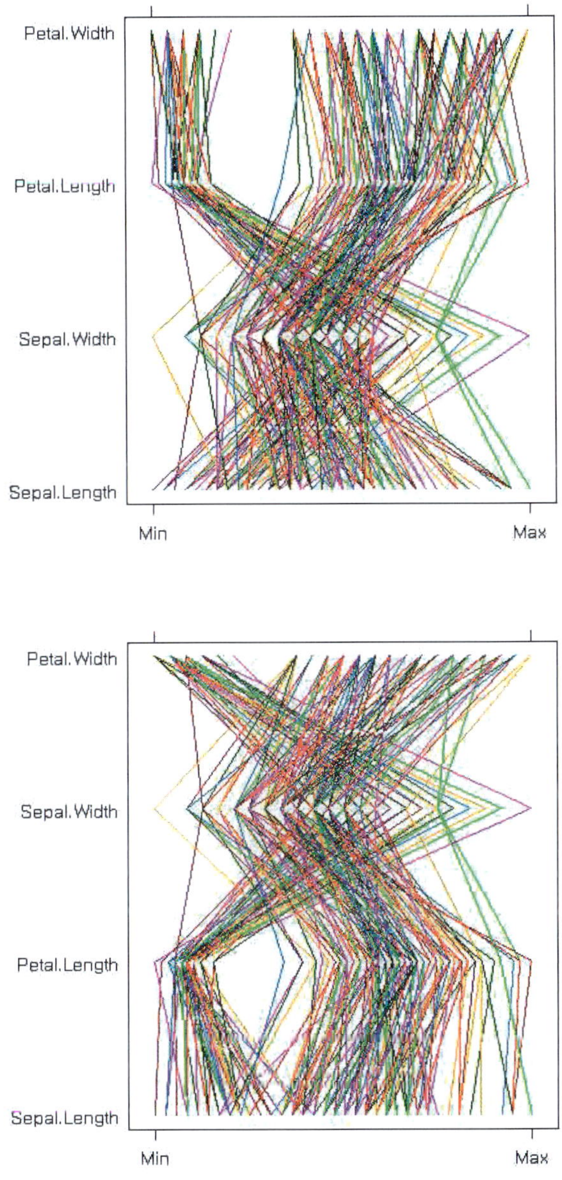

<그림 6> 붓꽃 자료에 대한 평행좌표 플롯

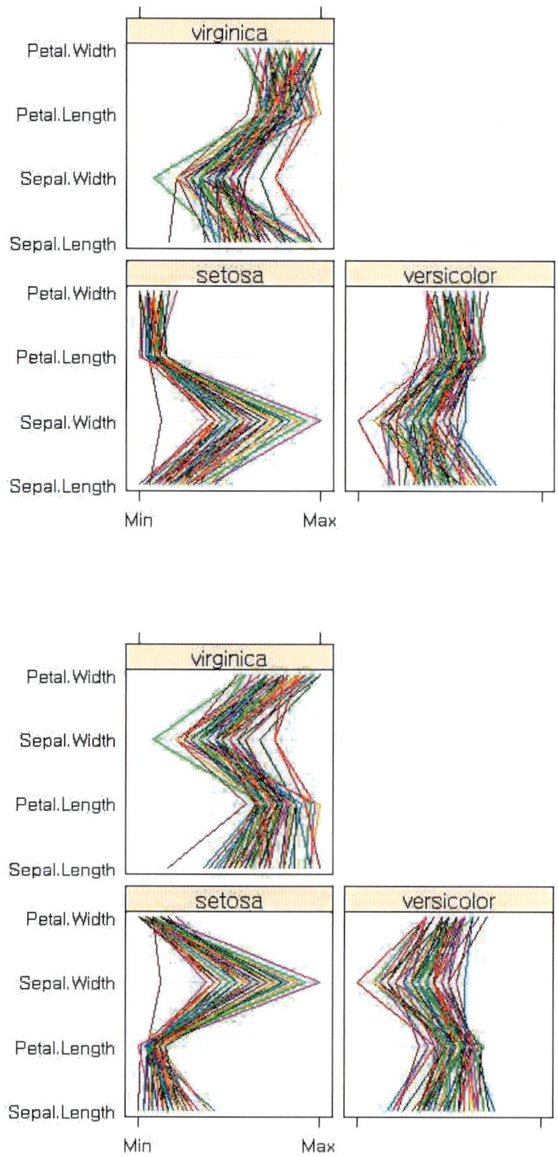

<그림 7> 붓꽃 자료에 대한 평행좌표 조건부 플롯

11.5 차원축소에 의한 시각화: 주성분분석

다변량 자료 분석의 근본 문제는 차원 수가 크다는 데서 비롯되므로 차원 수를 줄이기 위한 방법이 나오게 되었다. 그 중 대표적인 주성분분석(principal component analysis, PCA)을 설명하기로 한다.[10]

원자료가 p 개의 변수와 n 개의 관측개체를 갖는다고 하자. 일반적으로는 각 변수의 단위나 산포가 모두 같지는 않으므로 표준화를 한다 (중심화만 하는 경우도 있다). p -차원 공간에 놓이는 표준화 변환 관측개체들 $x_1, \cdots, x_n$ 을 1차원 공간으로 축소시키는 방법이 무엇일까? 답은 사영(射影, projection)이다. p -차원 공간의 단위 벡터 u 에 내려진 $x_1, \cdots, x_n$ 의 그림자는

$$(x_1^t u)\, u \,, \cdots , (x_n^t u)\, u$$

가 되는데[11], 이것의 제곱크기(squared norm)의 보정 평균을 최대화함으로써 사영으로 인한 손실을 최소화할 필요가 있다. 즉,

$$\text{maximize} \quad \sum_{i=1}^{n} (x_i^t u)^2 /(n-1) \quad \text{with respect to (w.r.t.)} \quad u$$
$$\text{subject to} \quad u^t u = 1.$$

이것의 해는 선형대수에서 잘 알려진 대로 $p \times p$ 대칭행렬

$$\sum_{i=1}^{n} x_i x_i^t/(n-1) \quad (= R), \quad \text{여기서 } R\text{은 상관행렬}$$

의 최대 고유값 λ_1 에 해당하는 고유벡터 u_1 이다. 즉,

$$R u_1 = \lambda_1 u_1, \quad u_1^t u_1 = 1.$$

이로부터 $x_1, \cdots, x_n$ 의 1차원 축소도 u_1 에 내려진 그림자의 좌표점

$$x_1^t u_1, \cdots , x_n^t u_1 \tag{1}$$

을 얻는다. 이런 방식으로 2차원 축소도 할 수 있는데 그 결과는 다음과 같다.

> p 변량 표준화 관측개체 $x_1, \cdots, x_n$ 의 2차원 축소는
>
> $$(x_1^t u_1, x_1^t u_2), \cdots , (x_n^t u_1, x_n^t u_2) \tag{2}$$

10) 수학적으로 행렬과 벡터를 쓰므로 아직 수학적 준비가 되지 않은 학생은 건너뛰어도 되겠다.

11) 단위 벡터 u 는 제곱크기(norm)이 1인 벡터이다. 즉, $u^t u = 1$. 단위벡터 u 에 내려진 x_i 의 그림자는 $(x_i^t u) u$ 인데 그 이유는 $x_i - (x_i^t u) u$ 와 u 의 내적이 0이기 때문이다.

이다. 여기서 u_1은 상관행렬 R의 가장 큰 고유값 λ_1에 해당하는 고유벡터이고 u_2는 2번째로 큰 고유값 λ_2에 해당하는 고유벡터이다. 즉,

$$Ru_1 = \lambda_1 u_1, \quad u_1^t u_1 = 1.$$

$$Ru_2 = \lambda_2 u_2, \quad u_2^t u_2 = 1 \quad \text{and} \quad u_1^t u_2 = 0.$$

이를 3차원 축소로 확장할 수도 있다 (생략). PCA에서 (1) 또는 (2) 같은 것을 주성분 점수(principal component scores)라고 한다. 주성분 점수는 축소차원 공간에서 관측개체들을 표현한다.

PCA의 장점은 같은 축소차원 공간에 변수표현을 할 수 있다는 점인데 기본 아이디어는 (1, 0, ⋯, 0), ⋯, (0, 0, ⋯, 1)이 각각 변수 1, ⋯, 변수 p를 나타내는 상징적 개체라는 데 있다.[12] 이에 따라 변수 1, ⋯, 변수 p의 위치점이

$$\text{1차원 공간:} \quad u_{11}, \cdots, u_{1p} \tag{3}$$

$$\text{2차원 공간:} \quad (u_{11}, u_{21}), \cdots, (u_{1p}, u_{2p}) \tag{4}$$

로 주어진다. 여기서 u_{1j}는 고유벡터 u_1의 j번째 요소이고 u_{2j}는 고유벡터 u_2의 j번째 요소이다 ($j = 1,\cdots,p$). 이를 3차원 축소로도 확장할 수 있지만 생략한다. PCA에서 (3) 또는 (4) 같은 것을 주성분 부하(principal component loadings)라고 한다. 주성분 부하는 축소차원 공간에서 변수들을 표현한다.

R에서 주성분분석(PCA)를 위한 R 함수는 `princomp()`인데 그 주요용법은

```
princomp(x, cor=T)
```

이다. 여기서 `x`는 $n \times p$ 다변량 자료행렬이고 `cor=T`이면 상관행렬 분해(표준화 변환)를, `cor=F`이면 공분산행렬 분해(중심화 변환)를 지시한다. 이 함수를 실행하면 출력 객체(`object`)에 주성분 점수는 `scores`에, 주성분 부하는 `loadings`에 남는다.

수치 사례로서 유럽 국가들의 종류별 단백질 섭취 자료를 분석해보기로 한다. 관측개체는 Albania, Austria, ⋯, Yugoslavia 등 25개(= n) 나라이고 변수는 Beef, Chicken, Egg, Milk, Fish, Cereal, Potato, Bean, Fruit 등 9개(= p) 단백질 종류이다.

<그림 8>은 주성분 분석에 의한 2차원 관측개체 플롯이고 <그림 9>는 대응하는 변수 플롯이다 (상관행렬 분해).[13] 관측개체 플롯에서 대다수의 나라들이 왼쪽에 군

12) 그 이유는 (0,⋯,1,⋯,0)의 j번째 요소가 표준편차 1만큼 평균 0에서 양의 방향으로 떨어져있고 나머지 요소는 평균 0이므로 이것을 변수 j를 표현하는 가상적인 개체로 간주할 수 있기 때문이다.

13) `protein <- read.table("protein.txt", header=T)`

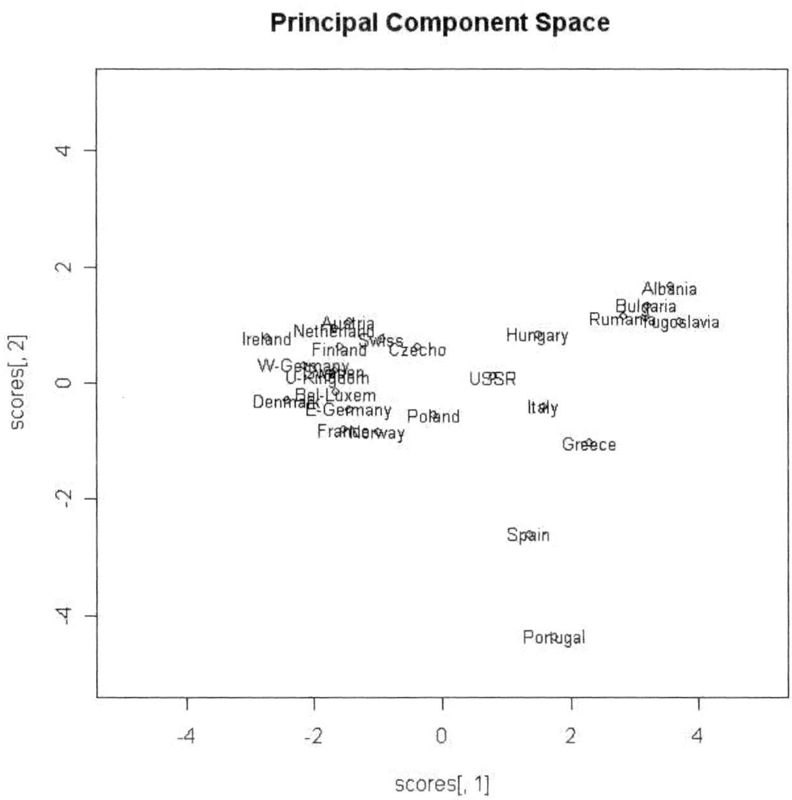

<그림 8> 주성분 분석에 의한 관측개체 플롯

```
protein
pca <- princomp(protein[,2:10], cor=T)
pca
names(pca)
pca$loadings[,1:2]
pca$scores[,1:2]
attach(pca)
plot(scores[,2] ~ scores[,1], main = "Principal Component Space",
xlim=c(-5,5), ylim=c(-5,5))
text(y=scores[,2], x=scores[,1], label=protein$Country, cex=0.8)
x11()
plot(loadings[,2] ~ loadings[,1], main = "Principal Component
      Loadings", xlim=c(-1,1), ylim=c(-1,1))
text(y=loadings[,2], x=loadings[,1], label=colnames(protein[,2:10]),
     cex=0.8)
for (i in 1:9) {arrows(0,0,0.8*loadings[i,1],0.8*loadings[i,2],
     length = 0.1)}
```

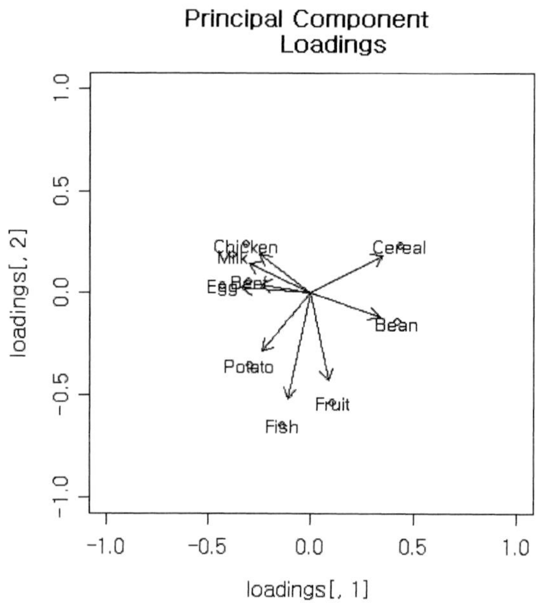

<그림 9> 주성분 분석에 의한 변수 플롯

집을 이루고 있으나 오른쪽 위에 알바니아, 불가리아, 루마니아, 유고슬라비아 등 4개국이 진을 치고 있다. 이들 관측개체 플롯내 위치와 변수 플롯의 곡류(cereal) 위치가 대응하므로 이들 나라들은 곡류 섭취로 특성화된다. 마찬가지로 <그림 7>의 아래 약간 오른쪽에 포르투갈과 스페인이 있는데 이들은 생선(fish), 콩(bean), 그리고 과일(fruit) 섭취로 특성화된다. 그리스와 이탈리아는 콩(bean) 섭취와 관련이 깊다.

R의 **biplot** 함수는 주성분분석에 대해 <그림 8>의 관측개체 플롯과 <그림 9>의 변수 플롯을 한 그래프로 제공한다 이 함수는 실제 **biplot.princomp()**로 쓰이는데 용법은 단순히

biplot.princomp(*princomp*오브젝트)

이다. <그림 10>을 보라.[14),15)]

---

14) `biplot(pca, xlim=c(-0.5,0.5), ylim=c(-0.5,0.5), xlabs=protein$Country, cex=0.8, main="protein")`

15) <그림 10>은 <그림 8>과 <그림 9>와 좌우가 다르다. 어떤 경우엔 상하가 바뀔 수 있다. 그러나 해석은 달라지지 않는다.

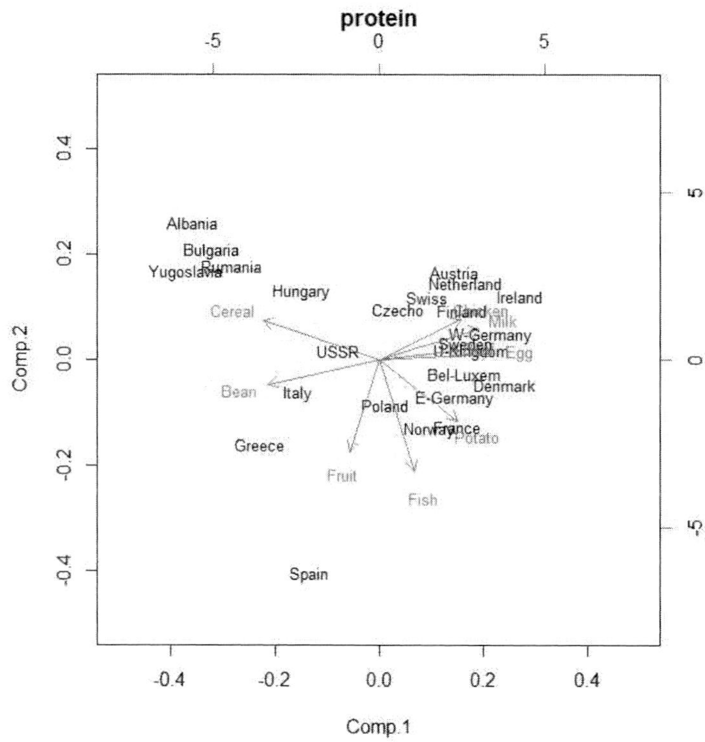

<그림 10> 단백질 데이터와 대한 주성분 행렬도(biplot)

11.6 비모수적 다중 회귀: LOESS

이변량 자료 분석에서 산점도 평활(scatterplot smoothing) 기법인 LOWESS는 비모수적 회귀함수를 산출해낸다는 점에서 매력적이다. 그러나 LOWESS는 설명변수의 다. 여기서는 다시 처음부터 설명하지는 않을 것이다. 다만, LOWESS에서와 마찬가지로 LOESS에서도 국소적 가중법(local weighting)을 사용한다는 점과 국소 영역에서는 선형적 회귀함수를 채택한다는 점이 특색이다. LOESS 플롯을 위한 R의 함수는 `loess()`이다. 간단한 용법은

```
loess(y ~ x, span=k1)
```

인데 `y`는 반응변수를 지칭하고 `x`는 설명변수들을 지칭한다. `span`은 평활 너비의 상대적 비율을 말하는데 디폴트 *k1* 값은 0.75이다.

여기서는 앞에서 LMS 회귀 적합을 해본 손실분량(stackloss) 자료에 LOESS 회

귀를 적용하여 보고 그 결과를 그래프로 나타낼 것이다.

<그림 11>은 다른 설명변수들을 중간값으로 묶은 상태에서 각 설명변수의 효과를 본 것이다.16) 예컨대 Air.Flow와 반응변수의 플롯에서는 Water.Temp와 Acid.Conc.를 각각의 중간값인 20과 87로 고정하였다. Air.Flow와 반응변수와의 플롯, 그리고 Water.Temp와 반응변수와의 플롯은 2차식 형태의 회귀선을 보여준다. Acid.Conc.와 반응변수와의 플롯은 다소 복잡한 형태의 회귀 곡선을 보이는데 이것은 평활 너비 *k1* 값이 작아서 모형이 과다 적합되었기 때문일 것이다.

<그림 12>는 Air.Flow = 58(중간값)와 Acid.Conc.= 82, 87, 89(4분위수, 중간값, 4분위수)에 조건화된 상태에서 Water.Temp의 증가에 따른 반응의 변화를 본 것이다.17)

---

16)
```
data(stackloss)
attach(stackloss)
model.loess <- loess(stack.loss ~ Air.Flow+Water.Temp+Acid.Conc.)
par(mfrow=c(1,3))
new.data <- cbind(Air.Flow=seq(50,80,1.5),Water.Temp=rep(20,21),
  Acid.Conc.=rep(87,21))
pred.Loss <- predict(model.loess,newdata=new.data)
plot(pred.Loss~seq(50,80,1.5),xlab="Air.Flow at
  (20,87)",type="l",ylim=c(7,42))
new.data <- cbind(Air.Flow=rep(58,21),Water.Temp=seq(17,27,0.5),
  Acid.Conc.=rep(87,21))
pred.Loss <- predict(model.loess,newdata=new.data)
plot(pred.Loss~seq(17,27,0.5),xlab="Water.Temp at
  (58,87)",type="l",ylim=c(7,42))
new.data <- cbind(Air.Flow=rep(58,21),Water.Temp=rep(20,21),
  Acid.Conc.=seq(72,93,1.05))
pred.Loss <- predict(model.loess,newdata=new.data)
plot(pred.Loss~seq(72,93,1.05),xlab="Acid.Conc. at
  (58,20)",type="l",ylim=c(7,42))
```

17)
```
par(mfrow=c(1,3))
new.data <- cbind(Air.Flow=rep(58,21),Water.Temp=seq(17,27,0.5),
Acid.Conc.=rep(82,21))
pred.Loss <- predict(model.loess,newdata=new.data)
plot(pred.Loss~seq(17,27,0.5),xlab="Water.Temp at
  (58,82)",type="l",ylim=c(7,42))
new.data <- cbind(Air.Flow=rep(58,21),Water.Temp=seq(17,27,0.5),
Acid.Conc.=rep(87,21))
pred.Loss <- predict(model.loess,newdata=new.data)
plot(pred.Loss~seq(17,27,0.5),xlab="Water.Temp at
  (58,87)",type="l",ylim=c(7,42))
new.data <- cbind(Air.Flow=rep(58,21),Water.Temp=seq(17,27,0.5),
```

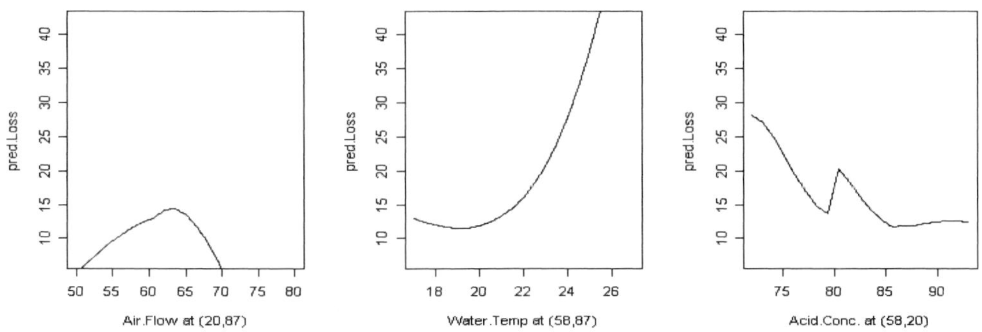

<그림 11> 손실분량 자료에 대한 LOESS 적합모형: 각 설명변수의 반응 효과

이와 같은 자료 탐색을 거듭하면 암모니아 손실을 최소로 하는 안정적인 공정조건을 찾을 수 있을 것이다. 반응값 손실분량이 최소인 공정조건을 찾기 위하여 각 공정변수(설명변수)별 4분위 요약점인 (q1,med,q3)의 모든 조합, 즉 3^3 (=27)개 조건에서

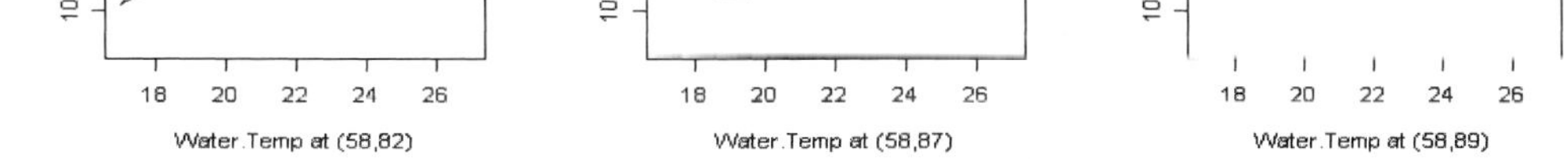

<그림 12> 손실분량 자료에 대한 LOESS 적합모형: Water.Temp의 반응 효과

```
Acid.Conc.=rep(89,21))
pred.Loss <- predict(model.loess,newdata=new.data)
plot(pred.Loss~seq(17,27,0.5),xlab="Water.Temp at
   (58,89)",type="l",ylim=c(7,42))
```

예측 반응값을 구해 보았다.[18] 그 결과가 다음과 같게 나왔다.

```
        pred.Loss Air.Flow Water.Temp Acid.Conc.
 [1,] 11.323796       56         18         82
 [2,] 11.508881       56         18         87
 [3,] 12.874175       56         18         89
 [4,] 15.456997       56         20         82
 [5,] 10.485866       56         20         87
 [6,] 10.669011       56         20         89
 [7,] 36.385882       56         24         82
 [8,] 31.468402       56         24         87
 [9,] 26.931733       56         24         89
[10,] 12.616996       58         18         82
[11,] 12.074998       58         18         87
[12,] 13.245300       58         18         89
[13,] 17.253677       58         20         82
[14,] 11.822358       58         20         87
[15,] 12.209505       58         20         89
[16,] 39.513664       58         24         82
[17,] 27.751452       58         24         87
[18,] 23.745618       58         24         89
[19,]  9.686694       62         18         82
[20,] 12.791371       62         18         87
[21,] 13.766336       62         18         89
[22,] 16.276700       62         20         82
[23,] 14.217608       62         20         87
[24,] 14.689283       62         20         89
[25,] 42.113673       62         24         82
[26,] 28.676628       62         24         87
[27,] 26.407149       62         24         89
```

결과를 살펴보면 “Air.Flow = q3, Water.Temp = q1, Acid.Conc. = q1”에서

---

18)
```
summary(stackloss)
    new.data <- cbind(Air.Flow=c(rep(56,9),rep(58,9),rep(62,9)),
      Water.Temp=rep(c(rep(18,3),rep(20,3),rep(24,3)),3),
      Acid.Conc.=rep(c(82,87,89),9))
  pred.Loss <- predict(model.loess, newdata=new.data)
  pred.Loss
```

예측 반응값이 최소로 나타났음을 알 수 있다.[19] 잠정적으로 공정조건을 이 점으로 옮기는 것을 생각할 수 있을 것이다.

11.7 공간자료의 표현

공간자료는 $\{(x_1, y_1, z_1), \cdots, (x_n, y_n, z_n)\}$으로 나타낼 수 있다. 여기서 (x_i, y_i)는 2차원 평면상의 위치 좌표를 나타내고 z_i는 그 위치점에서의 특성값을 나타낸다. 예컨대 고도(高度, altitude)이거나 오존과 같은 환경변수값일 수 있다. 여기서는 위치점 집합이 그리드(grid)로 표현되는 경우, 즉

$$\{(x_{jk}, y_{jk}) : x_{jk} = a_1 + h_1 j, \ y_{jk} = a_2 + h_2 k\}_{j = 0,1,\cdots,n_1, \ k = 0,1,\cdots,n_2}$$

인 경우로 국한 할 것이다.

R datasets의 volcano 자료는 그런 공간자료의 한 예이다. 이 자료는 Auckland의 Maunga Whau 화산의 87x61 그리드 상에서의 고도를 보여준다. 실제 그리드 간격은 10m x 10m라고 한다.

<그림 13>은 volcano 자료에 대한 등고선도(contour plot), <그림 14>는 이미지(image) 그래프, <그림 15>는 칼러 등고선도(filled contour plot), 그리고 <그림 16>은 전망도(perspective plot)이다. R의 그래픽 기능이 최대로 나타나 있다.[20]

19) 최적 공정 조건을 찾기 위하여 각 공정변수의 (q1, q3)의 구간 대신 (min, max)의 구간에서 찾을 수도 있겠으나 공정조건을 med으로부터 끝 값으로 단 번에 움직이는 일은 보수적인 관점에서 볼 때 바람직하지 않다.

20)
```
x <- 10*(1:87); y <- 10*(1:61)
contour(x,y,volcano,main="Maunga Whau")
image(x,y,volcano,main="Maunga Whau")
filled.contour(x,y,volcano,main="Maunga Whau")
persp(x, y, volcano,phi=30,theta=30,scale=F,main="Maunga Whau")
```

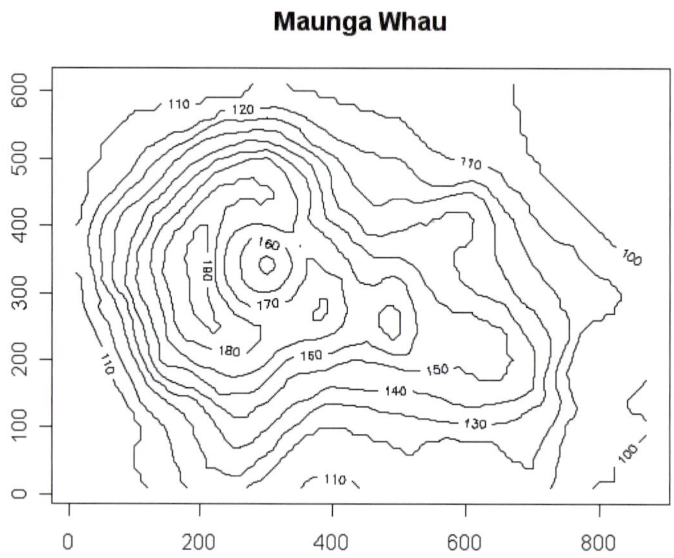

<그림 13> volcano 자료에 대한 등고선도

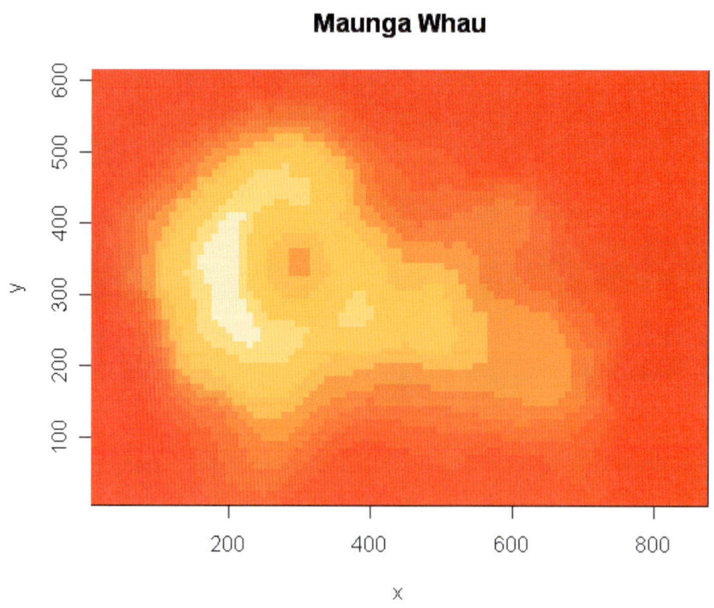

<그림 14> volcano 자료에 대한 이미지 그래프

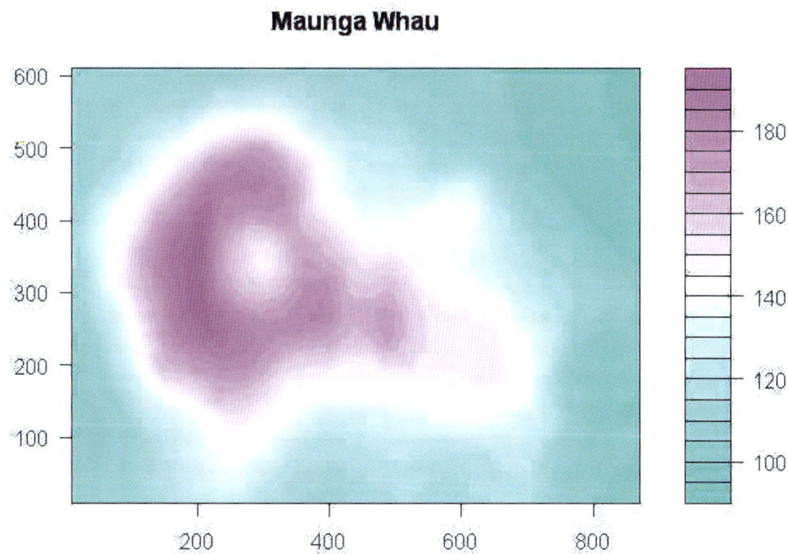

<그림 15> volcano 자료에 대한 칼러 등고선도

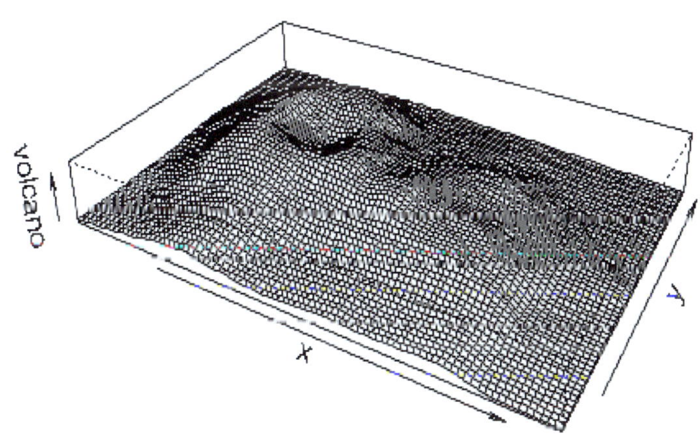

<그림 16> volcano 자료에 대한 전망도(perspective plot)

11.8 요약

- 별그림(star plot) 또는 파이조각 그림(pie segments plot)은 여러 변량의 동시 표현을 지원한다. 그러나 깊이 있는 분석적 정보를 얻어내기는 힘들다.
- 산점도 행렬(scatterplot matrix)는 모든 2개 변수 쌍의 산점도를 행렬 형태로 표현한 그래프이다. 변수 수가 큰 경우 산점도가 너무 많아지므로 활용이 어렵다.
- 조건부 플롯(conditioning plot)은 2개 변수 X와 Y간 관계를 제3의 변수 Z에 조건화한 형태로 보여주는 그래프이다. 조건화 변수를 2개로 하는 것도 가능하다.
- 평행좌표 플롯(parallel coordinate plot)은 변수들을 각각의 평행선상에 타점한 점들을 연결하여 그린 그래프이다.
- 주성분분석(principal component analysis)은 자료 개체들을 저차원 공간에 사영하여 얻어진다. 같은 공간에 변수들을 표현해 넣을 수 있다.
- loess는 로버스트한 비모수적 다중회귀 기법이다. 윈도우와 가중치를 활용한다는 점이 특징적이다.

12장. R의 동적 그래픽스

동적 그래픽스(dynamic graphics)는 동영상 그래프 또는 상호적 작용과 연결이 가능한 그래프를 만들어내는 기법들을 통칭한다. 여기서는 rgl, iplots, rggobi 등 3개의 R 라이브러리에 구현된 동적 그래프들을 다루기로 한다.

주요 R 함수: plot3d(), iplot(), ggobi()

12.1 rgl

Open GL은 3차원 객체의 시각화를 위한 cross-platform (hardware independent) 라이브러리이고 rgl은 R에 구현된 Open GL 라이브러리이다. 이에 따라 rgl 라이브러리에 구현된 동적 그래픽스 기능은 모두 3차원체 회전 방식을 취한다.

3차원 산점도: plot3d

mclust 라이브러리내 diabetes 자료의 3개 변수(glucose, insulin, sspg)의 3차원 산점도 작성을 지시하는 다음 R 스크립트를 실행해보자.

```
library(rgl)
library(mclust); data(diabetes); str(diabetes); attach(diabetes)
plot3d(glucose,insulin,sspg,col="blue",size=3)
```

RGL Focus 창이 열리면, 우선 적절한 크기로 창(window)의 크기를 늘린다. 이어서 3차원체에 포인터를 누고 마우스 왼쪽 버튼을 끌면 객체가 회전한다. 또한 RGL 창에 포인터를 두고 마우스 오른쪽 버튼을 끌어 내리면 객체가 늘어나고(zoom) 끌어 올리면 객체가 줄어든다(unzoom).

3차원체가 실시간적으로 움직이면서 개별 자료점들이 위치를 드러내는데 마치 철새의 군무(群舞)를 보는 것 같다. <그림 1>은 여러 시점에서 잡은 diabetes 자료의 glucose-insulin-sspg간 rgl 3D 정지 화면이다. 오른쪽 아래 그래프는 3D 박스를 아래에서 위로 올려다 본 모습이다.

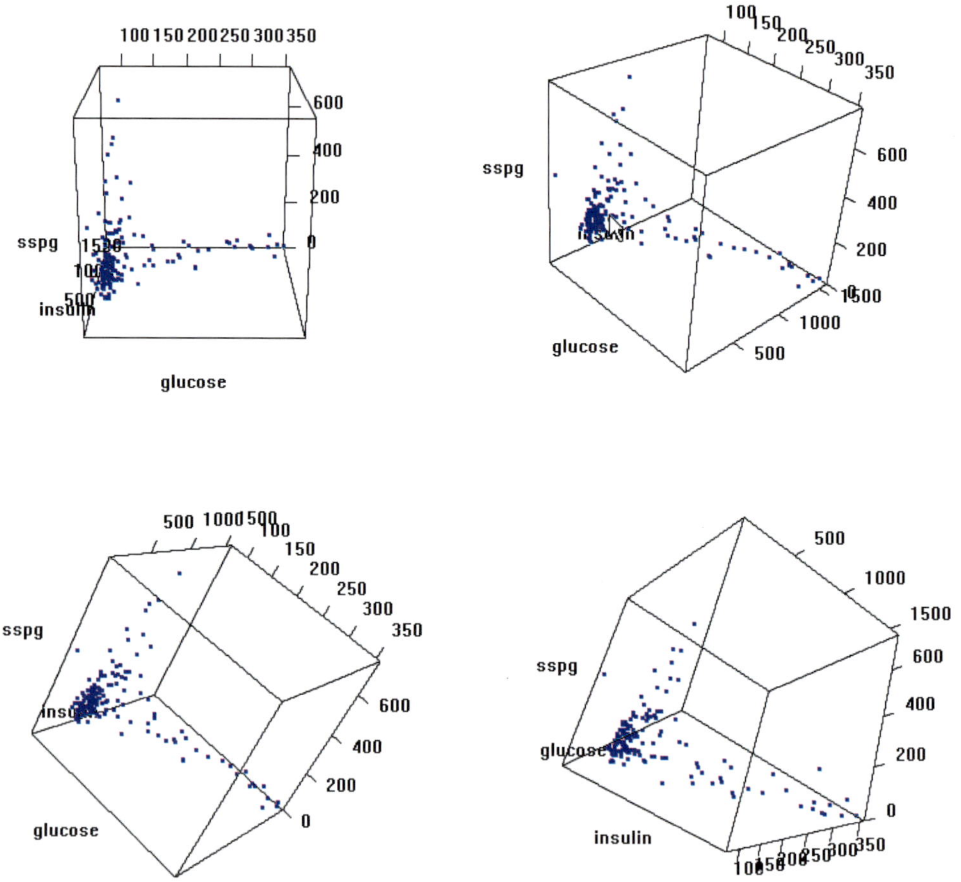

<그림 1> diabetes 자료의 glucose-insulin-sspg간 rgl 3D 플롯

<그림 1>의 rgl 3D 플롯에서 자료점들은 V자형의 대형을 이루고 대형의 중앙 정점에 많은 자료점들이 뭉쳐있음을 볼 수 있다. 나머지 자료점들은 대형의 양 날개에 산재되어 있다.

rgl 3D 플롯 자료점에 다음과 같이 무지개 색을 넣으면 분석 작업에 시각적 도움이 된다.

```
plot3d(glucose,insulin,sspg,
        col=rainbow(nrow(diabetes),start=0.5),size=3)
```

<그림 2>를 보라. 오른쪽 것은 왼쪽 것의 확대(zoom)이다.

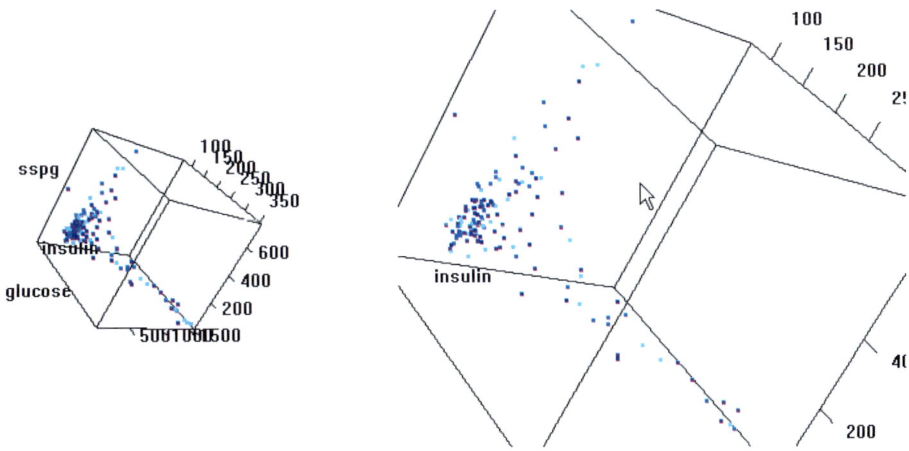

<그림 2> diabetes 자료의 glucose-insulin-sspg간 rgl 3D 플롯

3차원 전망도: **persp3d**

10장에서 MASS 라이브러리내 geyser 자료의 waiting과 duration의 밀도함수 추정을 한 바 있는데 다음은 이것을 rgl 3D 전망도(perspective plot)로 그리기 위한 R 스크립트이다.

```
library(MASS); data(geyser); attach(geyser)
density1 <- kde2d(waiting, duration, n=25)
open3d()
bg3d("white")
material3d(col="blue")
persp3d(density1$x,density1$y,density1$z, col="lightblue")
```

<그림 3>이 그 결과이다. 눈의 위치를 여러 군데에 두어 추정 밀도함수를 보면 3개의 모드(mode)가 있음을 알 수 있다. <그림 3>의 왼쪽 그래프는 근접 위치한 2개 봉우리와 확연히 분리된 1개 봉우리를 보여준다. 오른쪽 그래프는 아래 면에서 본 추정 밀도함수이다.

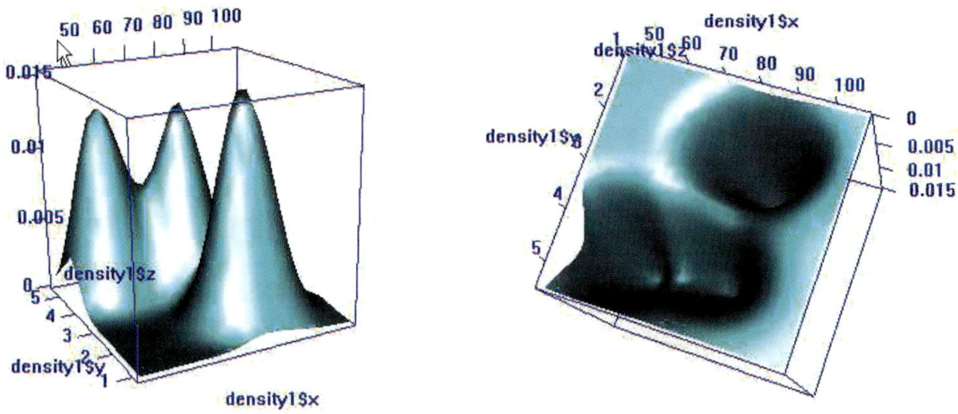

<그림 3> geyser 자료의 waiting과 duration의 밀도함수에 대한 rgl 3D 전망도

부분 선택: **select3d**

rgl 라이브러리의 select3d() 함수는 3D 플롯의 선택된 일부에 색깔을 넣는 브러싱(brushing) 기능을 제공한다. diabetes 자료의 3개 변수(glucose, insulin, sspg) 3D 플롯에 적용해보기로 한다.

```
library(mclust); data(diabetes); str(diabetes); attach(diabetes)
x <- glucose; y <- insulin; z <- sspg
open3d()
points3d(x,y,z,size=3)
```

여기까지 진행하면 박스 없는 3D 플롯이 나타나는데 이것을 돌려 특이한 패턴이 나타나면 다음 스크립트를 실행시킨다.

```
if (interactive()) {
f <- select3d()
keep <- f(x,y,z)
rgl.pop()
points3d(x[keep],y[keep],z[keep],size=3,color='red')
points3d(x[!keep],y[!keep],z[!keep],size=3)
}
```

<그림 4> diabetes 자료의 glucose-insulin-sspg간 rgl 3D 점 플롯의 브러싱

이제 앞에서 분석자가 마음을 두었던 특이 부분에 마우스 버튼을 끌어 네모 상자를 만든 다음 (<그림 4>의 왼쪽 것), 버튼을 놓으면 네모 상자에 들어있던 자료섬들이 지정된 컬러로 표시된다. 다시 3차원체를 돌리며 표식 부분의 움직임을 살펴 본다(<그림 4>의 오른쪽 것).

표면도: **surface3d()**

rgl 라이브러리의 surface3d() 함수는 3차원체의 표면을 멋지게 표현해준다. 다음은 Maunga Whau 화산도를 그리기 위한 R 스크립트이다.

```
data(volcano)
z <- 2 * volcano         # Exaggerate the relief
x <- 10 * (1:nrow(z))    # 10 meter spacing (S to N)
y <- 10 * (1:ncol(z))    # 10 meter spacing (E to W)
zlim <- range(y)
zlen <- zlim[2] - zlim[1] + 1
colorlut <- terrain.colors(zlen)
col <- colorlut[ z-zlim[1]+1 ]
open3d()
surface3d(x, y, z, color=col, back="lines")
```

<그림 5>를 보라.

<그림 5> 표면도: Maunga Whau 화산

12.2 iplots

이 라이브러리를 구동시키기 위해서는 R에 iplots 라이브러리를 넣는 외에 자바 2 프로그램인 Sun Java (J2SE) Runtime Environment가 필요하다 (http://java.com/kr/ 참조). 이와 같은 준비를 거쳐 R Console에 들어가서

```
> library(rJava)
> library(iplots)
```

를 실행시킨다.[1)]

iplots 라이브러리는 여러 그래프의 자료점들을 연결하여 동시에 컬러링하는 동적 브러싱(dynamic brushing) 기능을 제공한다.

막대그림과 히스토그램의 연결

ibar() 함수는 막대그림을 제공하는데 자료셋이 범주로 분할되어 있는 경우 이것으로 다른 그래프들을 쉽게 제어할 수 있다. 여기서는 iris 자료 사례를 보이기로 하겠다. iris 자료는 Species(="setosa", "versicolor", "virginica")로 분할된다. 다음 R 스

1) R2.4.0 버전 현재, 이것을 R 스크립트에 넣어 실행시키는 경우 알 수 없는 오류가 발생한다. 일단 오류가 발생하면 R에서 빠져 나온 다음 새로 R에 들어가야 한다.

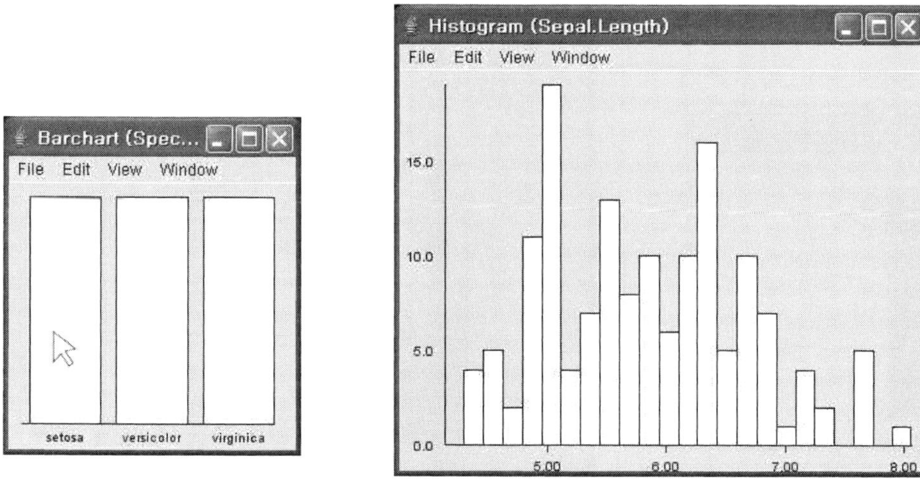

<그림 6> 막대그림과 히스토그램의 연결: iris 자료

크립트를 실행해보자.

```
data(iris); str(iris); attach(iris)
ibar(Species)
ihist(Sepal.Length)
```

<그림 6>과 같은 2개의 자바 창이 나타날 것이다. 이 때 왼쪽 창의 setosa 막대에 커서를 넣고 왼쪽 버튼을 클릭하면 두 그래프가 동시에 컬러 브러시(color brush)된다. 즉 오른쪽 창에서 Species="setosa"의 Sepal.Length의 빈도분포가 나타난다. <그림 7>에서 오른쪽 위 그래프를 참조하라. setosa 종의 Sepal.Length가 다른 종에 비하여 작음을 알 수 있다. 이어서

```
ihist(Sepal.Width)
```

를 실행하면 <그림 7>의 오른쪽 아래 그래프가 나타난다. 이번에는 setosa 종의 Sepal.Width가 다른 종에 비하여 큰 경향이 있음을 볼 수 있다 (Sepal.Length는 다른 종에 비하여 작지만).

막대그림 창에서 Edit - Clear selection을 취하면 모든 그래프에서 선택된 부분(컬러)이 사라진다. View - Set Colors (CB) 또는 View - Set Colors (rainbow)를 취하면 막대별로 다른 색이 칠해지면서 히스토그램도 연동하여 색깔이 바뀐다.

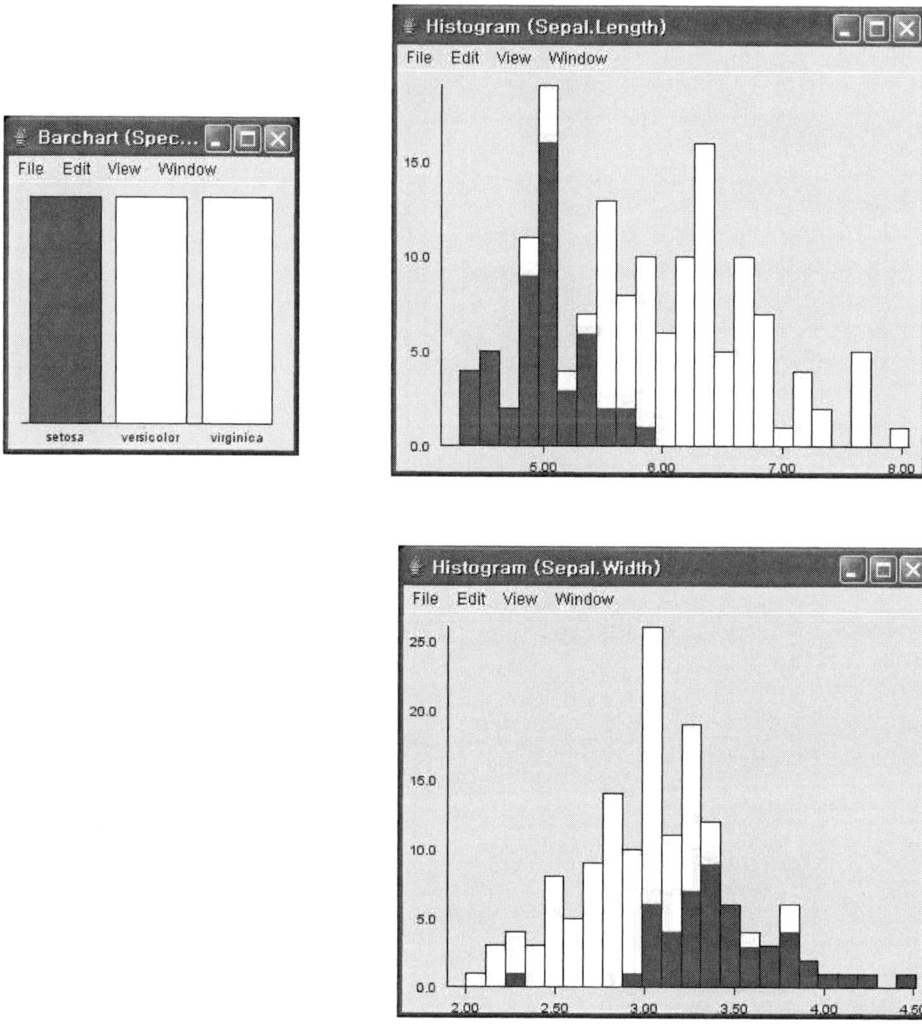

<그림 7> 막대그림과 히스토그램의 연결: iris 자료

산점도와 산점도의 연결

11장에서 산점도 행렬을 다룬 바 있는데 변수 수가 커짐에 따라 봐야 할 개별 산점도 수가 제곱에 비례하여 늘어나므로 실제 자료탐색 작업이 비효율적이게 된다. 이에 대한 대안으로 `iplots` 라이브러리는 산점도 연결(linkage) 기능을 제공한다.

다음 R 스크립트를 실행시켜 `iris` 자료의 네 변수(Sepal.Length, Sepal.Width,

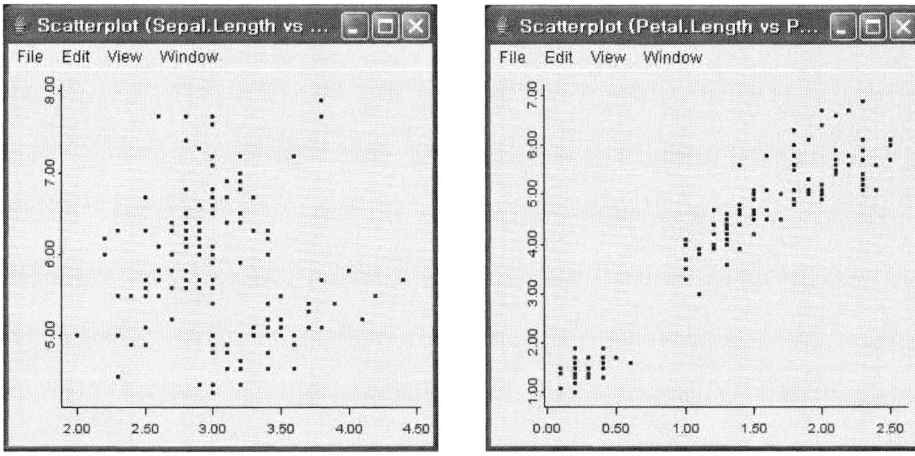

<그림 8> iris 자료의 4개 변수를 나타낸 2개의 산점도

Petal.Length, Petal.Width)를 2개의 산점도로 나타내보자.

```
iplot(Sepal.Length ~ Sepal.Width)
iplot(Petal.Length ~ Petal.Width)
```

<그림 8>의 오른쪽 산점도(Petal.Length vs Petal.Width)에서 왼쪽 아래 구석에 1개의 떨어진 군집을 볼 수 있다. 그렇다면 그 군집에 속한 개체들은 다른 변수들에서 어떤 특성이 있는가?

이에 답하기 위하여 <그림 8>의 오른쪽 산점도의 왼쪽 아래 코너에 마우스 왼쪽 버튼을 끌어 사각형 블록을 만든다. 아래 그림을 보라.

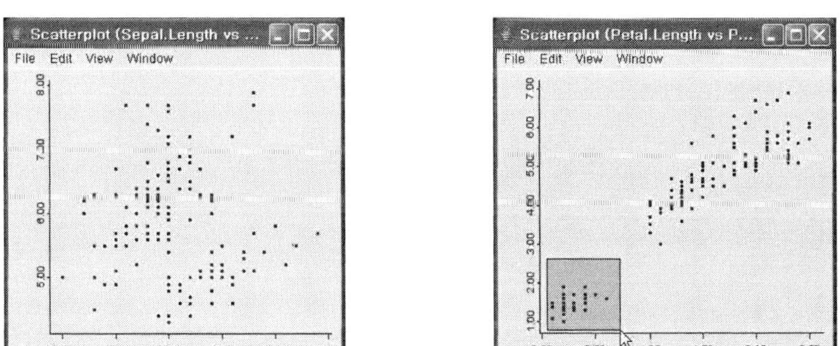

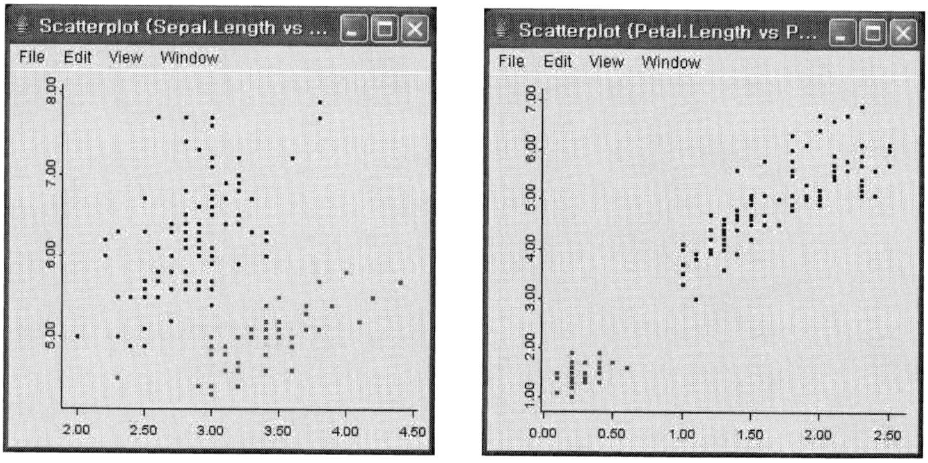

<그림 9> iris 자료의 4개 변수를 나타낸 2개의 산점도: 산점도 브러싱

이제 마우스 왼쪽 버튼을 놓으면 해당 부분 자료가 빨간 색 점으로 나타난다. <그림 9> 참조. 그 군집 개체들은 Sepal.Length는 작지만 Sepal.Width가 큰 경향이 있음을 볼 수 있다. 이런 기법을 산점도 브러싱(scatterplot brushing)이라고 한다.

상자그림과 산점도간 연결

상자그림과 산점도를 연결시킴으로써 효과적인 자료탐색을 할 수 있는 경우가 있다. 다음 R 스크립트는 quakes 자료에 대한 것으로 Fiji 섬 지진의 진원 깊이(depth) 등간격 4개 구간(=0,1,2,3)별 지진강도(mag, magnitude)의 상자그림과 진원지의 위도(lat)·경도(long)간 산점도를 연결하여 분석한다.[2)]

```
library(lattice)
data(quakes); str(quakes); attach(quakes)
depth.grp <-trunc((depth-min(depth)+0.5)/(max(depth)-min(depth)+1)*4)
ibox(mag,depth.grp)
iplot(long,lat)
```

2) 새 자료 분석에 들어가는 경우 일단 R에서 빠져나간 뒤 새로 R에 들어가는 것이 좋다.

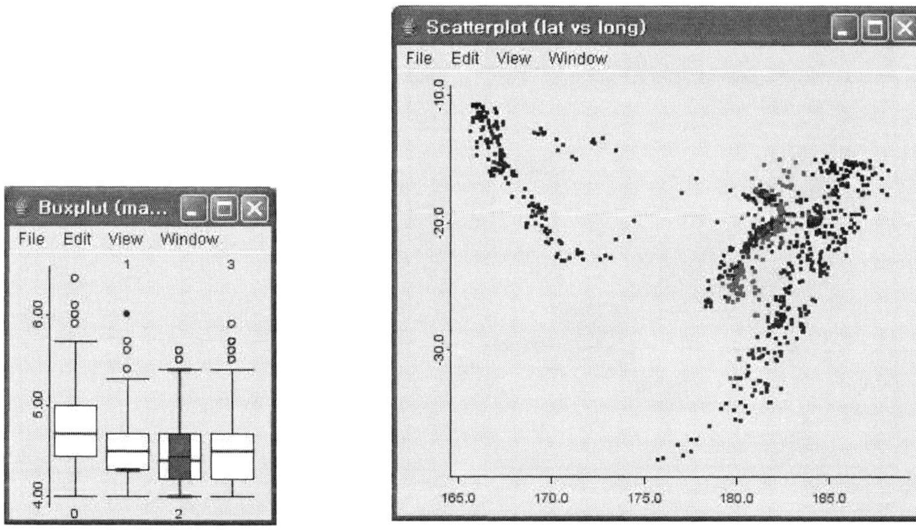

<그림 10> 깊이 구간별 mag의 상자그림과 진원지 위치의 산점도

<그림 10>은 깊이 구간(depth.grp) 2에 대한 mag의 상자그림와 위도(lat)·경도(long) 산점도의 연결을 보여준다. 다른 깊이 구간의 상자그림을 클릭하면 해당하는 진원지 위치가 산점도에 즉시 나타난다. 이를 통하여 깊이가 낮은 지진들은 주로 섬의 외곽에서 발생하는 것을 볼 수 있다 (여기서는 보이지 않았다).

모자이크 플롯간 연결

여러 개의 범주형 변수간 연관성을 살피는 자료탐색 작업은 대개 어렵다. 이런 경우에는 변수들을 2-3개의 모자이크 플롯으로 표현한 다음 이들 그래프를 연결하면 상단한 분석적 도움이 된다. 다음 R 스크립트는 MASS 라이브러리의 Cars93 자료셋에서 5개 범주형 변수를 2개의 모자이크 플롯에 나누어 표현하기 위한 것이나.[3]

```
library(MASS); data(Cars93); str(Cars93); attach(Cars93)
imosaic(AirBags,Cylinders,Origin)
imosaic(Type,Man.trans.avail)
```

3) 5개 분석 변수: AirBags (에어백 유무), Cylinders (실린더 수), Origin (원산지), Type (자동차 유형), Man.trans. avail (수동변속기 옵션).

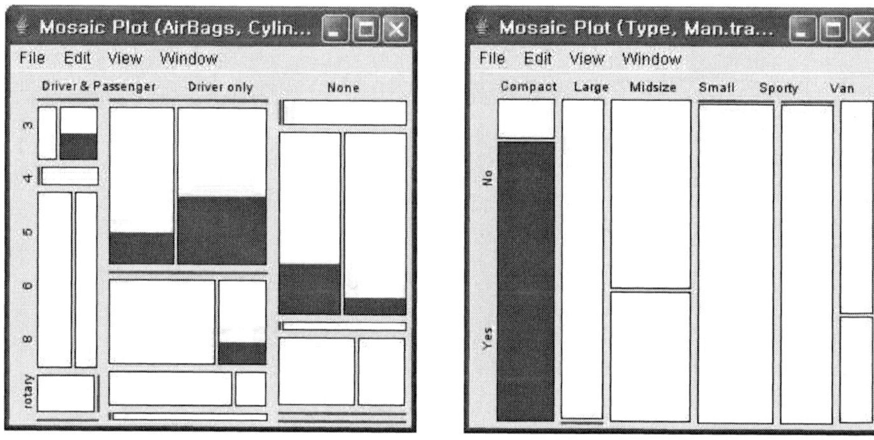

<그림 11> 2개 모자이크 플롯간 연결: Cars93 자료

<그림 11>은 오른쪽 모자이크 플롯에서 Compact Type의 Man.trans.avail=Yes 칸을 클릭한 결과이다. 왼쪽 모자이크 플롯에서 AirBags, Cylinders, Origin의 결합 칸별로 그런 속성의 빈도를 살펴볼 수 있다.

12.3* `rggobi`

`rggobi`는 GGobi의 R 구현인데, GGobi는 GGobi 투어(tours)로 알려진 오픈 소스 동적/상호적 그래픽스 방법론을 지칭한다. 특히 브러싱(brushing)과 식별(identification) 기능이 뛰어나다. 이에 관하여는 GGobi의 공식 사이트인 http://www.ggobi.org를 참고하라.

`rggobi`를 Windows platform에서 구동시키려면 사전에 `GTK+`를 설치해야 한다(http://www.gtk.org 참조). 또한 `RGtk2` 라이브러리 설치가 필요하다. 아울러 GGobi 실행파일(ggobi.exe)을 설치해야 한다. 이에 대한 안내는 http://www.ggobi.org에서 받을 수 있다.

사전준비가 완료되면 R에 들어가 다음을 실행시킨다.

```
> library(rggobi)
> ggobi()
```

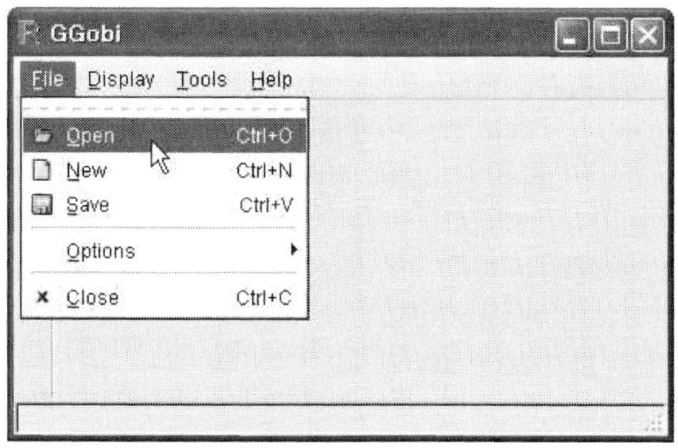

<그림 12> GGobi의 File 메뉴

GGobi 창이 나타날 것이다. 이제 분석할 자료를 읽을 차례이다. <그림 12> 참조.

GGobi가 자유롭게 접근할 수 있는 파일은 xml 파일과 csv 파일이다. 따라서 다른 형태의 자료 파일은 사전에 파일 형식을 바꿔줄 필요가 있다. 예로서 Fisher의 iris 자료를 고려하기로 하고, iris.csv 파일을 읽어 들이면 <그림 13>의 2개 GGobi 창이 나타난다. 왼쪽 것은 XY Plot 제어 창이고 오른쪽 것은 앞의 2개 변수인 Sepal.Length 대 Sepal.Width 간 산점도를 보여준다.

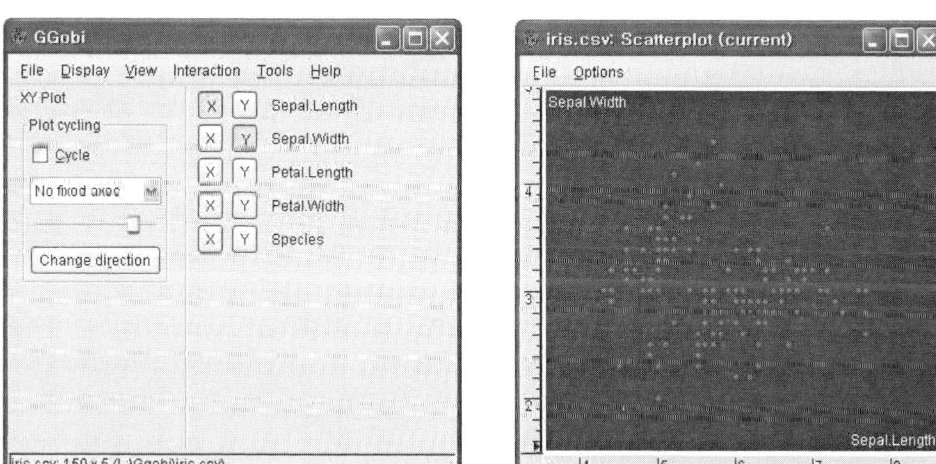

<그림 13> GGobi의 XY Plot 창과 Scatterplot 창: iris 자료

<그림 13>의 왼쪽 GGobi 제어 창에서 View 메뉴에 들어가보면 GGobi가 다음과 같은 유형의 그래프를 제공하는 것을 알 수 있다.

- 1D 플롯
- XY 플롯
- 1D 투어
- 회전(Rotation)
- 2D 투어
- 2x1D 투어

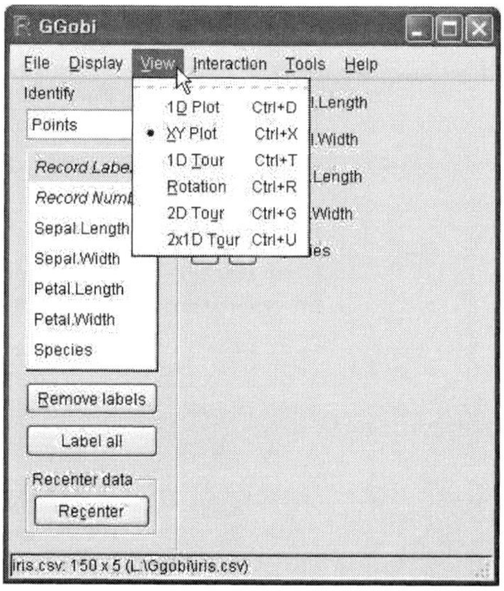

<그림 13> 오른쪽의 Sepal.Length와 Sepal.Width간 산점도는 XY 플롯의 예이다.

GGobi는 여러 방식으로 인간과 컴퓨터가 상호적 작용을 하는데 그 중 브러시와 식별이 대표적이다. 브러시와 식별은 Interaction 메뉴에 들어 있다.

브러시(Brush): 특정 영역의 자료 점에 표식을 해 놓을 수 있다. Persistent Brush를 택하면 한 번 칠해진 것이 지워지지 않는다. Choose color and glyph에 들어가 브러시의 컬러와 부호를 바꿔 지정할 수 있다. <그림 14> 참조.

식별(Identify): Shift 키를 누른 상태에서 커서를 자료 점에 대고 마우스 왼쪽 버튼을 클릭하면 식별 마커가 지워지지 않고 남는다. Record label 지정이 가능하다. <그림 15> 참조.

브러시와 식별을 마친 다음 XY Plot에 되돌아가기 위해서는 Interaction 메뉴에서 XY Plot을 택한다.

이제부터는 GGobi가 제공하는 8개 그래프(1D Plot, XY Plot, 1D Tour, Rotation, 2D Tour, 2x1D Tour)를 하나씩 설명하기로 한다.

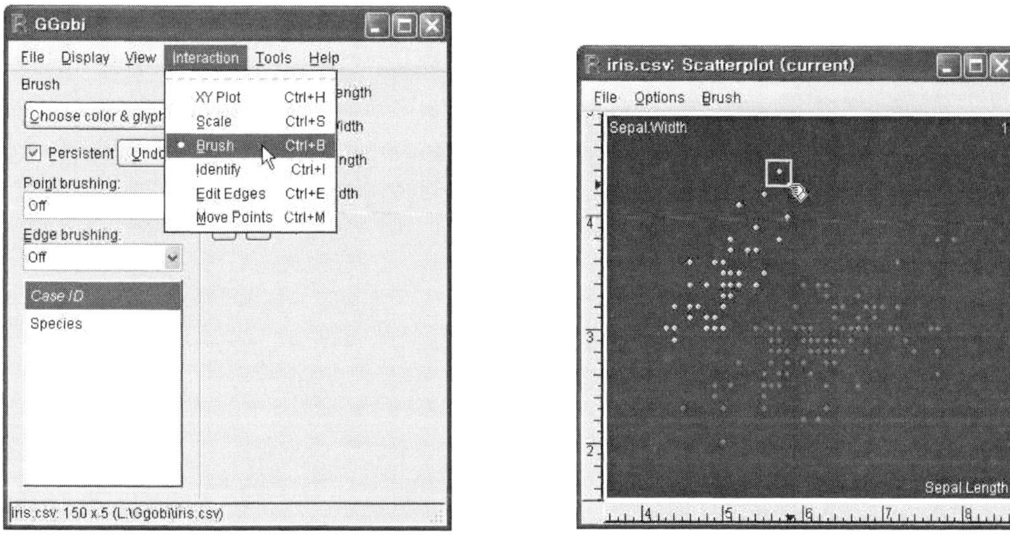

<그림 14> GGobi의 브러시(Brush) 기능

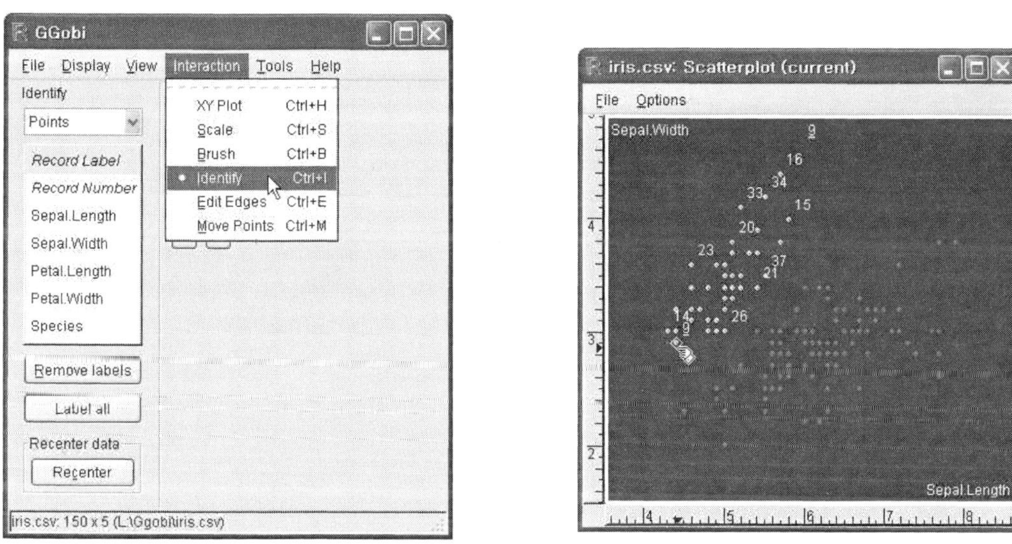

<그림 15> GGobi의 식별(Identify) 기능

1D 플롯:

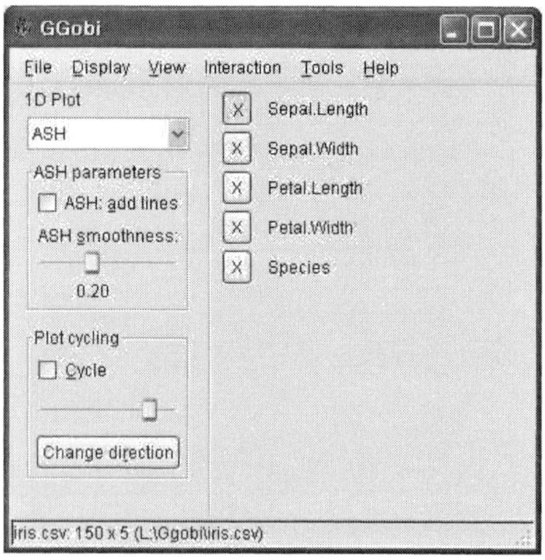

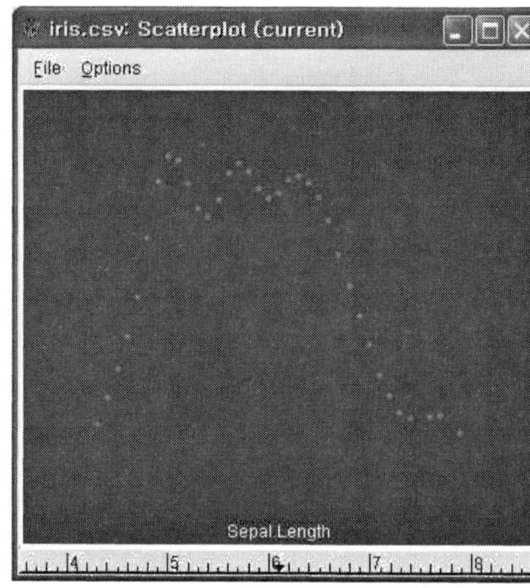

각 변수의 주변적 분포를 보여준다. Texturing과 ASH가 있는데 전자는 자료점의 흐트림(jittering), 후자는 추정 밀도함수를 보여준다. Plot cycling을 지정하면 마우스 버튼을 클릭할 때마다 1D 플롯이 변수 순서대로 순환하여 바뀐다.

XY 플롯:

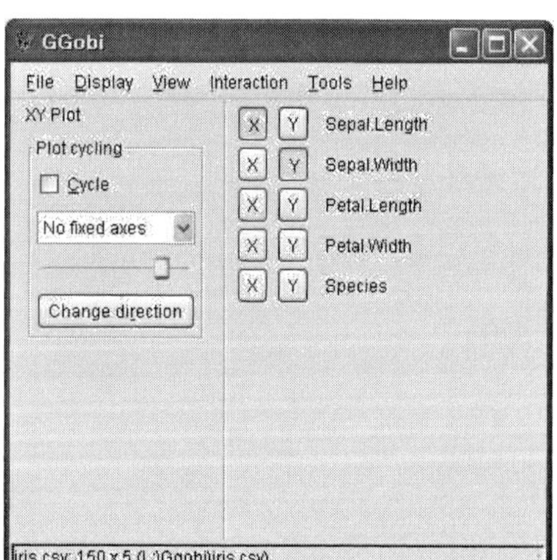

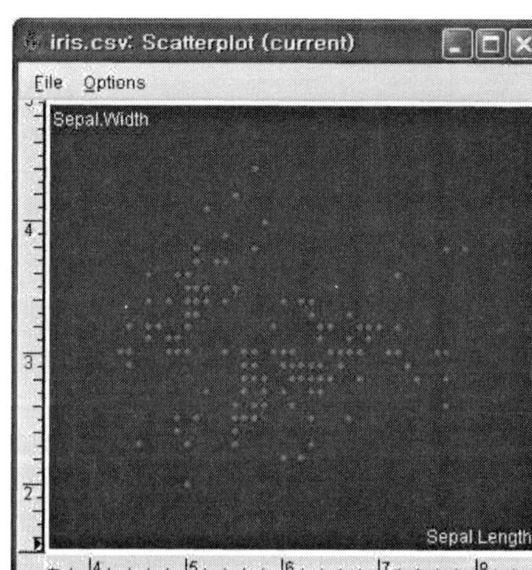

두 변수간 산점도를 보여준다. Plot cycling을 지정하면 마우스 버튼을 클릭할 때마다 변수 쌍 플롯이 순환하여 바뀐다.

1D Tour:

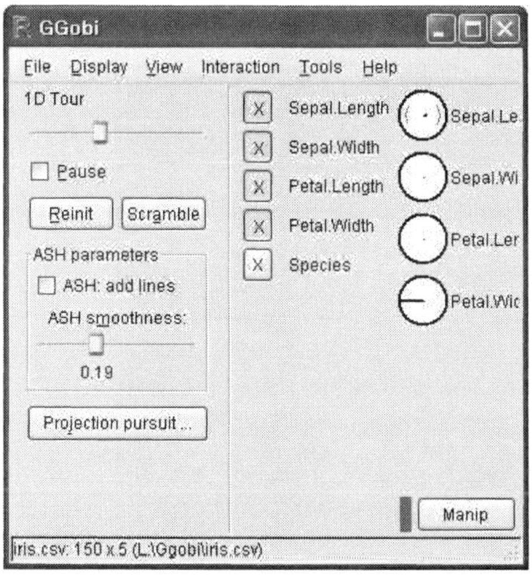

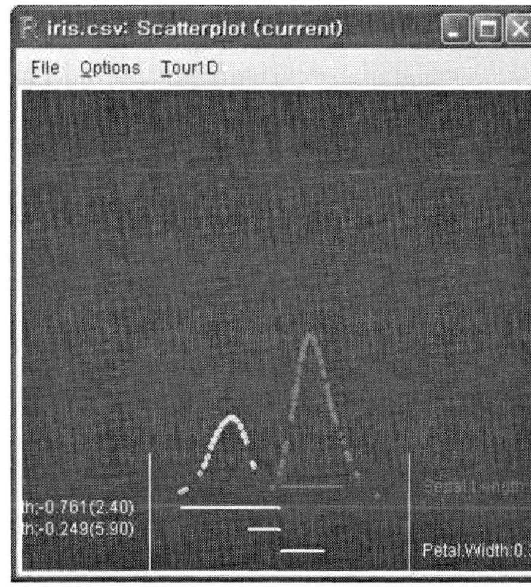

지정된 변수 $x_1, x_2, \cdots, x_p$의 선형결합 $L(a_1, a_2, \cdots, a_p) = a_1 X_1 + a_2 X_2 + \cdots + a_p X_p$의 분포를 보여준다. 여기서 계수벡터 $(a_1, a_2, \cdots, a_p)$는 반경 1인 구(球, sphere)의 표면에 위치하는 임의 점으로 $(a_1, a_2, \cdots, a_p)$가 구 표면에서 움직임에 따라 플롯 모양이 바뀐다. GGobi에서는 이런 유형의 동적 플롯을 Tour라고 한다.

사영추적(Projection pursuit) 최적화(Optimize)을 선택하면 GGobi가 최적 선형결합을 찾는다 (일명 guided tour). 사영추적 지표(PP Index)에는 Holes, Central Mass, PCA, LDA, Gini-C, Entropy-C 등이 있다 (설명 생략).

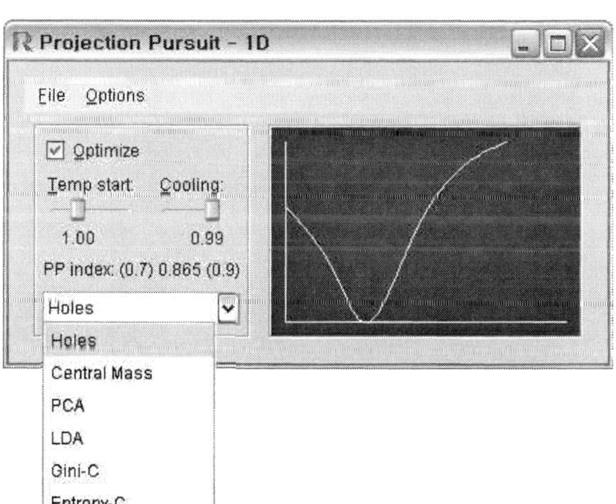

회전 (Rotation):

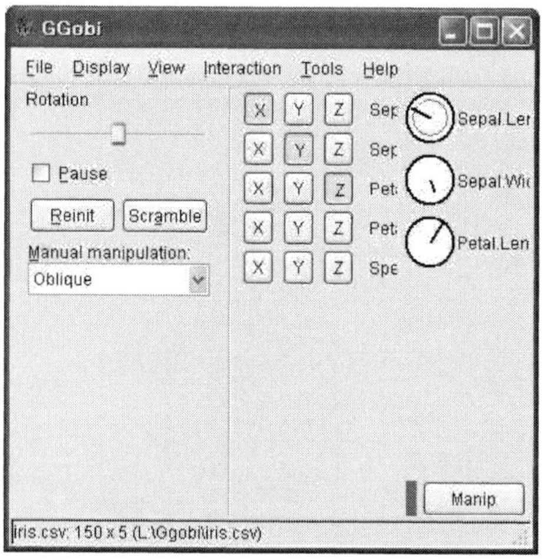

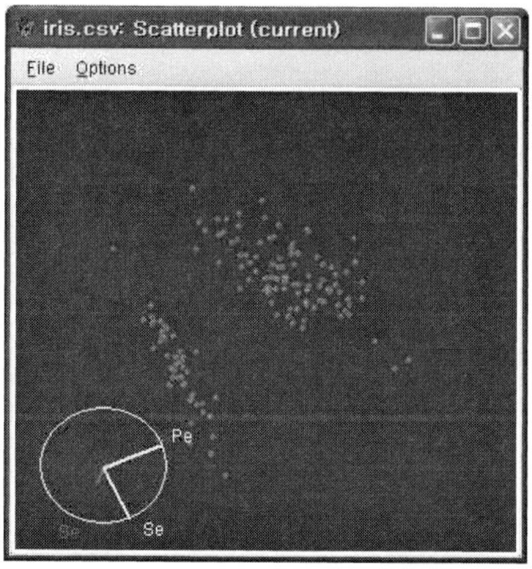

Rotation은 선택된 3개 변수에 대한 실시간 3D 자동 회전을 보여주는데 마우스 왼쪽 버튼으로 커서를 끌면 수동(manual) 조작이 된다. 이 때 제어변수는 보라색으로 표시된다. 회전 중 흥미로운 패턴이 발견되면 일단정지(Pause)를 시키고 Interaction - Brush 또는 Interaction - Identify로써 일부 자료점에 표식을 한 다음 Rotation에 되돌아가 표식된 자료점들의 동적 움직임을 주목해 본다.

2D Tour:

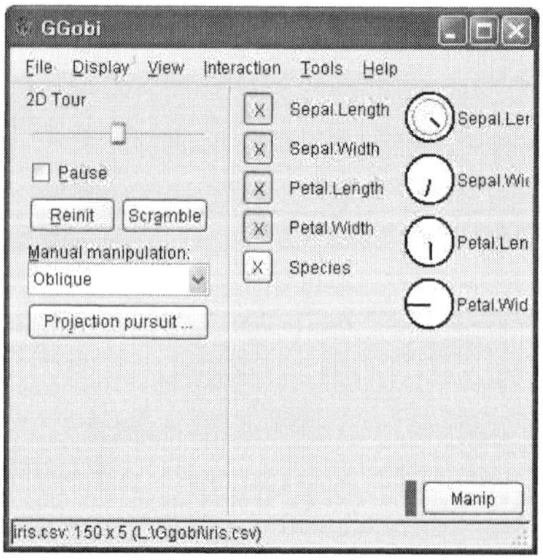

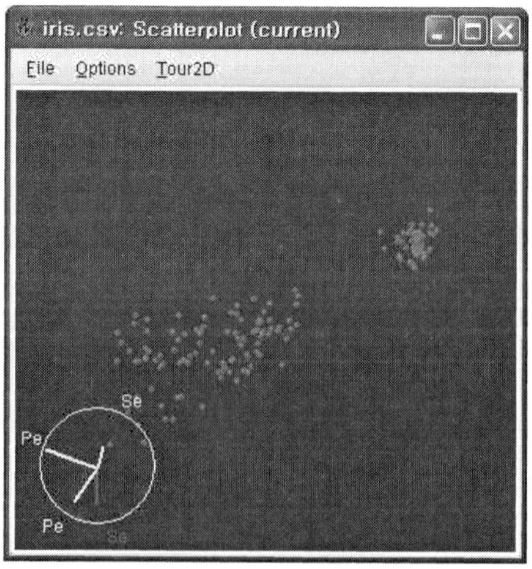

2D에 사영된 p차원체의 실시간 자동 회전을 보여준다 (grand tour). 플롯에 커서를 두고 마우스 왼쪽 버튼을 끌면 수동 조작이 된다. 이 때 제어변수는 보라색으로 표시된다. 1D Tour에서처럼 사영추적(Projection pursuit)을 할 수도 있다. 2D 투어 중 흥미로운 패턴이 발견되면 Interaction - Brush 또는 Interaction - Identify로써 일부 자료점에 표식을 한 다음 Tour에 되돌아가 표식된 자료점들의 동적 움직임을 추적해 볼 수 있다.

2x1D Tour:

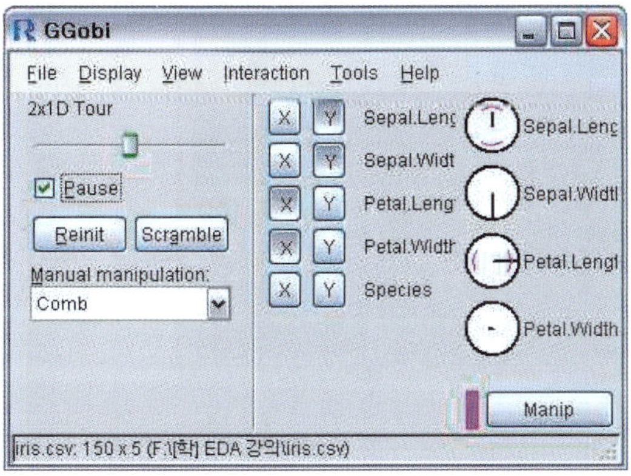

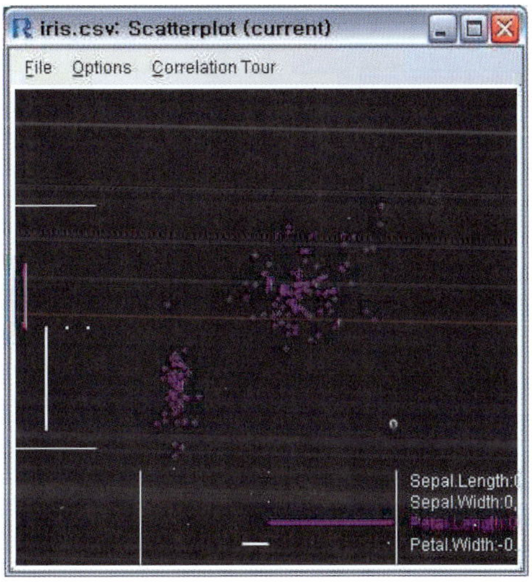

변수 그룹 (X 그룹와 Y 그룹)별로 지정된 변수들의 선형결합 간 연관성을 보여준다. 위에서는 Y 그룹(수직축 변수군)에 Sepal.Length와 Sepal.Width를, X 그룹(수평축 변수군)에 Petal.Length와 Petal.Width가 지정되었고 두 변수그룹 선형결합 플롯이 2개의 명확한 군집 패턴을 보이는 순간을 잡은 화면을 볼 수 있다.

이외에도 GGobi는 11장에서 다룬바 있는 산점도 행렬(scatterplot matrix)과 평행좌표 플롯(parallel coordinate plot)을 제공하는데 특별한 매력은 이들 플롯에서 브러시(brush)와 식별(identify) 기능이 있다는 점이다. <그림 16>과 <그림 17>은 iris 자료에 대하여 GGobi가 만든 산점도 행렬과 평행좌표 플롯이다. Species 범주별로 다른 색으로 브러시되어 있다. 이와 같이 분류목적의 데이터 분석에서는 GGobi의 산점도 행렬과 평행좌표 플롯이 매우 유용하다.

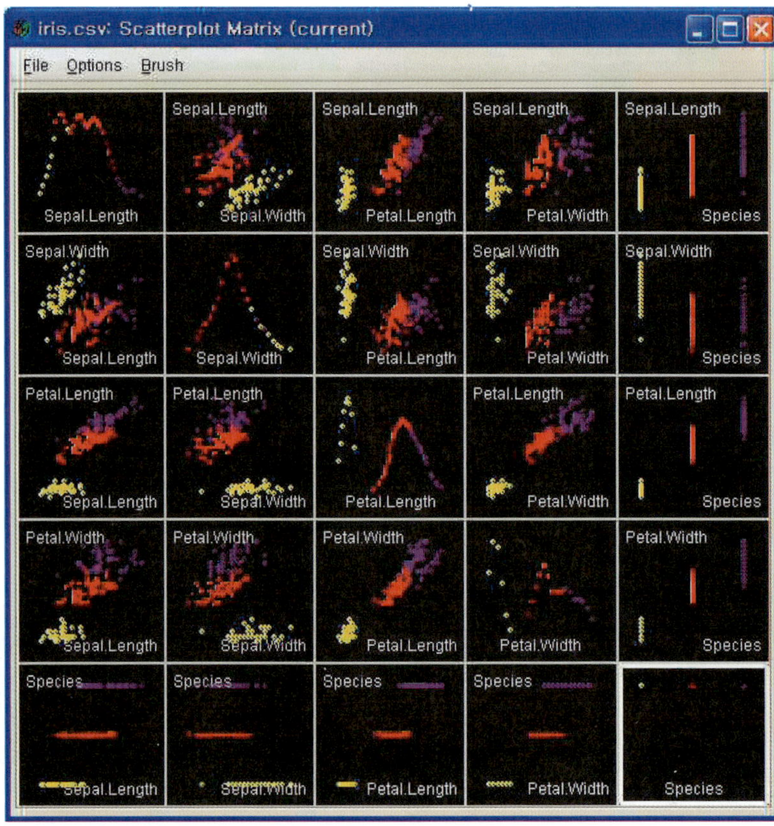

<그림 16> iris 자료에 대한 GGobi 산점도 행렬

세부적 사항

GGobi의 Tools 메뉴에는 다음과 같은 것들이 있다.

- Variable Manipulation
- Variable Transformation
- Sphering (PCA)
- Variable Jittering
- Color Schemes
- Automatic Brushing
- Color & Glyph Groups
- Case Subsetting and Sampling
- Missing Values

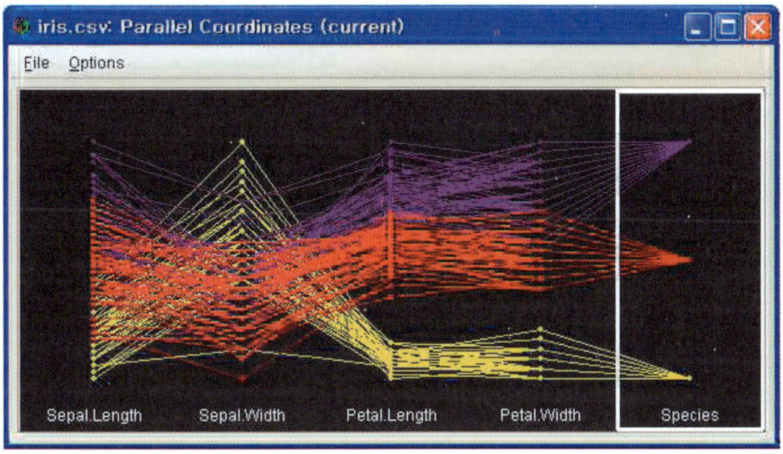

<그림 17> iris 자료에 대한 GGobi 평행좌표 플롯

- Data Viewer
- Save Display Description
- Graph Layout
- Graph Operations
- Variogram Cloud
- ggvis (MDS)

GGobi를 충분히 활용하기 위해서는 많은 팁들을 손으로 익힐 필요가 있는데 현재로서는 GGobi의 공식 사이트가 제공하는 GGobi Manual이 가장 좋은 자료이다 (http://www.ggobi.org).

12.4 나오며

R의 동적 그래픽스는 자료분석자에게 새로운 기회를 제공한다. 너무 많은 가능성이 있기에 어리둥절할 정도이다. 차분하게 실마리를 풀어가면 좋은 성과를 거둘 것이다. 연습으로서 olive 자료를 분석해보길 바란다. 이 자료는 이태리의 3개 지역(region)에서 수집한 총 572종 올리브 유(油)의 8개 성분 측정값으로 구성되어 있다.[4)]

4) 자료파일: GGobi를 설치한 경우 ggobi\data\ olive.xml 또는 olive.csv.

13장. 군집화

군집화(clustering)는 유사도(similarity)에 근거하여 개체들(또는 변수들)을 묶는 방법이다. 이런 작업으로써 데이터에 대한 이해를 깊게 하고 그 결과를 바탕으로 활용 범위를 넓힐 수 있다. 이 장에서는 개체 및 변수의 군집화 및 시각화를 다룬다.

주요 R 함수: `kmeans()`, `hclust()`

13.1 들어가기

한 수업을 듣는 학생들은 처음에는 서로 낯설지만 유형화를 통하여 차츰 서로를 이해해 간다. 유형화는 여러 속성 및 행동 특성들을 처리하는 우리들의 타고난 정보처리 방식이다. 개체 군집화(clustering of units)는 n개들을 묶어내는 유형화 작업이고 변수 군집화(clustering of variables)는 p개 특성 변수들을 묶어내는 유형화 작업이다.

n개의 개체들에서 p개 변수가 측정되었다고 하고 다음과 같이 표기하자.

$\boldsymbol{x}_1, \cdots, \boldsymbol{x}_n$:	원표본 데이터,
$\boldsymbol{x}_i = (x_{i1}, \cdots, x_{ip})^t$:	개체 i 의 관측값 벡터, $i = 1, \cdots, n$,
$\underline{x}^{[j]}$:	변수 j 의 측정값 벡터, $j = 1, \cdots, p$.

개체 군집화부터 생각하기로 한다. 이것의 기반은 개체 간 거리(distance between units)이다. 특정 두 개체간 거리가 "작으면" 해당하는 두 개체를 같은 군집에 넣고 이것이 "크면" 두 개체를 다른 군집에 넣는다는 것이 개체 군집화의 기본 생각이다.

개체 간 거리 (정의) : $\boldsymbol{x}_i = (x_{i1}, \cdots, x_{ip})^t$와 $\boldsymbol{x}_{i'} = (x_{i'1}, \cdots, x_{i'p})^t$ 간 거리

$$d(\boldsymbol{x}_i, \boldsymbol{x}_{i'}) = \sqrt{\sum_{j=1}^{p} (x_{ij} - x_{i'j})^2}\,. \tag{1}$$

위 정의는 정확히는 "유클리드 거리"이고 이외에 개체 간 거리로 L_1 (맨하튼, 시티블록) norm, L_∞ (maximum) norm 등이 있다.

정의 (1)이 의미가 있으려면 p개 측정변수의 척도(scale)들이 균일해야 한다. 변수들의 물리적 측정단위가 예컨대 kg과 m, 개수 등으로 같지 않은 경우, 사전에 변수 표준화를 할 필요가 있다.

1) 평균-표준편차 표준화: 변수 X_j의 평균을 m_j, 표준편차를 s_j로 표기할 때

$$x_{ij} \rightarrow x_{ij}^* = \frac{x_{ij} - m_j}{s_j}, \ i = 1, \cdots, n.$$

- 결과적으로 모든 변수가 평균 0, 표준편차 1을 갖게 된다.

2) 범위 표준화: 변수 X_j의 최소값을 a_j, 최대값을 b_j로 표기할 때

$$x_{ij} \rightarrow x_{ij}^* = \frac{x_{ij} - a_j}{b_j - a_j}, \ i = 1, \cdots, n.$$

- 결과적으로 모든 변수가 최소값 0, 최대값 1을 갖게 된다.

변수 군집화에서는 사전에 변수 간 거리를 산출할 필요가 있다. 변수 X_j와 $X_{j'}$ 간 제곱거리가

$$d^2(\underline{x}_j, \underline{x}_{j'}) = \sum_{i=1}^{n} (x_{ij} - x_{ij'})^2$$

이므로, 평균-표준편차 표준화가 적용된 경우

$$\begin{aligned} d^2(\underline{x}_j, \underline{x}_{j'}) &= \sum_{i=1}^{n} (x_{ij}^2 + x_{ij'}^2 - 2x_{ij}x_{ij'}) \\ &= 2(n-1)(1 - r_{jj'}) \ \propto \ 1 - r_{jj'} \end{aligned}$$

이다 (여기서 $r_{jj'}$는 X_j와 $X_{j'}$ 간 피어슨 상관; $\because \ \sum_{i=1}^{n} x_{ij}^2 = n-1$ 이므로). 따라서 변수 간 거리행렬이 $J-R$로 표현 된다 (여기서 J는 모든 칸이 1인 $p \times p$ 행렬이고 R은 $p \times p$ 상관계수 행렬).

13.2 k-평균 군집화

k-평균 군집화(k-means clustering)는 n개의 개체들을 묶는 k개의 그룹으로 묶어내는 반복적인 알고리즘이다:

[1] n개 개체에서 k개를 비중복 추출하여 각각을 그룹의 초기 중심으로 설정한다.

[2] 모든 개체들에 대하여 가장 가까운 그룹 중심을 찾아 그 그룹에 소속시킨다.

[3] 모든 그룹에 대하여 그룹 중심을 소속 개체들의 평균으로 업데이트한다.

[4] 모든 그룹에 대하여 새 중심이 옛 중심과 차이가 없으면 작업을 종료한다. 그렇지 않으면 [2]로 돌아간다.

이 알고리즘의 목표는

$$\text{minimize} \sum_{h=1}^{k} \sum_{i \in G_h} d^2(\boldsymbol{x}_i, \boldsymbol{m}_h) \tag{3}$$

에 있다 (여기서 $\boldsymbol{m}_h$는 그룹 h의 중심이고 G_h는 그룹 h를 지칭). 이 알고리즘은 계산적으로 효율적이지만 대역적 최적 해에 도달하지 않을 수 있으므로 알고리즘을 처음부터 여러 번 반복하여 더 나은 해를 얻어낼 필요가 있다.

R에서는 kmeans() 함수로 k-평균 군집화를 한다. 이 함수의 기본 용법은 다음과 같다.

kmeans(data, centers=k, nstart=m)

여기서 k는 군집의 수이고 m은 [1]-[4]의 반복수이다. $m=1$이 디폴트이다.

사례 1: Boston {MASS} 데이터에서 13개 공변량 자료(중간주택가격 medv 제외)에 $k=4$인 k-평균 군집화를 적용해보자. 도출될 군집이 가격 외 주거지역 특성을 잘 드러낼 것으로 기대하면서...

```
> library(MASS)
> data(Boston)
> names(Boston)
 [1] "crim"    "zn"      "indus"   "chas"    "nox"     "rm"      "age"
 [8] "dis"     "rad"     "tax"     "ptratio" "black"   "lstat"   "medv"
> zBoston <- scale(Boston[,-14])
```

↑ 투입할 자료를 평균-표준편차 표준화. 그러고 나서 군집화를 적용한다.

```
> clusters <- kmeans(zBoston, 4)
```

↑ $k=4$인 k-평균 군집화를 요청.

```
> names(clusters)
[1] "cluster"     "centers"     "totss"       "withinss"     "tot.withinss"
[6] "betweenss"   "size"        "iter"        "ifault"
```

↑ k-평균 군집화 결과물의 내용이 나온다. `cluster`는 개체별 군집 번호(label)이고 `centers`는 군집 중심(centroids)이다.

```
> table(clusters$cluster, dnn="cluster number")
cluster number
  1   2   3   4
 87 216  78 125
```

↑ 가장 큰 그룹은 2번이다. 전체의 반 정도. 아래는 선택된 몇 개 변수(공변량)에 대하여 군집 중심을 보여준다 (출력은 실행시마다 임의적으로 달라진다).

```
> round(clusters$centers[, c(1,5,6,7,8,13)], 2)
   crim   nox    rm   age   dis lstat
1 -0.41 -1.13  0.66 -1.35  1.47 -0.92
2 -0.39 -0.43  0.08 -0.18  0.16 -0.29
3 -0.24  0.87 -0.26  0.81 -0.76  0.35
4  1.10  0.99 -0.44  0.75 -0.82  0.92
```

↑ (이 출력도 실행시마다 임의적으로 달라진다) 4번 군집은 범죄율 `crim`이 크고 저층민 비율 `lstat`이 크다. 주택나이 `age`와 공기요염도 `nox`도 크고 방 수 `rm`는 작고 도심에서의 거리 `dis`가 작다. 1번 군집은 거의 모든 면에서 4번 군집과 반대이다. 따라서 4번 군집은 도심의 슬럼화된 구역인 반면, 1번 군집은 교외 지역의 중상층 구역일 것으로 추측된다. 2번 군집은 1번 군집과 유사하다. 3번 군집은 4번 군집과 유사하되 도심에서 약간 가까운 구역이다.

```
> boxplot(Boston$medv ~ clusters$cluster, main="Boston Housing",
+     xlab="clusters", ylab="medv", ylim=c(0,60))
```

↑ <그림 1>은 중간주택가격 `medv`의 군집 간 차이를 살펴본 상자그림이다. 군집 1이 가장 부유한 지역이고 군집 4가 가장 빈곤한 지역이다. 군집 2와 군집 3은 그 사이이다.

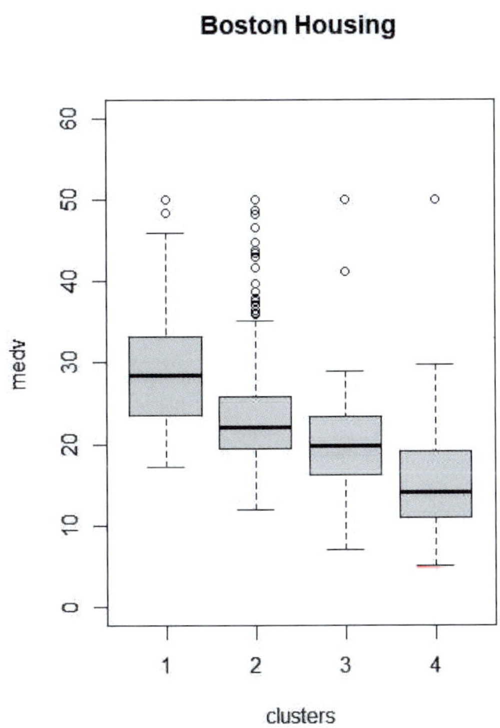

<그림 1> 군집에 따른 중간주택가격의 차이

```
> clusters$totss
[1] 6565
> clusters$tot.withinss
[1] 3126.671
```

↑ 군집화의 효율은 총 제곱 합(**totss**, total sum of squares) 대비 그룹 내 제곱 합(**tot.withinss**, total within sum of squares)의 비율로 파악된다. 이 분석에서는 그 값이 47.6%이다. 이 값은 작을수록 군집화가 잘 된 것이다.

k-평균 군집화에서 군집 수 k가 사전에 지정되어야 한다. k를 임의로 정하여 넣고 그 결과가 어떻게 나오는가를 보는 것이 최선이다. 그리고 나서 군집 수 k에 ±1, ±2, … 를 가감하여 어떤 변화가 생기는가를 본다. <그림 2>는 k 값에 따른 그룹 내 제곱합의 변화를 보여준다. k가 증가함에 따라 그래프는 감소하게 되어 있지만 급격히 감소하는 곳이 있다면 그때의 k를 선택한다.

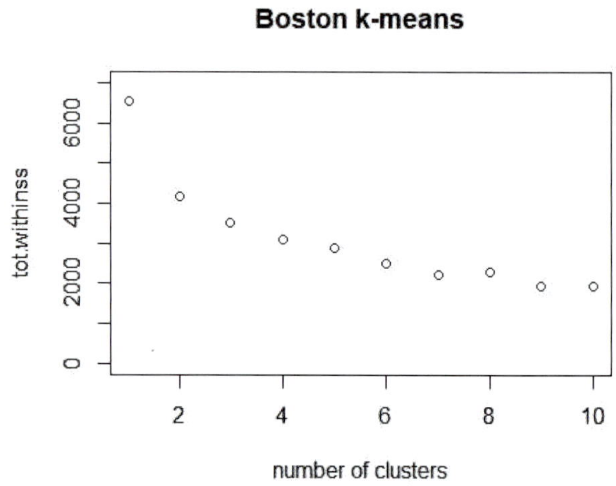

<그림 2> 군집 수 k에 따른 그룹 내 제곱합의 변화

앞서 말한 대로 k-평균 군집화는 국소적 최소에 머물 수 있다. 이를 극복하는 최선의 방법은 알고리즘을 처음 시작부터 여러 번 돌려보는 것이다. 다음은 $k=4$인 k-평균 군집화 10회 반복의 최고 성적을 보여준다.

```
> clusters <- kmeans(zBoston,4, nstart=10)
> clusters$tot.withinss
[1] 3092.326
```

`nstart` =1일 때 `tot.withinss`가 3126.671이었으니까 지금의 3092.326은 1% 정도 작은 값이라 이 정도면 무시해도 될 듯하다. 그래도 일단 k가 정해지면 시작점의 수 `nstart`를 늘려 잡아 최적 점에 접근하는 것이 좋다.

13.3 변수 군집화

많은 수의 변수, 이것이 데이터 분석자에게 부담이 아닐 수 없다. 그런데 살펴보면 비슷비슷한 변수들이 있다는 것을 알게 된다. 그런 변수들을 그룹(군집, 群集)으로 모아보자.

변수 군집화에 여러 가지가 있지만 여기서는 계층형 군집화(hierachical clustering)의 일종인 완전연결 군집화(complete-linkage clustering)를 설명하고자 한다.

이 알고리즘은 변수간 거리행렬 $J-R$에 기반하여 (여기서 J는 모든 칸이 1인 $p\times p$ 행렬이고 R은 $p\times p$ 상관계수 행렬), 1) p개 변수를 각각 군집으로 설정하고, 2) 군집간 거리 중 가장 작은 2개 군집을 병합하여 H로 표기한다. 3) 기존군집 G와 새 군집 H간 거리를

$$d(G,H)=\max_{g\in G,\, h\in H} d(g,h)$$

로 설정하고, 4) 군집 수가 1이면 작업을 종료하고 그렇지 않으면 단계 2로 돌아간다.

R의 hclust() 함수로 계층적 군집화를 할 수 있다. 이 함수의 기본 용법은

```
hclust(D, method)
```

이다. 여기서 D는 거리행렬이고 method는 군집화 방식이다. 완진연결 군집화의 경우는 method = "complete".

사례 1: Boston{MASS} 데이터에서 13개 공변량 자료(중간주택가격 medv 제외)에 완전연결 군집화를 해보자.

```
> R <- cor(Boston[,-14])
> p <- nrow(R)
> D <- as.dist(matrix(1,p,p) - R)
> round(D,2)
        crim   zn indus chas  nox   rm  age  dis  rad  tax ptratio black
zn      1.20
indus   0.59 1.53
chas    1.06 1.04  0.94
nox     0.58 1.52  0.24 0.91
rm      1.22 0.69  1.39 0.91 1.30
age     0.65 1.57  0.36 0.91 0.27 1.24
dis     1.38 0.34  1.71 1.10 1.77 0.79 1.75
rad     0.37 1.31  0.40 1.01 0.39 1.21 0.54 1.49
tax     0.42 1.31  0.28 1.04 0.33 1.29 0.49 1.53 0.09
ptratio 0.71 1.39  0.62 1.12 0.81 1.36 0.74 1.23 0.54 0.54
black   1.39 0.82  1.36 0.95 1.38 0.87 1.27 0.71 1.44 1.44    1.18
lstat   0.54 1.41  0.40 1.05 0.41 1.61 0.40 1.50 0.51 0.46    0.63  1.37
```

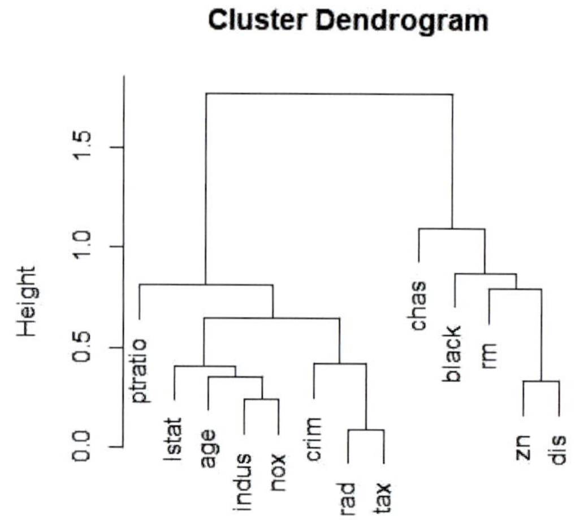

<그림 3> Boston 자료의 13개 공변량의 완전연결 군집화

거리행렬 D에서 최소값은 rad와 tax 간의 0.09이다. 따라서 rad와 tax가 가장 먼저 병합된다. 그 다음 병합될 변수는 indus와 nox이다 (0.24).

```
> var.cluster <- hclust(D, method="complete")
> plot(var.cluster, xlab="", sub="")
```

↑ <그림 3>이 군집화의 전 과정 출력이다 (군집수 13개에서 1개로 묶어지는). 수직선 값은 묶여지는 시 군집간 거리이다. rad와 tax가 가장 먼저 병합되었고 다음으로 indus와 nox가 병합되었다. 최종적으로 ptratio 등 8개 변수 그룹과 chas 등 5개 변수 그룹이 병합되었다.

몇 개 군집이 좋을까? 수직선상에 h 값을 지정하면 그 높이에서 군집이 끊어진다. 예컨대 cutree()에 h 값(높이)으로 1을 지정하면 군집 3개가 형성된다.

```
> cluster <- cutree(var.cluster, h=1)
> sort(cluster)
   crim   indus     nox     age     rad     tax ptratio   lstat
      1       1       1       1       1       1       1       1
     zn      rm     dis   black    chas
      2       2       2       2       3
```

↑ 군집 1이 crim, indus, nox, age, rad, tax, ptratio, lstat 등 8개 변수로,

군집 2가 **zn, rm, dis, black** 등으로, 그리고 군집 3은 **chas**로 구성된다.

cutree()에 높이 **h**를 지정하여 군집화 결과를 얻는 대신 군집 수 **k**를 지정하여 군집화 결과를 얻을 수도 있다.

```
> cluster <- cutree(var.cluster, k=3)
> sort(cluster)
```

결과는 같다. 군집 1은 범죄율 **crim** 같은 것이고, 군집 2는 1필지 당 크기인 **zn** 같은 것이고, 군집 3은 강(river)의 전망성 **chas**이다. 이들 변수들이 주택가격 **medv**를 제외한 13개 변수들 중에서 핵심이라고 볼 수 있다.

13.4 군집화 결과의 시각화*

$p\ (\geq 4)$차원 다변량 공간은 직접 들여다 볼 수 없다. 2차원 평면 또는 3차원 공간에 개체 점들을 투사하여 근사적 이미지를 얻어내는 것이 최선일 뿐이다. 그런데 고차원 공간을 큰 폭으로 축소하여 저차원 공간에 넣으면 정보의 손실이 크게 된다. 이를 완화하기 위해 다음과 같이 변수 그룹별로 나누어 시각화 작업을 한다 (11.5절 참조).

[1] p개의 변수들을 군집화하여 ℓ개의 그룹을 얻는다.

[2] 주성분분석과 biplot을 활용하여 변수군집별로 소속 변수들만으로 n개 개체들을 시각화한다. 이때, 개체 군집화로 얻어진 개체들의 k개 그룹을 컬러로 구분한다.

사례 1. Boston 데이터의 13개 $(=p)$개의 변수를 3개 $(=h)$개의 그룹으로 나눈 바 있다. <그림 3>이 변수 그룹 1(**crim, indus, nox, age, rad, tax, ptratio, lstat**)에 적용한 biplot 시각화이다. <그림 4>에서는 개체 점에 4개 $(=k)$ 개체군집을 구분하여 표지하였다.

```
pca.1 <- princomp(zBoston[, var.1], cor=T)
par(mar=c(4,4,6,4), oma=c(2,2,0,0))
biplot(pca.1, scale=0, cex=0.8, xlab="First Dim", ylab="Second Dim",
   xlim=c(-5,5), ylim=c(-5,5), main="Boston Housing", col=c("gray","red"))
```

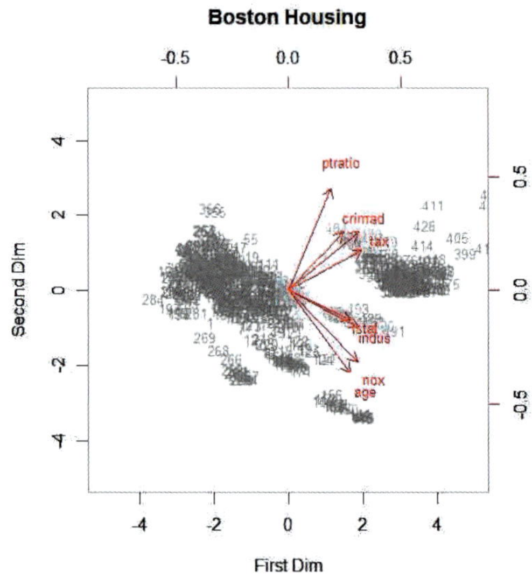

<그림 3> 변수군집 1의 biplot 시각화

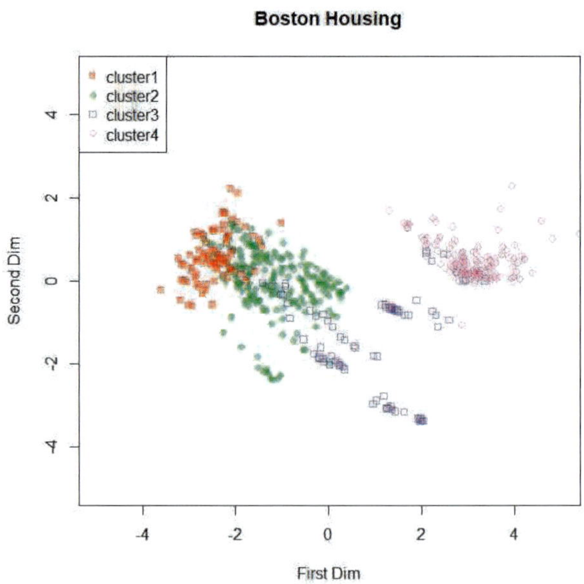

<그림 4> 변수군집 2의 주성분 시각화: 개체군집에 컬러 부여

```
plot(pca.1$scores[,1:2], xlab="First Dim", ylab="Second Dim",
   xlim=c(-5,5), ylim=c(-5,5), main="Boston Housing",
   col=c("#FF000077","#00FF0077","#0000FF77","#FF00FF77")[clusters$cluster],
   pch=c(15,16,22,21)[clusters$cluster])
legend("topleft", legend=c("cluster1","cluster2","cluster3","cluster4"),
   col=c("#FF000077","#00FF0077","#0000FF77","#FF00FF77"),
   border="white",
   pch=c(15,16,22,21))
pca.1 <- princomp(zBoston[, v.clusters$cluster==1], cor=T)
biplot(pca.1, scale=0, cex=0.8, xlab="First Dim", ylab="Second Dim",
   xlim=c(-5,5), ylim=c(-5,5), main="Boston Housing",
   col=c("gray","red"))
plot(pca.1$scores[,1:2], xlab="First Dim", ylab="Second Dim",
   xlim=c(-5,5), ylim=c(-5,5), main="Boston Housing",
   col=c("#FF000077","#00FF0077","#0000FF77","#FF00FF77")[clusters$cluster],
   pch=c(15,16,22,21)[clusters$cluster])
```

이런 식으로 변수군집 2(`zn, rm, dis, black`)을 시각화한다. <그림 5>와 <그림 6>가 결과이다. 변수군집 3는 1개 변수로 구성되어 있으므로 차원축소가 불필요하다.

13.5 요약

개체 군집화는 n개 개체들을 몇 개의 그룹으로 분할한다. 이를 위해서는 사전 개체 간 거리가 정의한다. k-평균 군집화는 그룹 수가 k인 개체 군집화를 한다.

변수 군집화는 p개 변수들을 ℓ개의 그룹으로 묶어낸다. 변수군집별로 주성분분석과 biplot을 그려 데이터를 시각적으로 표현한다.

실습 파일: `clustering_Boston.r`

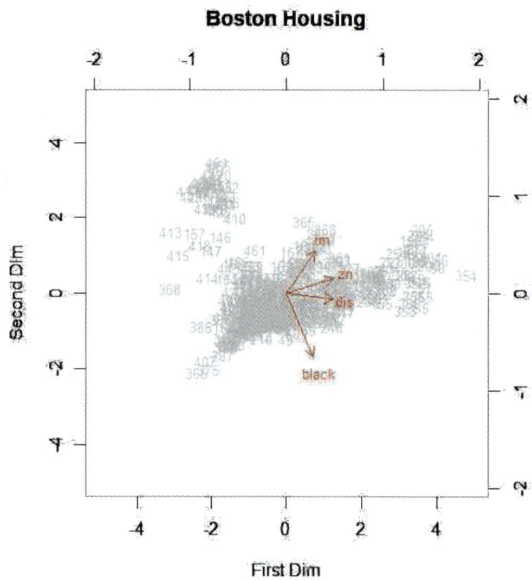

<그림 5> 변수군집 2의 biplot 시각화

<그림 6> 변수군집 2의 주성분 시각화: 개체군집에 컬러 부여

14장. 나무 모형

나무 분류 및 회귀 모형은 거꾸로 매단 나무(tree) 형태를 취하는데 매 노드 분리(node split)에서 관심변수의 분포적 순도(純度, purity)가 커지도록 설계된다. 노드 분리는 순차적으로 계속되지만 더 이상의 노드 분리가 의미가 없어지면 그 지점에서 노드분리가 종료된다. 나무 모형은 기계적인 자료탐색 방법이다.

주요 R 함수: `rpart()`

14.1 분류를 위한 나무 모형

Y가 이항 값$(=0,1)$을 취하고 1의 비율이 p 일 때 노드 N에서 불순도(impurity)를

$$\text{지니 지수(Gini index):}\ G(N) = p\,q$$

로 표현하자. 노드 N에서 $P_N\{Y=1\}=p$, $P_N\{Y=0\}=q$이다. 공변량 $X_1, \cdots, X_p$ 중 하나인 X_j와 그것의 특정 값 k_j를 "선택"하여, 노드 N을 X_j의 값 x_j가 k_j 미만인 개체들 N_1과 그렇지 않은 개체들 N_2로 분할하되, "선택"의 기준은

$$G(N_1)\text{과 } G(N_2)\text{의 가중평균}$$

의 최소화이다 (가중치는 N_1과 N_2의 구성 비율). 종합하자면, 노드 N이

$$\begin{array}{ccc} & N & \\ \swarrow & & \searrow \\ N_1 & & N_2 \end{array}$$

로 분할되면서 윗단 "부모"의 불순도에 비해 아랫단 "자식"의 불순도가 작아진다. 이런 식으로 노드 분리가 반복되는데 어느 단계에서는 노드 크기가 일정 수준 이하가 되거나 불순도의 감소가 일정 값보다 작아지므로 노드 분리를 멈춘다. 노드 분리가 종료된 노드를 종점 노드(terminal node)라고 한다. 종점 노드에서 예측 값은 "최다" 범수 (또는 오즈비가 큰 범수)로 한다.

수치 예: X와 Y의 분포가 다음과 같다고 하자.

'부모' 노드 N. $Y=0$, 50 cases; $Y=1$, 50 cases.

이 노드에서 지니 지수는

$$G(N) = 0.5 * 0.5 = 0.25$$

이고, '부모' 노드 N이 $X \leqq 5$인 케이스와 $X > 5$인 케이스로 분할되어

'자식' 노드 N_1. $Y=0$, 36 cases; $Y=1$, 24 cases,

'자식' 노드 N_2. $Y=0$, 14 cases; $Y=1$, 26 cases

가 생겼다면, 자식 세대에서 지니 지수는

$$\frac{60}{60+40} G(N_1) + \frac{40}{60+40} G(N_2)$$
$$= 0.6\,(0.6*0.4) + 0.4\,(0.35*0.65) = 0.235$$

이다. 이처럼 부모 노드가 자식 노드들로 분할되면서 지니 지수가 감소한다.

이 장에서는 나무형 분류를 위한 R 함수로 `rpart` 팩키지의 `rpart()`를 쓰기로 한다. 이 함수의 간략한 용법은 다음과 같다.

`rpart(`formula, method, data`)`,

여기서 formula는 모형 식으로 "`y ~ x1 + x2`"과 같은 형태로 제시된다. 그리고 method는 분류이면 '`method="class"`'인데 변수 `y`가 인자(factor) 형이면 자동으로 method가 `"class"`(분류, classification)로 설정된다.

사례 1. `rattle` 팩키지의 `weather` 데이터에 나무 분류를 적용해보자. 이 사례에선 `RainTomorrow` (=No,Yes)가 관심인데 20개의 공변량이 예측변수로 가용하다 (`MinTemp` 부터 `RainToday`까지).

```
> library(rpart)
> tree.1 <- rpart(RainTomorrow ~ ., data=weather[,c(3:22,24)])
> plot(tree.1, main="weather", margin=0.025)
> text(tree.1, use.n = TRUE, all=TRUE, cex=0.8, col="blue")
```

출력은 그래프로 표현이 된다. <그림 1>을 보라.

첫 노드(No 300개, Yes 66개)는 `Humidity3pm`에 의해 이 변수가 71.5 미만이면 왼쪽 가지로, 그렇지 않으면 오른쪽 가지로 분리된다. 오른쪽 가지로 분리된 개체들은 종점 노드에 닿고 예측 값은 Yes이다 (이 노드에서 No와 Yes는 각각 7개와 20개로 Yes가

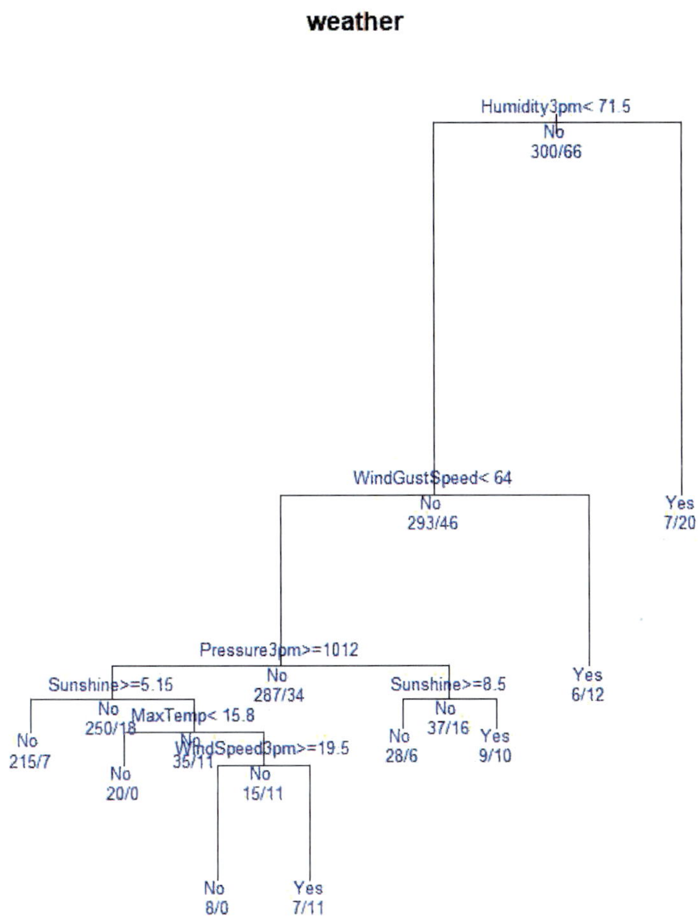

<그림 1> RainTomorrow에 대한 분류 나무

우세하다). 왼쪽 가지로 분리된 개체들은 다시 WindGustSpeed를 만나게 되고 이 변수가 64 미만이면 왼쪽으로, 그렇지 않으면 오른쪽으로 분리된다 (이 노드에서 No와 Yes는 6개와 12개로 Yes가 우세하다). Humidity3pm이 71.5 미만이고 WindGustSpeed가 64 미만인 나머지 개체들은 Pressure3pm, Sunshine, MaxTemp, WindSpeed3pm 등으로 분리되어 <그림 1>에서 보듯 6개의 종점 노드가 생성된다.

생성된 나무 모형은 다음과 같이 순차적 규칙으로도 읽을 수 있다.

```
> tree.1
n= 366
node), split, n, loss, yval, (yprob)      * denotes terminal node
 1) root 366 66 No (0.81967213 0.18032787)
   2) Humidity3pm< 71.5 339 46 No (0.86430678 0.13569322)
     4) WindGustSpeed< 64 321 34 No (0.89408100 0.10591900)
       8) Pressure3pm>=1011.75 268 18 No (0.93283582 0.06716418)
        16) Sunshine>=5.15 222  7 No (0.96846847 0.03153153) *
        17) Sunshine< 5.15 46 11 No (0.76086957 0.23913043)
          34) MaxTemp< 15.8 20  0 No (1.00000000 0.00000000) *
          35) MaxTemp>=15.8 26 11 No (0.57692308 0.42307692)
            70) WindSpeed3pm>=19.5 8  0 No (1.00000000 0.00000000) *
            71) WindSpeed3pm< 19.5 18  7 Yes (0.38888889 0.61111111) *
       9) Pressure3pm< 1011.75 53 16 No (0.69811321 0.30188679)
        18) Sunshine>=8.5 34  6 No (0.82352941 0.17647059) *
        19) Sunshine< 8.5 19  9 Yes (0.47368421 0.52631579) *
     5) WindGustSpeed>=64 18  6 Yes (0.33333333 0.66666667) *
   3) Humidity3pm>=71.5 27  7 Yes (0.25925926 0.74074074) *
```

읽는 방식은 앞 출력의 밑줄 친 부분에 있다. 맨 아랫줄을 읽어보자. <그림 1>의 가장 오른쪽 노드에 대한 것이다.

```
3) Humidity3pm>=71.5    27     7    Yes    (0.25925926, 0.74074074) *
   노드분리(split)의 조건  ↓     ↓     ↓          ↓            ↓       ↓
               사례 수 n        ↓     ↓          ↓            ↓       ↓
                    손실 loss         ↓          ↓            ↓       ↓
                               예측값            ↓            ↓       ↓
                                       "No" 비율,    "Yes" 비율       ↓
                                            7/27          20/27       ↓
                                                              종점 노드
```

그러면, 이 모형이 얼마나 실제관측 값을 잘 적합하는지 보도록 하자.

```
> pred.1 <- predict(tree.1, type="prob")[,2]
> cut <- sort(pred.1)[301]
```

```
> pred.1a <- ifelse(pred.1 >= cut, "Yes", "No")
> table(pred.1a, weather$RainTomorrow, dnn=c("predicted", "observed"))
         observed
predicted  No Yes
      No  271  13
      Yes  29  53
```

즉 "No"로 예측된 284(=271+13) 사례 중에서 실제 관측이 "No"인 것은 271사례이고 "Yes"인 것이 13 사례이다. 그리고 "Yes"로 예측된 82(=29+53) 사례 중에서 실제 관측이 "No"인 것은 29사례이고 "Yes"인 것이 53 사례이다.

정의. 위음僞陰 예측률(false negative rate)

:= "No"(음, negative)로 예측된 사례 중 실제 "Yes"로 관측된 사례의 비율
$= 4.6\%\ (= 13/(271+13))$,

위양僞陽 예측률(false positive rate)

:= "Yes"(양, positive)로 예측된 사례 중 실제 "No"로 관측된 사례의 비율
$= 35.4\%\ (= 29/(53+29))$,

총 정확도(total accuracy)

:= 전체 사례 중 "No"로 예측되고 실제 "No"로 관측된 사례와
"Yes"(양, positive)로 예측되고 실제 "Yes"로 관측된 사례의 비율
$= 88.5\%\ (= (271+53)/366)$.

위음과 위양은 작을수록 좋다. 그러나 이 둘은 밀고당김(trade-off)의 관계에 있다. 하나를 작게 하면 다른 하나가 커진다.

나무 모형은 기계적 데이터탐색이다. 따라서 예측 정확도를 평가하려면 모형을 훈련시킨 데이터와 겹치지 않는 별도의 데이터가 필요하다.

14.2 회귀를 위한 나무 모형

Y가 수치형인 경우 나무 "회귀"의 생성 원리는 앞의 분류와 같다. 다만 노드의 불순도 지표로

$$\text{평균제곱오차:}\ G(N) = \frac{1}{n}\sum_{i=1}^{n}(y_i - \bar{y})^2$$

을 쓴다 (여기서 $y_1, y_2, \cdots, y_n$은 노드 N내 개체들의 Y 값). 노드 N이 N_1과 N_2로 분할되고 각 노드의 불순도가 산출되었을 때, "자식" 불순도는

N_1의 불순도와 N_2의 불순도의 가중평균

이다. X_j의 값 x_j가 k_j 미만이면 N_1에 넣고 그렇지 않으면 N_2에 넣되, 불순도의 감소가 최대화되도록 X_j와 k_j를 선택한다. 이런 식으로 노드 분리를 진행하다가 어느 단계에서 노드 크기가 일정 값 이하가 되거나 불순도의 감소가 미미해지면 노드 분리를 멈춘다. 종점 노드에서 예측 값은 평균으로 한다.

사례 2. **Boston {MASS}** 데이터에 나무 회귀모형을 적용해보자. 이 데이터는 미국 보스턴 시 506개 블록의 주택 정보를 담고 있는데 중간주택가격 **medv**가 목표변수이다. 가용 공변량은 범죄율 **crim** 등 모두 13개이다.

<그림 2>에서 보듯 **medv**의 분포가 오른쪽으로 길게 뻗어있어 제곱근 변환을 취하여 모형에 투입한다.

```
> library(MASS)
> data(Boston)
> names(Boston)
 [1] "crim"    "zn"      "indus"   "chas"    "nox"     "rm"      "age"
 [8] "dis"     "rad"     "tax"     "ptratio" "black"   "lstat"   "medv"
> hist(Boston$medv, main="Boston Housing", xlab="Median Price")
> medv.1 <- sqrt(Boston$medv)
```

<그림 2> Boston 시 506개 블록의 중간 주택가격

다음은 medv.1을 crim 등 13개 공변량에 회귀시키고 그 결과를 보기 위한 R 코드이다. 회귀를 위한 나무 모형도 rpart 함수가 한다. rpart 함수는 투입된 반응 변수가 이항형이면 분류 모형을, 수치형이면 회귀 모형을 만들어낸다.

```
> library(rpart)
> tree.1 <- rpart(medv.1 ~ . , data=Boston[,-14])
> plot(tree.1, margin=0.1, main="Boston Housing")
> text(tree.1, digits=2, use.n=F, cex=0.8, col="blue")
```

<그림 3>에서 적합모형을 보라. 첫 노드 분리는 하층민 비율 lstat에 의해 이루어지며 이 변수가 9.725 이상이면 왼쪽 가지로, 그렇지 않으면 오른쪽 가지로 분리된다. 왼쪽 가지로 흐른 개체들은 다시 lstat에 의해 분리되고 오른쪽 가지로 흐른 개체들은 방의 수 rm에 의해 분리된다. 이런 식으로 진행되어 10개의 종점 노드 중 하나에 닿는다. 각 종점 노드에서는 평균으로 예측 값이 정해진다. 예컨대 가장 왼쪽의 종점 노드에서 예측 값은 3.3이고(변환척도에서) 가장 오른쪽의 종점 노드에서 예측 값은 6.7이다.

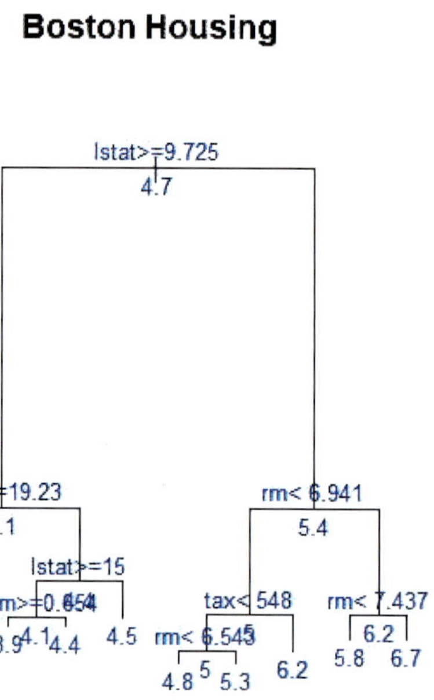

<그림 3> sqrt(medv)에 대한 나무형 회귀

<그림 4>는 실제관측 값(= y축) vs 회귀 나무의 적합 값(= x축)의 플롯이다. 적합 값과 실제 값 간 어느 정도의 대응성(상관성)을 볼 수 있다. 회귀나무 모형의 평균제곱오차(mean squared error)는 다음과 같이 나왔다.

$$MSE = \frac{1}{n}\sum_{i=1}^{n}(y_i - \hat{y}_i)^2 = 0.145\,.$$

이것은 영모형(null model)의 평균제곱오차

$$MSE_0 = \frac{1}{n}\sum_{i=1}^{n}(y_i - \bar{y}_i)^2 = 0.875$$

의

$$1 - R^2 = 0.166 \quad (= 0.145/0.875)$$

배이다. 따라서 제곱오차의 $R^2 = 1 - 0.166 = 83.4\%$가 감소된 셈이다.

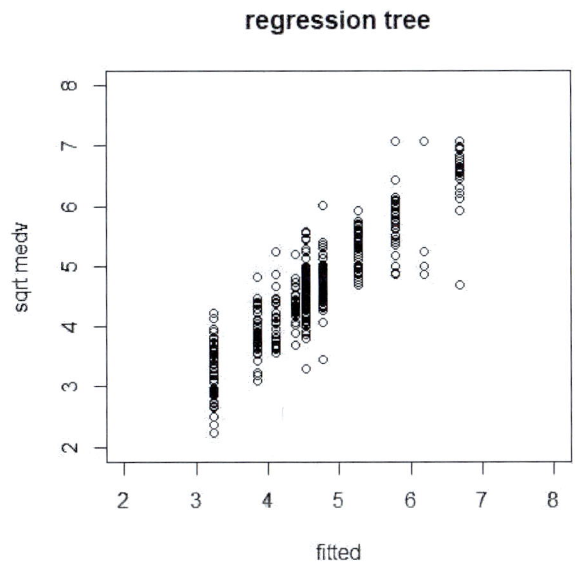

<그림 4> 실제관측 값(= y축) vs 회귀 나무의 적합 값(= x축)

```
> plot(medv.1 ~ predict(tree.1), xlab="fitted", ylab="sqrt medv",
+     xlim=c(2,8), ylim=c(2,8), main="regression tree")
> mse.1 <- mean((medv.1 - predict(tree.1))^2)
> mse.0 <- mean((medv.1 - mean(medv.1))^2)
> r.squared <- 1 - mse.1/mse.0
> round(c(mse.0, mse.1), 3)
[1] 0.875 0.145
> round(r.squared, 3)
[1] 0.834
```

회귀 나무도 분류 나무와 같이 기계적인 자료탐색 방법이므로 예측 정확도를 바로 보려면 모형을 훈련시킨 데이터와 겹치지 않는 별도의 데이터가 필요하다.

14.3 요약

나무 모형은 노드 분리를 통해 불순도를 감소시키는 예측 모형을 만들어내는 일종의 기계적인 자료탐색 방법이다. 불순도의 측도는 분류에서는 지니 지수이고 회귀에서는 평균제곱오차이다. 모형 예측값은 최종 노드에 모아진 개체들의 모드 또는 평균이다.

실습파일: `tree_weather.r`
`tree_Boston.r`

참고 및 관련 문헌

김달호 (2005) 《R과 WinBUGS를 이용한 베이지안 통계학》 서울: 자유아카데미.

박동련 (2006) 《R에 의한 통계 그래픽스》 서울: 자유아카데미.

심송용 (2005) 《통계 그래픽스-Splus와 R, SAS, Gnuplot을 중심으로》 서울: 자유아카데미.

유충현・이상호・김정일 (2005) 《R 그래픽스》 서울: 자유아카데미.

허명회 (2018) 《데이터 과학: 입문과 토픽》 서울: 자유아카데미.

허명회 (2021) 《데이터 과학 입문: R과 Python의 활용》 서울: 자유아카데미.

허문열・이승천・차경준・박종선・유종영 (2005) 《R과 통계계산》 서울: 박영사.

Chambers, J.M., Cleveland, W.S., Kleiner, B. and Tukey, P.A. (1983) *Graphical Methods for Data Analysis.* Duxbury Press, Boston.

Cleveland, W.S. (1985) *The Elements of Graphing Data.* Wadsworth, CA: Monterey.

Cleveland, W.S. (1993) *Visualizing Data.* AT&T Bell Laboratories, Murray Hill.

Hoaglin, D.C., Mosteller, F. and Tukey, J.W. (1982) *Understanding Robustness and Exploratory Data Analysis.* Wiley, New York.

Hoaglin, D.C., Mosteller, F. and Tukey, J.W. (1985) *Exploring Data Tables, Trends, and Shapes.* Wiley, New York.

Lebart, L., Morineau, A. and Warwick, K.M. (1984) *Multivariate Descriptive Statistical Analysis.* Wiley, New York.

Maindonald, J. and Braun, J. (2007) *Data Analysis and Graphics Using R,* Second Edition. Cambridge University Press, Cambridge.

Mosteller, F. and Tukey, J.W. (1977) *Data Analysis and Regression: A Second Course in Statistics.* Addison Wesley.

Murrell, P. (2006) *R Graphics.* Chapman and Hall, Boca Raton

du Toit, S.H.C., Steyn, A.G.W. and Stempf, R.H. (1986) *Graphical Exploratory Data Analysis.* Springer-Verlag, New York.

Tukey, J.W. (1977) *Exploratory Data Analysis.* Addison-Wesley, MA: Reading.

Velleman, P.F. and Hoaglin, D.C. (1981) *Applications, Basics, and Computing of Exploratory Data Analysis.* Duxbury Press, Boston.

Venables, W.N. and Ripley, B.D. (2002) *Modern Applied Statistics with S.* Fourth Edition. Springer, New York.

부록 A. 평가

A.1 중간평가

1. 다음 R 스트립트를 수행하면 어떤 결과가 나타날 것인가?

```
> a <- rep(1,5)
> b <- seq(1,5)
> c <- rep(5,5)
> matrix(c(a,b,c),byrow=T,nrow=5)
```

2. 변수(R object) a에는 A학과 80명에 대한 성적이, b에는 B학과 40명에 대한 성적이, c에는 C학과 20명에 대한 성적이, d에는 D학과 20명에 대한 성적이 들어있다. 4개 학과(A,B,C,D)의 평균학점(gpa)를 비교하기 위해 "멋있는" 상자그림(boxplot)을 만들고자 한다. 이를 위한 R 스트립트를 제시하라.

3. 다음 두 조건에 부합되는 길이 400의 확률변수 z와 x의 쌍을 생성해내기 위한 R 스트립트를 구체적으로 제시하라 (rbinom()과 rnorm()을 활용할 것).
   1) z는 성공(=1) 확률이 0.5인 베르누이 분포로부터 생성된다.
   2) x는 z가 성공(=1)이면 평균이 2, 표준편차가 1인 정규분포로부터 생성되고 z가 실패(=0)이면 평균이 -2, 표준편차가 1인 정규분포로부터 생성된다.

4. 2개 변수 y와 x 사이의 관계를 보고자한다 (자료 길이 n=100). 연구자는 최종적으로 아래와 같은 y/x와 x 사이의 산점도를 제시하였는데 거기에서는 y/x가 $N(0.75, 0.1)$ 분포를 따라 자료점들이 임의로 퍼진다는 사실을 볼 수 있다. 그렇다면 y와 x 사이의 관계는 어떠할 것으로 유추할 수 있는가? y와 x 사이의 산점도를 그린다면 그것은 어떤 모습일까?

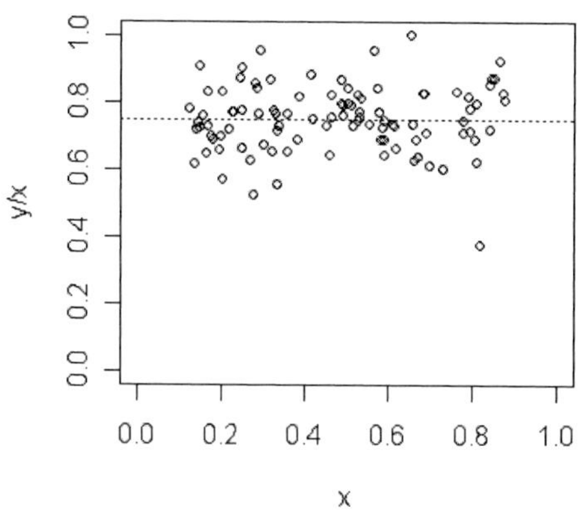

5. 표준정규분포 N(0,1)로부터 길이 100의 자료 x가 생성되었다. abs(x)에 대한 정규확률플롯은 어떤 형태가 될 것인가? 플롯곡선의 형태와 함께 곡선이 근사적으로 지나게 될 점들을 제시하라. 참고로, 다음은 N(0,1) 분포의 분위수이다.

퍼센트	50%	75%	95%	97.5%	98.75%
분위수	0.000	0.674	1.645	1.960	2.241

6. [Take Home] 6장 3절을 참조하여 일곱 유형의 모의생성 자료에 대한 정규확률플롯을 만들어 보아라. 단, 표본크기는 (강의노트에서는 n=40으로 하였지만) n=40과 n=160의 두 가지로 하고 각 경우를 2번씩 반복하라.
   - 각 유형별로 제시해야 할 그래프 4개를 한 줄에 넣어 그릴 것.
   - R 스크립트를 포함, 3쪽 이내로 할 것.

풀이

1. 답.

```
     [,1] [,2] [,3]
[1,]    1    1    1
[2,]    1    1    1
[3,]    2    3    4
[4,]    5    5    5
[5,]    5    5    5
```

2. 답.

```
a <- rnorm(80,2.4,0.4)  # 예시용 자료
b <- rnorm(40,3.0,0.4)  # 예시용 자료
c <- rnorm(20,2.9,0.4)  # 예시용 자료
d <- rnorm(20,3.6,0.4)  # 예시용 자료
group <- factor(c(rep(1,80),rep(2,40),rep(3,20),rep(4,20)))
levels(group) <- c("A","B","C","D")
boxplot(c(a,b,c,d) ~ group, width=table(group), ylab="gpa")
```

출력 예:

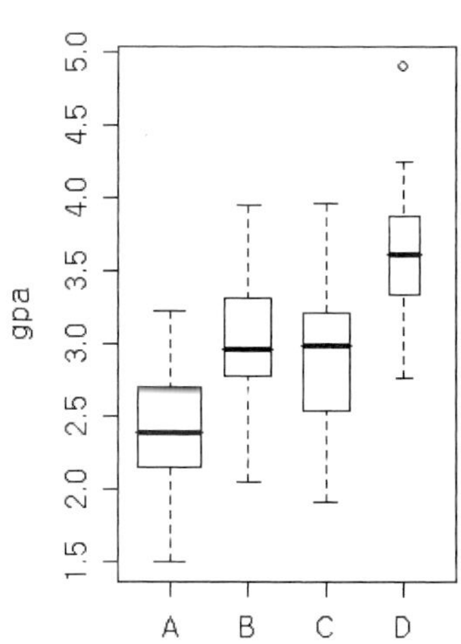

3. 답.

```
z <- rbinom(400,1,0.5)
x <- (1-z)*rnorm(400,-2,1)+z*rnorm(400,2,1)
cbind(z,x)
table(z);     hist(x)    # 출력 예시용

> table(z)
z
  0   1
196 204
```

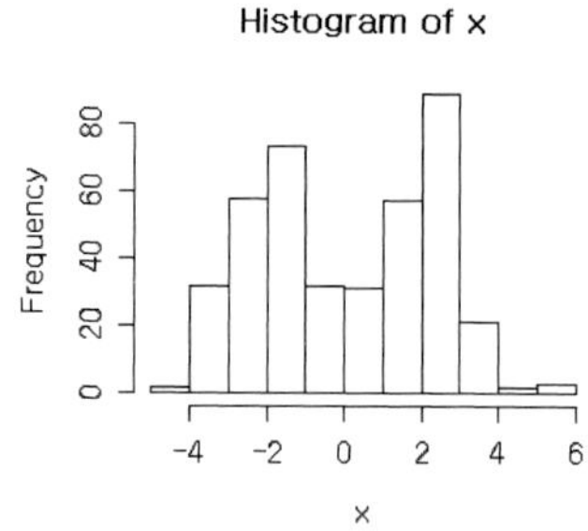

4. 답. $y/x = 0.75 + \epsilon$, $\epsilon \sim N(0,0.1)$ 이므로, $y = 0.75\,x + x\,\epsilon$, $\epsilon \sim N(0,0.1)$ 이다. 따라서

$$y = 0.75\,x + \epsilon^*,\ \epsilon^* \sim N(0, 0.1|x|)$$

로 볼 수 있다. y와 x 사이의 산점도는 다음 우측 그림과 같이 $y = 0.75\,x$를 중심(회귀)선으로 하되 산포가 x에 비례하여 커지는 경향을 가진다.

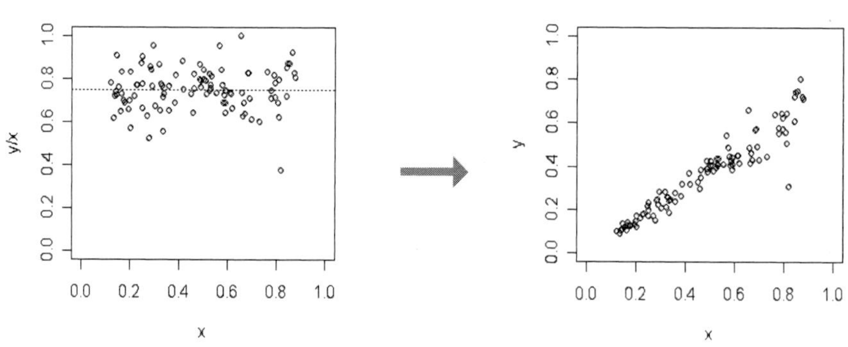

5. 답. $Z \sim N(0,1)$ 이라하고 z_α를 $P\{Z \ge z_\alpha\} = \alpha$로 정의하면 z_α는 N(0,1)분포에서는 $1-\alpha$ 분위수이지만 $abs(Z)$의 분포(half-normal distribution)에서는 $1-2\alpha$ 분위수가 된다. 왜냐하면 $P\{|Z| \ge z_\alpha\} = 2\alpha$이기 때문.

따라서

퍼센트	1.25%	50%	75%	95%	97.5%	98.75%
Z 분위수	-2.241	0.000	0.674	1.645	1.960	2.241
$\|Z\|$ 분위수	near 0	0.674		1.960	2.241	

따라서 이 곡선은 다음 점들을 지난다.

(-2.241,near 0),(0.000,0.674),(1.645,1.960),(1.960,2.241).

그래프로 그리면 아래 왼쪽 그래프와 같이 비스듬하게 누운 J 자형이 된다.

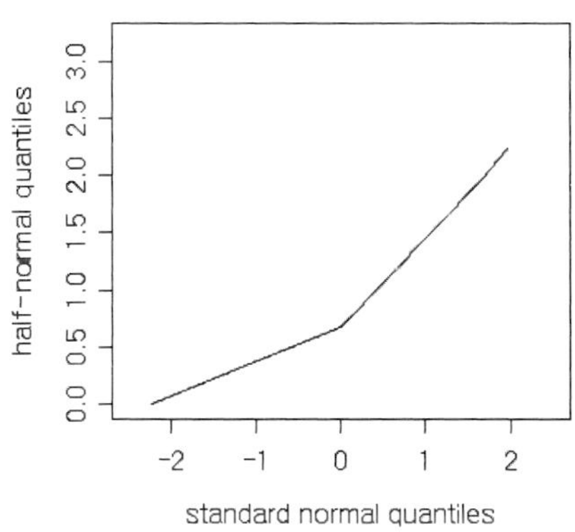

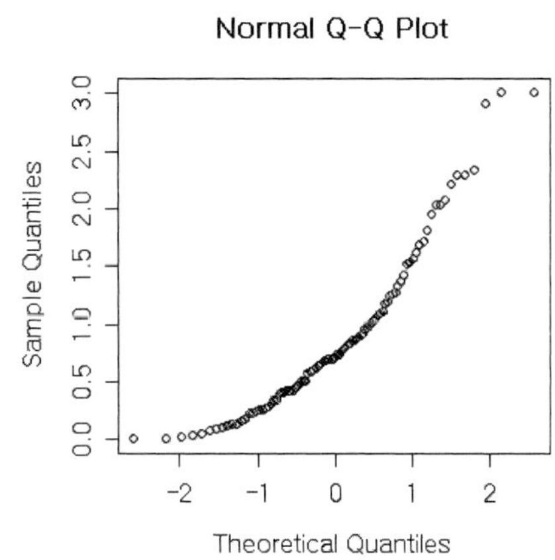

위의 오른쪽 그래프는 half-normal 분포에서 모의생성시킨 100개 값 자료에 대한 정규확률플롯이다.

```
round(qnorm(c(0.5,0.75,0.95,0.975,0.9875)),3)
x <- c(-2.241, 0.000, 1.645, 1.960)
y <- c(0, 0.674, 1.960, 2.241)
plot(y ~ x, type="l", xlim=c(-2.5,2.5),ylim=c(0,3.2),
xlab="standard normal quantiles", ylab="half-normal
quantiles")
x <- rnorm(100,0,1)
x11(); qqnorm(abs(x))
```

6. 생략

A.2 기말평가

1. 다음 그래프는 시계열 x의 자기상관함수를 보여준다. 시계열 x는 어떤 특성을 갖는가?

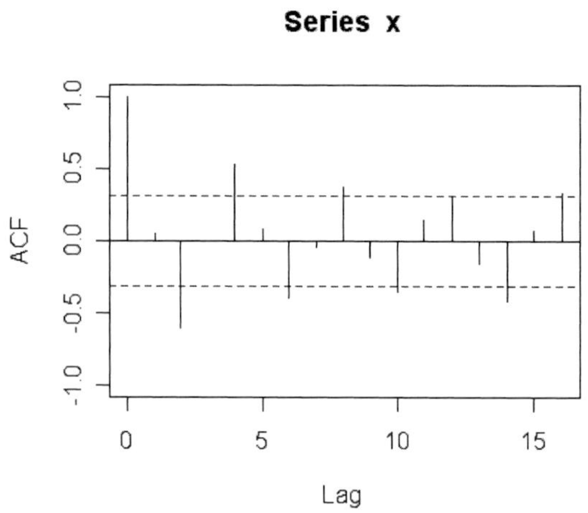

2. 다음 커널 함수를 사용하여 관측자료 0.9, 2.1, 2.2, 2.4, 4.2 (n=5)에 대한 커널밀도추정을 해보라. 구간 (0, 5)에서 추정밀도를 플롯해볼 것.

$$K(z) = \begin{cases} 1, & \text{if } |z| \leq 0.5 \\ 0, & otherwise \end{cases}$$

3. R을 사용하여, (X, Y) 자료에 대한 선형회귀에서 최소제곱법이 전혀 로버스트하지 않음을 보여주는 수치 예를 제시해보라.

4. 다음과 같이 3개의 random vector x, y, z가 생성되었다.

```
x <- c(rep(0,100),rep(1,100),rep(4,100),rep(9,100))
y <- rnorm(400,x,1)
z <- rnorm(400,x,1)
```

다음 조건부 플롯이 어떤 모습을 보여줄 것으로 예상하는가?

```
library(lattice)
xyplot(z ~ y | x)
```

5. lowess는 x의 각 자료점에서 y에 대한 적합값을 단순선형 회귀로 산출함에도 불구하고 전체적으로는 곡선형의 회귀함수가 만들어진다. 이유가 무엇인지 구체적으로 기술하라.

6. [Take Home] 첨부자료 "KBL.txt"는 한국프로농구 2005/06 시즌의 득점상위 30인에 대한 각종 기록이다 (게임당 평균). rgl, iplots, rggobi 등 3개의 R library 중 하나를 선택하고 KBL 자료를 탐색하여 3개 내외의 그래프로 제시하라 (각 그래프에 대한 의미를 설명해야 함).

변수설명: Name=이름, Score=득점, Assist=어시스트, Field=야투, Three=삼점슛, Free=자유투, Rebound=리바운드, Steal=스틸, Block=블록슛, Position=포지션(1 센터, 2 포워드, 3 포인트가드, 4 슈팅가드)

풀이

1. 답: 이 시계열은 시차 4, 8, 12, 16 등에서 자기상관이 유의하므로 주기가 4인 계절성을 갖음을 알 수 있다. 예컨대 분기 자료(quarterly data)로서 2분기 차이에서는 음의 자기상관을 갖고 4분기 차이에서는 양의 상관을 갖는다.

2. 답.

길이 1, 높이 1의 막대

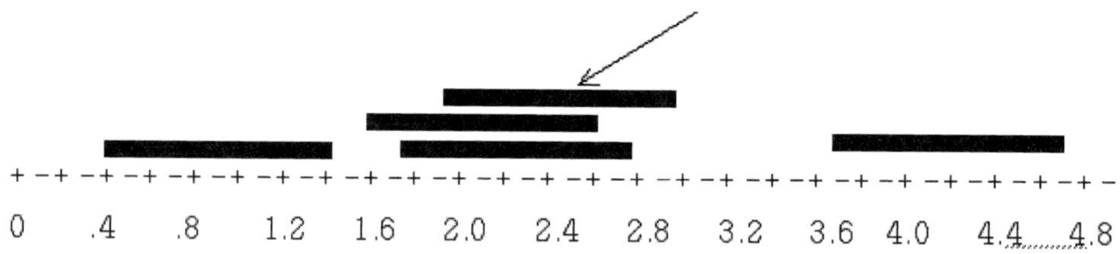

평균을 취하면

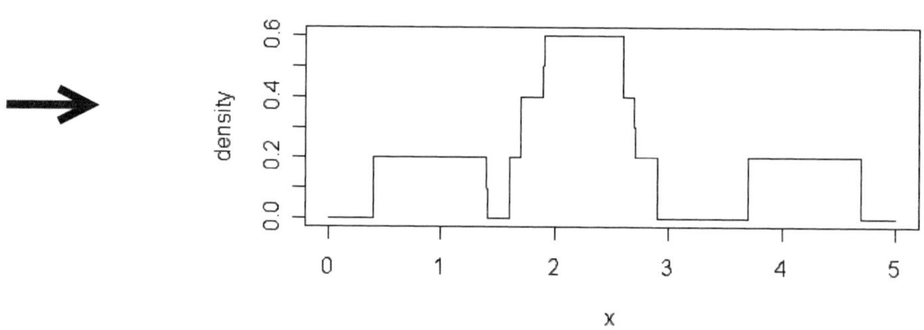

3. 답.

```
par(mfrow=c(1,2))
x <- seq(1,10)
y <- 2.5 +0.5*x +rnorm(10,0,1)
m0 <- lm(y ~ x)
plot(y ~ x, ylim=c(-10,10))
abline(m0$coef)
y[10] <- -10
m1 <- lm(y ~ x)
plot(y ~ x, ylim=c(-10,10))
abline(m1$coef)
```

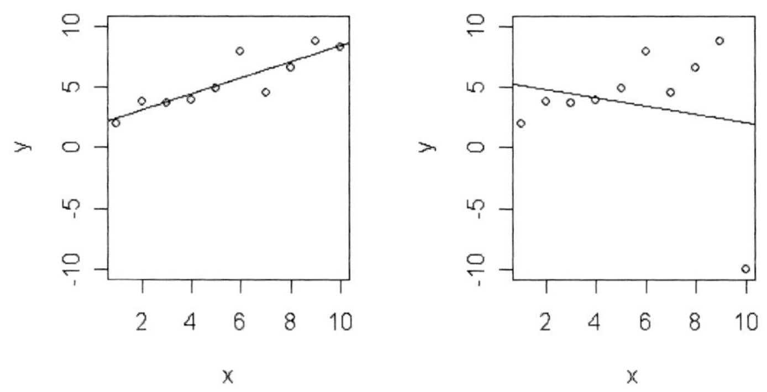

4. 답. x의 4개 수준에 조건화하여 y와 z는 독립이다. 따라서 다음과 같이 (0,0),(1,1), (4,4),(9,9)이 중심인 4개의 군집을 보여주게 될 것이다.

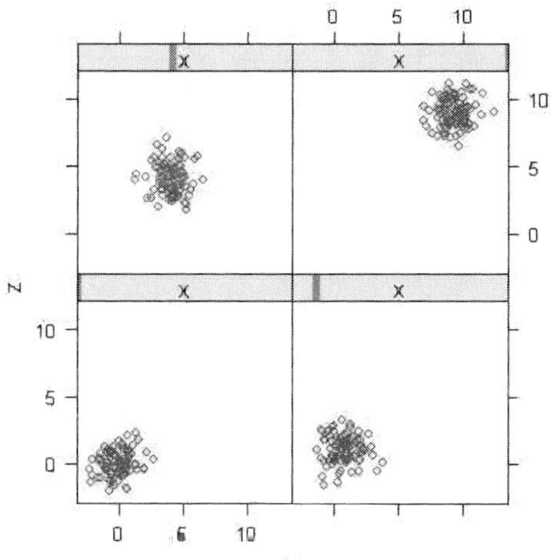

5. 답. lowess는 x의 각 자료점에서 y에 대한 적합값을 만들면서 매번 다른 윈도우(window)와 가중치(weights)를 사용하므로 비직선적인 회귀함수가 산출된다. lowess에서 윈도우와 가중치는 다음과 같다

1) 윈도우: (x_i, y_i)를 중심으로 좌측의 k개 관측점과 우측의 k개 관측점을 포함하는 x의 구간을 말한다. 자료의 양 끝 부분에서는 윈도우가 평활기 너비보다 적은 수의 관측점들로 구성된다. 즉, $x_1 \le \cdots \le x_n$라고 할 때

$i\ (=1,\cdots,n)$ 번째 윈도우는 $S_i = \{(x_{i-k}, y_{i-k}), \cdots, (x_i, y_i), \cdots, (x_{i+k}, y_{i+k})\}$ 로 구성된다.

2) 가중치: 윈도우 중앙에 있는 (x_i, y_i)에는 가장 큰 가중치 w_0을 주고 $(x_{i\pm1}, y_{i\pm1})$에는 두 번째 큰 가중치 w_1을 주며, …, 가장 바깥에 있는 $(x_{i\pm k}, y_{i\pm k})$에는 가장 작은 가중치 w_k를 부여한다: $w_0 \geqq w_1 \geqq \cdots \geqq w_k$.

6. 생략

부록 B. 과제

B.1

R의 datasets library에 들어있는 LifeCycleSavings는 저축율(savings ratio; sr)과 이에 영향을 줄 수 있는 pop15, pop75, dpi, ddpi 등 모두 5개 변수 에 대한 50개 국가 자료이다.

1) 각 영향변수 별로 중간값을 경계로 상하로 나누고 두 그룹간 sr을 비교하라.

2) 앞의 작업을 위한 가장 간결한 R script를 작성하라 (힌트: loop 활용).

3) 영향력이 큰 2개 변수는 무엇과 무엇인가? 순차적 접근을 할 것.

4) 자료분석의 함의를 정리하여 기술하라.

* 다음은 풀이와 관련된 R 스크립트

```
# HomeWork 1 - How is SavingsRatio related to socio-demograhic factors?
help(LifeCycleSavings)
str(LifeCycleSavings)
attach(LifeCycleSavings)

#1.1 Comparison of two groups classified by levels of pop15
group.pop15 <- factor(pop15 > median(pop15))
levels(group.pop15) <- c("lower","upper")
boxplot(sr ~ group.pop15, xlab="pop15", ylab="Savings Ratio")

#1.2 Efficient programming using loop
D <- LifeCycleSavings[,1:5]
V <- colnames(LifeCycleSavings)
par(mfrow=c(1,4))
for (j in 2:5)
{
group.2 <- factor((D[,j] > median(D[,j])))
levels(group.2) <- c("lower","upper")
boxplot(D[,1] ~ group.2, xlab=V[j],ylab="Savings Ratio")
}
```

```
#1.3 Comparison of 4 groups classified by pop15 at the first stage
x11()
par(mfrow=c(1,3))
for (j in 3:5)
{
group.4 <- factor(2*(D[,2] > median(D[,2]))+(D[,j] > median(D[,j])))
levels(group.4) <- c("L-L","L-U","U-L","U-U")
boxplot(D[,1] ~ group.4,width=table(group.4),xlab=V[j],ylab="Savings
Ratio")
}
```

B.2

1) 도시가구 소비지출 10개 분야 1993-2004년 자료("household.txt")를 평균으로 2원 분해하여 중간값 다듬기(median polish) 결과와 비교하여라.

   * 적절한 변환을 사용하고 평균 분해 잔차의 분포와 중간값 분해 잔차의 분포를 비교할 것.

2) Titanic 자료에서 Male 대 Female의 생존(Survived) 빈도의 비교하여라.

   * Class와 Age로 선행 분류하고 Sex 별 생존 빈도를 막대 그래프로 표현할 것.

```
--
# HomeWork 2 - Household Consumption and Titanic Data

#1.1 Analysis of household consumption data by additive model fit
consumption <- read.table("household.txt", header=T)
alpha <- apply(consumption, 1, mean)
beta <- apply(consumption, 2, mean)
grand <- mean(beta)
a <- length(alpha)
b <- length(beta)
n <- a*b
alpha <- matrix(alpha-grand, nrow=a)
beta <- matrix(beta-grand, ncol=b)
comparison <- alpha %*% beta / grand
fit <- matrix(rep(grand,n),nrow=a) + matrix(rep(alpha,b),nrow=a,byrow=F)
       + matrix(rep(beta,a),ncol=b,byrow=T)
residual <- as.matrix(consumption)-fit
plot(residual~comparison, main="Household Consumption Residuals")

#1.2 Same analysis for log-transformed consumption
alpha <- apply(log(consumption), 1, mean)
beta <- apply(log(consumption), 2, mean)
grand <- mean(beta)
alpha <- matrix(alpha-grand, nrow=a)
beta <- matrix(beta-grand, ncol=b)
comparison <- alpha %*% beta / grand
fit <- matrix(rep(grand,n),nrow=a) + matrix(rep(alpha,b),nrow=a,byrow=F)
       + matrix(rep(beta,a),ncol=b,byrow=T)
residual <- as.matrix(log(consumption))-fit
plot(residual~comparison, main="Log Consumption Residuals",
       xlim=c(-0.04,0.04),ylim=c(-0.3,0.3))
```

```
round(residual,3)
boxplot(residual)

##1.3 Forecast
forecast <-
   exp(grand+2*alpha[12]-alpha[11]+beta+2*residual[12,]-residual[11,])
consumption.2005 <-
   c(551581,72028,103135,86693,110836,102970,245901,103338,362347,353027)
round(forecast/consumption.2005*100,2)
forecast.error <- forecast/consumption.2005*100-rep(100,10)
round(sum(forecast.error)/10,1)
round(mean(abs(forecast.error)),1)

##1.4 Trend Plots
library(DAAG)
show.colors()
x11()
plot(residual[,9],type="l",col="blue",ylim=c(-0.5,0.5),
      ylab="Relative Trend")
par(new=T);
plot(residual[,1],type="l",col="red",ylim=c(-0.5,0.5),ylab="")
par(new=T)
plot(residual[,7],type="l",col="green3",ylim=c(-0.5,0.5),ylab="")
par(new=T)
plot(residual[,3],type="l",col="purple",ylim=c(-0.5,0.5),ylab="")
par(new=T)
plot(residual[,2],type="l",col="black",ylim=c(-0.5,0.5),ylab="")
par(new=T)
plot(residual[,4], type="l",col="darkred",ylim=c(-0.5,0.5),ylab="")
par(new=T)
plot(residual[,5], type="l",col="violet",ylim=c(-0.5,0.5),ylab="")
par(new=T)
plot(residual[,6], type="l",col="greenyellow",ylim=c(-0.5,0.5),ylab="")
par(new=T)
plot(residual[,8], type="l",col="peru",ylim=c(-0.5,0.5),ylab="")
par(new=T)
plot(residual[,10], type="l",col="darkgrey",ylim=c(-0.5,0.5),ylab="")

---
#2 Titanic data

data(Titanic)
Titanic
c("1st Class Child"); addmargins(Titanic[1,,1,])
c("1st Class Adult"); addmargins(Titanic[1,,2,])
c("2nd Class Child"); addmargins(Titanic[2,,1,])
c("2nd Class Adult"); addmargins(Titanic[2,,2,])
```

```
c("3rd Class Child"); addmargins(Titanic[3,,1,])
c("3rd Class Adult"); addmargins(Titanic[3,,2,])
c("Crew Child"); addmargins(Titanic[4,,1,])
c("Crew Adult"); addmargins(Titanic[4,,2,])

par(mfrow=c(2,4))
barplot(t(Titanic[1,,1,]),main="1st Class Child")
barplot(t(Titanic[1,,2,]),main="1st Class Adult")
barplot(t(Titanic[2,,1,]),main="2nd Class Child")
barplot(t(Titanic[2,,2,]),main="2nd Class Adult")
barplot(t(Titanic[3,,1,]),main="3rd Class Child")
barplot(t(Titanic[3,,2,]),main="3rd Class Adult")
barplot(t(Titanic[4,,1,]),main="Crew Child",ylim=c(0,1))
barplot(t(Titanic[4,,2,]),main="Crew Adult")
```

B.3

UsingR library의 kid.weights 자료에서 weight에 대한 단순선형회귀의 설명변수로 height를 고려하자.

1) height vs weight의 산점도에 LS 회귀선을 넣어보라. 적합선에 어떤 문제가 있는가?
2) 앞의 문제를 해결하는 적절한 LS piecewise linear regression을 해보라. 특이점 문제가 있는가?
3) 특이점 문제를 해결하기 위해 M regression 적합과 적절한 LTS 회귀 적합을 해보라.
4) lowess 적합을 해보고 앞의 결과와 비교해보라. 통계적 관점에서, 몇 명 정도를 비만으로 규정할 수 있는가?

```
---
# Homework 3: Weight vs Height

# Least Squares
  library(UsingR)
  data(kid.weights)
  attach(kid.weights)
  plot(weight ~ height, ylim=c(0,160))
  abline(lm(weight ~ height))

# Piecewise Linear
  height1 <- (height-45 + abs(height-45))/2
  M1 <- lm(weight ~ height + height1)
  x11(); plot(weight ~ height,ylim=c(0,160))
  par(new=T)
  plot(M1$fit[order(height)]~sort(height),type="l",ylim=c(0,160),
      ylab="",xlab="")

# Robust Piecewise Linear (M)
  library(MASS)
  M2 <- rlm(weight ~ height + height1)
  plot(weight ~ height, ylim=c(0,160))
  par(new=T)
  plot(M2$fit[order(height)]~sort(height),type="l",ylim=c(0,160),
      ylab="",xlab="",col="blue")
```

```
# Robust Piecewise Linear (LTS)
  M3 <- lqs(weight ~ height + height1, q=200)
  par(new=T)
  plot(M3$fit[order(height)]~sort(height),type="l",ylim=c(0,160),
       ylab="",xlab="",col="red")

# Lowess
  M4 <- lowess(weight ~ height)
  x11(); plot(weight ~ height, ylim=c(0,160))
  lines(M4, col="green")
  M4$resid <- weight[order(height)] - M4$y

# Outliers
  boxplot(M1$resid,M2$resid,M3$resid,M4$resid)
  sum(M4$resid>20)
```

B.4

1) KBL 정규시즌 2010-2011 자료(첨부파일)에서 홈팀 득점과 원정팀 특점의 관계를 산점도와 보자기 플롯(bag plot)으로 살펴보라. 어떤 특별한 사항이 있는가?

2) gclus library의 ozone data에서

   1. Temp, InvHt, Pres, Vis, Hgt, Hum, InvTmp, Wind에 끝 잇기(endlink) 알고리즘을 적용하여 변수 순서를 정하라. 그 경우 인접변수 간 상관계수들의 합은 얼마인가?

   2. Temp, InvHt, Pres, Vis, Hgt, Hum, InvTmp, Wind의 순서를 임의로 하는 경우 인접변수 간 상관계수들의 합은 최대 얼마인가? (1,000회 모의시행으로 답할 것)

3) gclus library의 ozone data에서, lowess 방법으로 Ozone을 Temp에 회귀시킨 결과를 산점도에 제시하라. (너비 f 값으로 디폴트와 그것의 절반을 시도해볼 것)

4) gclus library의 ozone data에서, loess 방법으로 Ozone을 Temp와 Hgt에 회귀시킨 결과 중 Ozone 대 Temp의 관계를 제시하라. (span의 값으로 디폴트와 그것의 절반을 시도해볼 것. 그리고 이때 Hgt는 중간값으로 고정할 것)

```
# Homework 4.1
S <- read.csv("KBL정규시즌 2010-2011.csv",header=T)
str(S)
attach(S)
par(mfrow=c(1,2))
plot(원정팀득점~홈팀득점,xlim=c(50,120),ylim=c(50,120),
     main="KBL 정규시즌 2010-2011")
abline(c(0,1),lty="dotted",lwd=2)
library(aplpack)
bagplot(x=홈팀득점,y=원정팀득점,show.whiskers=F,cex=1,
         xlim=c(50,120),ylim=c(50,120),
         xlab="홈팀득점",ylab="원정팀득점",main="KBL 정규시즌 2010-2011")

# Homework 4.2
library(gclus)
str(ozone)
```

```
attach(ozone)
var.order <- order.endlink(cor(ozone[,2:9]))
colnames(ozone)[2:9][var.order]
M <- cor(ozone[,1+var.order])
round(M, 2)
sum <- 0
for (j in 1:7) sum <- sum + M[j,j+1]
round(sum,2)
sum.1000 <- rep(0, 1000)
for (i in 1:1000){
   M <- cor(ozone[,sample(2:9)])
   for (j in 1:7) sum.1000[i] <- sum.1000[i] + M[j,j+1]
}
boxplot(sum.1000)
round(max(sum.1000),2)

# Homework 4.3
par(mfrow=c(1,2))
plot(Ozone ~ Temp,ylim=c(0,40));  lines(lowess(Ozone ~ Temp, f=2/3), ...)
plot(Ozone ~ Temp,ylim=c(0,40));  lines(lowess(Ozone ~ Temp, f=1/3), ...)

# Homework 4.4
par(mfrow=c(1,2))
model.1 <- loess(Ozone ~ Temp+Hgt,span=3/4)
model.2 <- loess(Ozone ~ Temp+Hgt,span=3/8)
new.data <- cbind(Temp=seq(25,93,1),Hgt=rep(median(Hgt),69))
pred.1 <- predict(model.1,newdata=new.data)
pred.2 <- predict(model.2,newdata=new.data)
plot(pred.1~seq(25,93,1),xlab="Temp at median Hgt",ylab="Ozone",
                type="l",ylim=c(0,40),...)
plot(pred.2~seq(25,93,1),xlab="Temp at median Hgt",ylab="Ozone",
                type="l",ylim=c(0,40),...)
```

부록 C. 리포트 예

쓰기(writing)는 통계학 진공 학생들에게 매우 필요한 자질이다. 모든 분석 사례는 리포트(report)되어야 하기 때문이다. 이 장에서는 과제 리포트의 예와 사례 리포트의 실제 예를 제시하기로 한다. 여기서는 책의 일부가 되었으므로 쪽 번호가 양면 바깥 위로 나오게 원래는 아래 가운데에 쪽 번호를 넣는 것이 바람직하다.

리포트 작성시 준수되어야 할 사항

- 과제 리포트를 만들 때 특별한 겉장은 필요 없다. 괜한 종이 낭비이다. 사례 리포트에서도 수십 페이지 분량이 아니라면 역시 겉장과 차례는 필요 없다.
- 모든 글은 완전한 문장으로 기술되어야 한다. 통계 과제/사례 리포트는 단순한 수학 연습문제 풀이가 아니다.
- 통계 과제/사례 리포트에서 소프트웨어 산출물(output)을 나온 그대로 퍼 옮기는 것은 금물이다. 필요한 산출물을 선별하여 적당한 곳에 표와 그림으로 넣어야 한다. 표와 그림에는 일련번호가 들어가야 하고 적절한 제목이 달려야 한다.
- 분석 자료의 출처를 분명하게 밝힌다. 인터넷에서 찾은 것이라도 마찬가지이다.
- 참고문헌도 분명하게 밝힌다. 인터넷에서 찾은 것이라도 마찬가지이다. 참고문헌은 말미에 별도의 절에 넣거나 각주로 넣는다.
- 사례 리포트는 완전한 논술(essay)이 되어야 하고 3-5개 정도의 절(節, section)로 분리하여 제시하여야 한다.
- 수식은 별행으로 넣는다.
- 그림의 동일 비율로 축소해 넣는다.
- 기술 자문(technical writing)은 짧은 문장으로 써야 한다

C.1 과제 리포트: EDA 과제 1

통계학과 2000123456 성이름

1. 수리통계학 성적파일 exam1.txt에서 중간시험점수(score)의 분포적 특성을 살펴보아라. 과제물제출여부(hw)에 따라 중간시험점수에 어떤 차이가 있는가?

R에서 텍스트 자료 exam1.txt를 읽어 본 결과 65명에 대한 중간시험점수(score)와 과제물제출여부(hw)가 나왔다.1)

1) 중간시험점수(score)의 분포적 특성: <그림 1>은 score에 대한 히스토그램이다. 20점대와 50점대에서 봉우리를 가진 2봉성(bimodality)을 볼 수 있다. 이로부터 수강학생들이 2개의 이질적 행태를 갖는 그룹으로 나뉘어 짐을 알 수 있다.2)

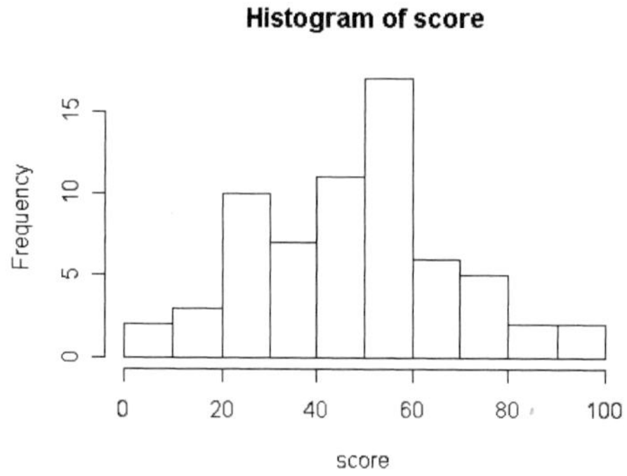

<그림 1> 중간시험점수에 대한 히스토그램

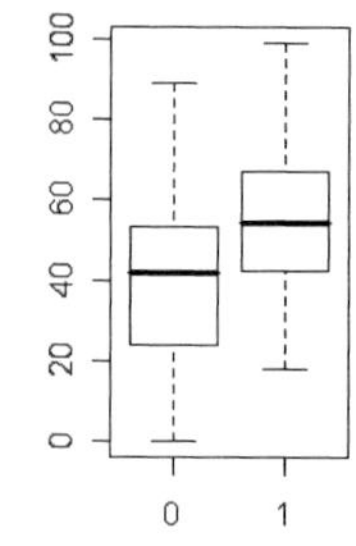

<그림 2> 과제물 제출여부에 따른 중간시험점수의 차이

---

1)
```
# R commands
> exam <- read.table("exam1.txt", header=T)
> str(exam)
> attach(exam)
```

2)
```
# R commands
> hist(score, right=F)
```

2) 과제물제출여부(hw)에 따른 차이: hw의 빈도를 본 결과 34명 미제출, 31명 제출로 나타났다. <그림 2>는 미제출 그룹과 제출그룹을 비교하기 위하여 상자그림이다. 미제출 그룹에 비해 제출 그룹의 점수가 대체로 높은 수준을 갖는 경향이 있다. 중간값(median)의 차이를 보면, 미제출그룹 42점 제출 그룹 54점으로, 제출그룹이 12점 높다. 산포는 대체로 비슷하다.[3] '수업에 대한 학업태도'의 차이를 과제물제출여부가 반영하므로 시험성적에서 이러한 차이가 나타난 것으로 보인다.

2. …

(같은 요령으로 계속)

제출일: 2006/9/27(수)

3)
```
# R commands
> table(hw)
> out <- boxplot(score ~ hw)
> out
```

C.2 사례 리포트: 포유류의 수면시간, 왜 각각 다른가?

통계학과 2000123456 성이름

개 요

포유류의 수면 시간은 종별로 많은 차이가 난다. 왜 이런 차이가 나는가? 이에 답하고자 수면시간에 대하여 62종의 포유류에 대하여 수면시간, 몸 크기, 뇌 무게, 임신기간, 수명, 먹이 등급, 노출도 등급 등 10개 변수로 된 자료를 분석해 보았다. 그 결과, 몸이 작을수록, 상대적 임신기간이 짧을수록, 위험노출도가 작을수록 수면시간이 길어지는 경향을 확인할 수 있었다.

주요기법: 산점도, 변수 변환, 회귀모형, 로버스트 회귀, 변수의 중요도

1. 연구 배경과 목적

고양이는 하루에 14.5시간을 잔다. 사람이 8.0시간을 자는 것에 비하여 훨씬 많이 잔다. 반면, 아프리카 코끼리는 3.3시간 밖에 자지 않는다. 왜 이렇게 차이가 나는 것일까?

과학자들은 이런 의문에 답하기 위하여 여러 생각을 해 본다. 예컨대, 지능이 높을수록 덜 자지 않을까? 임신기간이 짧을수록 덜 대비가 된 상태로 자연에 노출되기 때문에 잠을 덜 자지 않을까? 노출이 잘 되는 곳에 서식하는 동물은 덜 자지 않을까? 이런 식이다.

이러한 생각들은 일견 타당한 것으로 보인다. 그렇다고 해서 그런 것들을 그냥 받아들일 수는 없다. 그것은 통계적 모형으로 기술되어야 하고 지지되어야 한다.

Allison과 Cicchetti의 1976년 연구를 보도록 하자.[4] 그들은 62종의 포유류에 대하여

① 몸 크기 Body (Kg),

② 뇌 무게 Brain (g),

---

4) Allison, T., and Cicchetti, D.V. (1976). "Sleep in Mammals: Ecological and Constitutional Correlates". *Science*, New Series Vol. 94, No.4266, pp.732-734.

③ 깊은 수면시간 NonDream Sleep (hrs/day),
④ 낮은 수면시간 Dreaming Sleep (hrs/day),
⑤ 수면시간 Sleep (hrs/day),
⑥ 최대수명 LifeSpan (years),
⑦ 임신기간 Gestation (days),
⑧ 먹이등급 Predation (1=최상위, …, 5=최하위),
⑨ 노출등급 Exposure (1=가장 어려움, …, 5=가장 쉬움),
⑩ 위험도 등급 Danger (Predation과 Exposure를 종합, 1=가장 덜 위험, 5=가장 위험)

등을 측정하였다. 그러나 자료 수집의 어려움 때문에 분석 당시, 깊은 수면시간 14종, 낮은 수면시간 12종, 총 수면시간 4종에 대하여 결측(missing)이었다.

원 자료는 미국 카네기멜론 대학교(Carnegie Mellon University)에서 운영하는 웹사이트 http://lib.stat.cmu.edu에서 구하였다 (찾기 키워드 sleep).

2. 자료 탐색과 변환

이 사례 연구의 목적을 수면시간(Sleep)과 연관된 속성들을 찾아내는 데 두기로 한다. Sleep는 다음과 같이 몇 개 기술 통계치로 요약된다 (n = 58).[5)]

```
Min. 1st Qu.  Median  3rd Qu.  Max.    NA's
2.60    8.05   10.45   13.20   19.90    4.00
```

최소 2.60(=Roe deer)부터 최대 19.9(=Little brown bat)에 이르기까지 매우 다양하다. 그러나 <그림 1>의 히스토그램에서 보듯이 Sleep의 분포는 특정한 편중을 보이지 않는다.

다음으로, Sleep와 관련 있는 것으로 추측되는 Body, Brain, Gestation, LifeSpan 등의 분포를 살펴보았다. <그림 2>의 히스토그램에서 보듯이 이들 변수들은 상당히 기울어진 분포(skewed distribution)를 보인다. 이에 따라 밑수가 10인 로그 변환을 취해보았나. <그림 3>이 변환 변수들에 대한 히스토그램이다. 이제 분포이

5)
```
MS <- read.table("Mammal Sleep_NA.txt", header=T)
str(MS)
attach(MS)
summary(Sleep)
hist(Sleep)
```

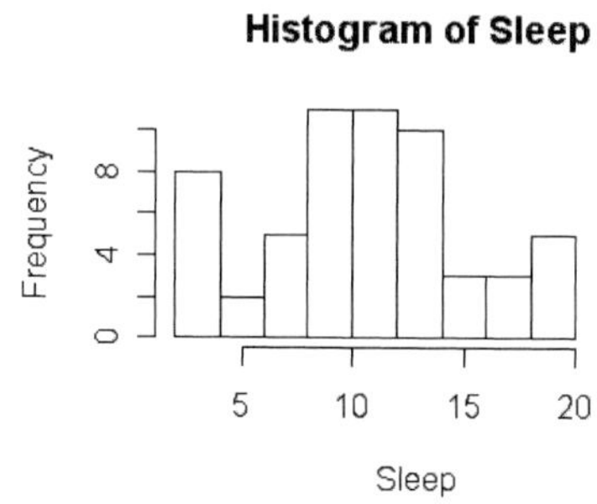

<그림 1> Sleep의 히스토그램

기울어짐 현상이 대체로 바로잡아졌음을 볼 수 있다.6)

Sleep와 Body, Brain, Gestation, LifeSpan 각각과의 관계를 보고자 <그림 4>에 산점도를 그려보았다. 대체로 음의 연관성이 있음을 볼 수 있다. 즉 몸(Body)이 클수록, 뇌 무게(Brain)가 클수록 잠이 적다. 또한 임신기간(Gestation)이 길수록, 수명(LifeSpan)이 길수록 잠이 적다.7)

그러나 <그림 5>에서 보듯이, Body와 Brain의 로그 변환, LifeSpan과 Gestation의 로그변환은 양의 연관성을 보인다.8) 이것은 몸이 클수록 뇌무게도 크고, 수명이 길수록 임신기간도 길어지는 통계적 경향이 있음을 말한다. 따라서 뇌무게를 몸 크기에 비교하여 상대적으로, 임신기간은 수명에 비교하여 상대적으로 살펴 볼 필요가 있다.

---

6)
```
par(mfrow=c(2,2))
hist(Body); hist(Brain); hist(Gestation); hist(LifeSpan)
LogBody <- log(Body,10)
LogBrain <- log(Brain,10)
LogGestation <- log(Gestation,10)
LogLifeSpan <- log(LifeSpan,10)
hist(LogBody); hist(LogBrain); hist(LogGestation); hist(LogLifeSpan)
```

7)
```
par(mfrow=c(2,2))
plot(Sleep ~ LogBody + LogBrain + LogGestation + LogLifeSpan)
```

8)
```
par(mfrow=c(1,2))
plot(LogBrain ~ LogBody)
M1 <- lm(LogBrain ~ LogBody)
abline(M1$coef)
plot(LogGestation ~ LogLifeSpan)
M2 <- lm(LogGestation ~ LogLifeSpan)
abline(M2$coef)
```

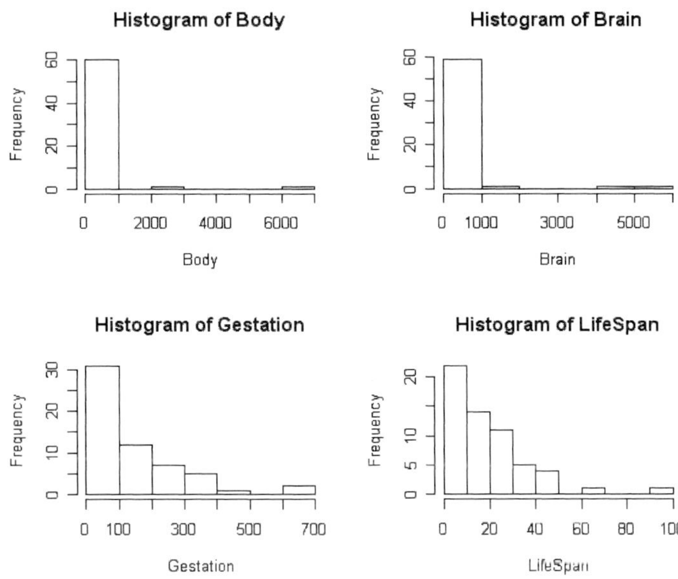

<그림 2> Body, Brain, Gestation, LifeSpan의 히스토그램

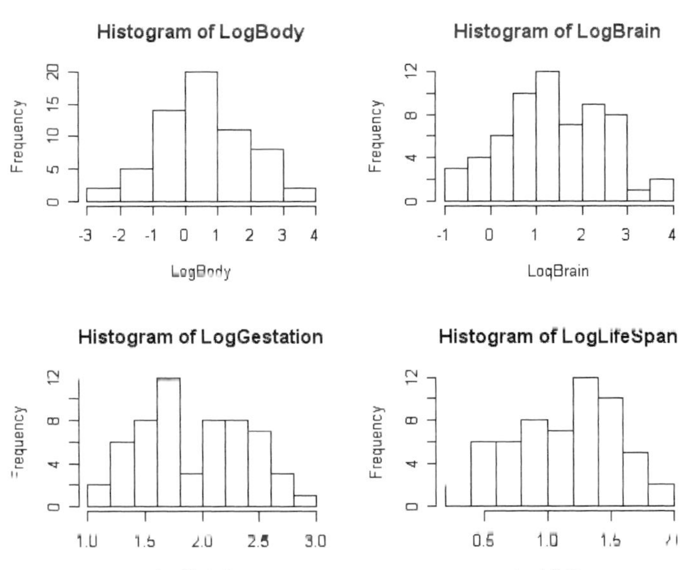

<그림 3> Body, Brain, Gestation, LifeSpan의 로그변환에 대한 히스토그램

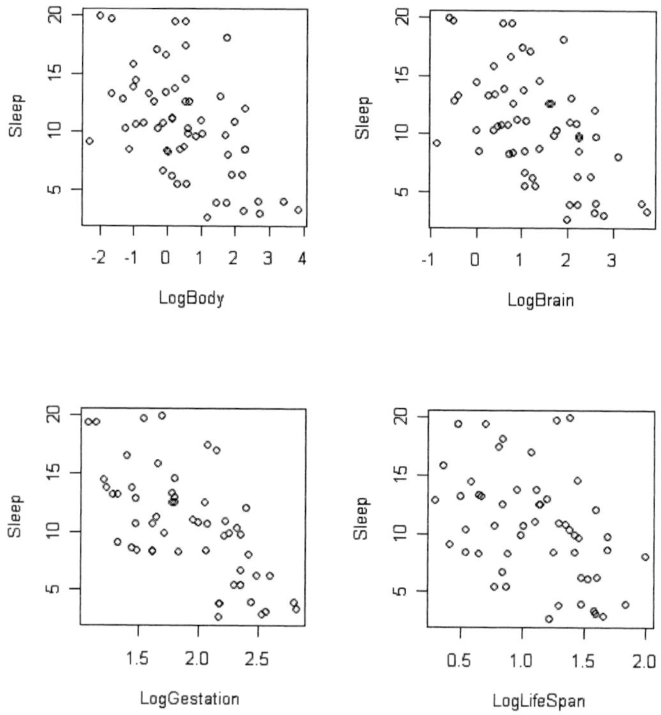

<그림 4> Body, Brain, Gestation, LifeSpan의 로그 변환과 Sleep의 산점도

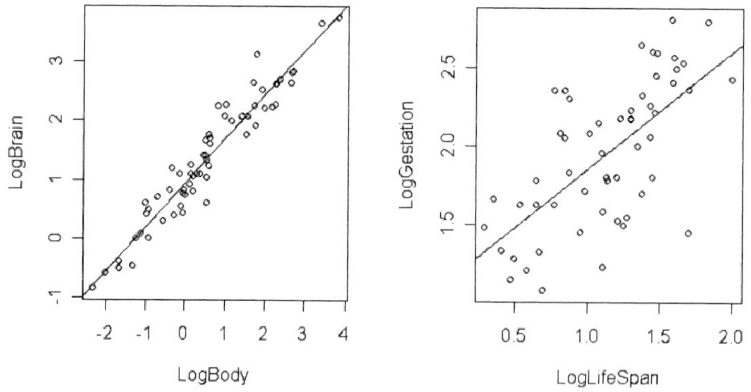

<그림 5> Body와 Brain의 로그 변환, LifeSpan과 Gestation의 로그변환간 산점도: 최소제곱 선형회귀직선이 추가됨

LogBrain과 LogGestation에 대한 최소제곱(LS) 회귀식은 다음과 같다.9)

LogBrain = 0.927 + 0.752*LogBody + e1, e1은 오차항

LogGestation = 1.10 + 0.748*LogLifeSpan + e2, e2는 오차항

따라서

Factor1 = LogBrain - 0.927 - 0.752*LogBody,

Factor2 = LogGestation - 1.10 - 0.748*LogLifeSpan

으로 정의하기로 한다. Factor1은 몸크기를 보정한 뇌의 상대적 크기를 말하므로 이것 스스로가 종의 지능(intelligence)을 나타낸다. Factor2는 수명을 보정한 임신기간의 상대적 길이이므로 일종의 준비 정도를 나타내는 것으로 볼 수 있겠다.

3. 수면시간에 대한 선형회귀

<그림 6>에서 수면시간(Sleep)과 관련 있을 것으로 생각되는 로그 몸 크기(LogBody), 지능(Factor1), 준비 정도(Factor2), 위험 등급(Danger) 사이의 산점도를 살펴보자.10) 4개 후보 변수 모두 수면시간과 음의 연관적 관계에 있음을 볼 수 있다.

수면시간(Sleep)을 몸 크기(LogBody), 지능(Factor1), 준비 정도(Factor2), 위험 등급(Danger)에 회귀시켜 정량적 관계를 살펴본 결과는 다음과 같다.11)

```
LS 적합 -  회귀계수:
        (Intercept)   LogBody    Factor1    Factor2    Danger
            15.285     -1.399     -2.142     -2.940     -1.552
LMS 적합 - 회귀계수:
        (Intercept)   LogBody    Factor1    Factor2    Danger
            16.028     -1.014     -5.957     -5.500     -2.045
```

---

9) `summary(M1); summary(M2)`

10)
```
par(mfrow=c(2,2))
plot(Sleep ~ LogBody + Factor1 + Factor2 + Danger)
```

11)
```
M3 <- lm(Sleep ~ LogBody + Factor1 + Factor2 + Danger);M3
library(MASS)
M4 <- lqs(Sleep ~ LogBody + Factor1 + Factor2 + Danger); M4
```

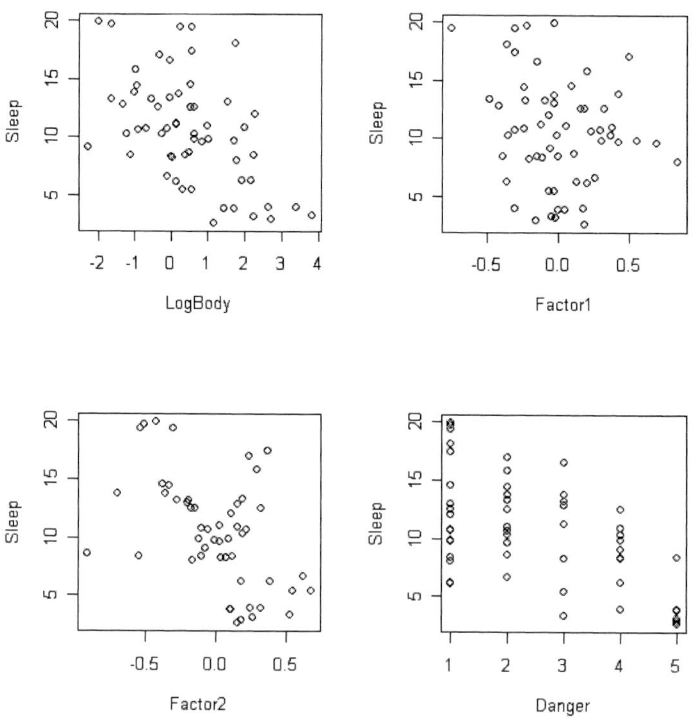

<그림 6> LogBody, Factor1, Factor2, Danger와 Sleep의 산점도

이들 모형들의 설명력은 어느 정도일까? 여기서는 R-Square에 상응하는 로버스트한 설명력 측도를 다음과 같이 정의하기로 한다.

$$\text{R.abs} = 1 - \frac{\sum_{i=1}^{n} | y_i - \hat{y}_i |}{\sum_{i=1}^{n} | y_i - \tilde{y} |}, \quad \text{여기서} \quad \tilde{y} = \text{median}\{ y_1, \cdots, y_n \}.$$

그 결과 절대값 잔차를 기준으로 살펴본 결과 LS 모형과 LMS 모형의 설명력이 각각 0.440과 0.437로 거의 같게 나타났다.[12)]

---

12)
```
n <- length(Sleep)
R.abs.M3 <- 1-mean(abs(M3$resid),na.rm=T)
            /mean(abs(Sleep-rep(median(Sleep,na.rm=T),n)),na.rm=T)
R.abs.M4 <- 1-mean(abs(M4$resid),na.rm=T)
            /mean(abs(Sleep-rep(median(Sleep,na.rm=T),n)),na.rm=T)
R.abs.M3;  R.abs.M4
```

그러면 각 변수들은 어느 정도 상대적으로 중요한가? 선형모형에서 1개 설명변수 X1의 값에 따라

(그 변수의 회귀계수)*(그 변수의 범위)

만큼 변화하므로 이것을 그 변수의 중요도로 볼 수 있다. 그러나 로버스트하게

(그 변수의 회귀계수)*(그 변수의 IQR)

로 변수 중요도를 나타내는 것이 더 바람직하다. 이에 따라 앞의 LS 모형에서 각 변수의 중요도를 다음과 같이 평가해볼 수 있다.

LogBody, Factor1, Factor2, Danger의 IQR이 각각 1.90, 0.403, 0.431, 3이므로[13] 각 변수의 중요도는

$$\text{IQR(LogBody)} * |\hat{\beta}_1| = 1.90*1.399 = 2.66$$
$$\text{IQR(Factor1)} * |\hat{\beta}_2| = 0.403*2.142 = 0.86$$
$$\text{IQR(Factor2)} * |\hat{\beta}_3| = 0.431*2.940 = 1.27$$
$$\text{IQR(Danger)} * |\hat{\beta}_4| = 3*1.552 = 4.66 \qquad \therefore \text{ 합} = 9.45$$

이다. 퍼센트로 보면 LogBody는 28%(=2.66/9.45), Factor1은 9%, Factor2는 13%, Danger는 49%의 상대적 중요도를 차지한다. 위험도 등급(Danger)의 영향이 가장 크다고 할 수 있다.

같은 방식으로 LMS 모형에서 각 변수의 상대적 중요도를 살펴보면 LogBody는 15%, Factor1은 19%, Factor2는 18%, Danger는 48%의 중요도를 차지한다. LS 모형에서 두 번째로 나타났던 LogBody의 영향력이 여기서는 절반 정도로 줄어들어 있다. 그러나 위험도 등급(Danger)의 중요도는 여기서도 여전하다.

4. 맺음말

Allison과 Cicchetti (1976)의 연구에서는 깊은 수면시간(NonDream Sleep)과 낮은 수면시간(Dreaming Sleep) 각각에 대한 LS 회귀모형이 제시되어 있다. 그들이 찾은 회귀모형은

NonDream ← LogBody + Danger

Log(Dream) ← LogGestation + Danger

13) `IQR(LogBody,na.rm=T); IQR(Factor1,na.rm=T)`
`IQR(Factor2,na.rm=T); IQR(Danger,na.rm=T)`

이다. 본 소고 3절의 LogBody, Factor1, Factor2, Danger를 NonDream과 Dream에 대한 선형회귀에 투입하면

NonDream ← LogBody + Danger

Log(Dream) ← Factor1 + Factor2 + Danger

를 얻게 된다.

Log(Dream)에 대한 모형에서 종의 지능을 나타내는 Factor1이 유효한 설명변수로 나온 것이 눈에 띄는 차이이다. 그 다음 차이는 Log(Dream)에 대한 모형에서 LogGestion과 Factor2 중에서 무엇을 유용한 설명변수로 보는가에서 기인한다. 즉 절대적인 임신기간인가, 상대적인 임신기간인가? Allison과 Cicchetti는 LogBody는 물질대사율(metabolism)과 관련짓고 있고 LogGestation은 위험도의 또 하나의 다른 위험도의 측도로 보았다.

시간과 지면의 제약으로 수면시간에 대한 비선형적 모형을 해보지 못하여 아쉬움으로 남는다.

제출일: 2006/12/6 (수)

실습 파일

실습파일은 출판사 홈페이지(http://www.freeaca.com)에서 내려 받을 수 있습니다. 또는 허명회 교수(stat420@korea.ac.kr)에게 메일로 신청하시기 바랍니다.

1장. geyer299.txt

3장. exam1.txt
acid rain.txt
chosun kings.txt

4장. 광역시-구 인구.csv

7장. WorldTemperature_Mean.txt
household.txt

8장. Telemetric.txt
Export_1988.txt
EEstock2000.sav
MSstock2000.sav

11장. 프로야구 20060602.csv
protein.txt
pca biplot_protein.r

12장. iris.csv

13장. clustering_Boston.r

14장. tree_weather.r
tree_Boston.r

부록 A. KBL.txt

부록 B. KBL정규시즌 2010-2011.csv

부록 C. Mammal Sleep_NA.txt

찾 아 보 기

가법적 모형 additive model / 125
가중최소제곱 weighted least squares / 188
개체 군집화 clustering of units / 239
객체 object / 8
결측값 missing value / 18
계절성 seasonality / 150
고유값 eigen value / 16, 205
고유벡터 eigen vector / 16, 205
곡률 curvature / 92
공통값 overall value / 125
교차상관함수 cross-correlation function (CCF) / 154
구조체 structure / 7
군집 cluster / 27, 54, 124, 175, 196, 225
군집화 clustering / 239
균일 임의수 uniform random numbers / 108
균일분포 uniform distribution / 23
그래픽 표현 graphic representation / 41
기술 통계학 descriptive statistics / 38
깊이 depth / 53
끝잇기 알고리즘 endlink algorithm / 200-202

나무 모형 tree model / 251
네 가지 주제 four themes / 39
논리 연산자 logical operator / 17
누적도수 cumulative frequency / 53

다섯수치요약 five number summary / 5
다중 프레임 multiple frame / 27
단봉 분포 unimodal distribution / 42, 55
단조증가 monotonic increasing / 97
대칭성 symmetry / 41, 64
대칭화 symmetrization / 85

데이터 프레임 data frame / 7
도수 count / 53
동적 그래픽스 dynamic graphics / 217
등고선 그림 contour plot / 183
등백분위수 등화 equi-percentile equating / 122
등사분위수 등화 equi-quartile equating / 124

레이블 label / 7
로그변환 log transform / 41, 104, 133, 150
로버스트성 robustness / 165
로버스트 회귀 robust regression / 161

막대 플롯 bar plot / 135
멱승변환 power transform / 96
모의생성 자료 simulated data / 108
무기억 lack-of-memory / 110

베르누이 분포 bernoulli distribution / 110
벡터 vector / 10
변수 군집화 clustering of variables / 239, 244
변환 transformation / 41
변환의 사다리 ladder of transforms / 92
별그림 star plot / 193, 215
보자기 그림 bag plot / 184-185
복합적 평활기 composite smoother / 147
부호 그래프 symbols graph / 179
분위수 quantiles / 69
분해법 decomposition method / 141
브러시 brush / 230
비교값 comparison / 128
비선형변환 nonlinear transform / 86
빈도 frequency / 59

사분위수 quartile / 66
산점도 scatter plot / 25

산점도 평활기 scatterplot smoother / 188
산점도 행렬 scatterplot matrix / 194
산포 spreadness / 71
상관계수 correlaton coefficient / 175
상자 그림 box(-and-whisker) plot / 76
선형변환 linear transform / 86
승법적 모형 multiplicative model / 128
시계열 time series / 141
시도표 time plot / 143
식별 identify / 230
신호 signal / 141
심프슨의 역설 Simpson's paradox / 137
쌍봉 분포 bimodal distribution / 42, 55

역수 변환 reciprocal transform / 41
역행렬 inverse matrix / 16
열효과 column effects / 125
오브젝트 object / 8
오신호 false signal / 144
와이블 분포 Weibull distribution / 119
완전연결 군집화 complete-linkage clustering / 245
왜도 skewness / 30
울타리 fence / 77
위양 예측률 false positive rate / 255
위음 예측률 false negative rate / 255
워크시트 worksheet / 34
윈도우 window / 187
유클리드 거리 Euclidean distance / 239
이동중간값 running median / 144
이동평균 running average / 144
이미지 그래프 image graph / 212
이원 빈도표 two-way frequency table / 125
이원 자료표 two-way data table / 125
이중 지수분포 double exponential distribution / 73
이항분포 binomial distribution / 24, 110

인덱스 플롯 index plot / 85
인덱싱 indexing / 13
인접값 adjacent value / 77
임의 수 random number / 23
임의보행 random walk / 157

자료 data

가구 소비지출 자료 / 131
간헐천 / 5
광역시 구별 인구 / 79
몸무게뇌무게 / 98
백혈병 / 120
블랙 체리 / 179
산성비 / 61
세계도시 월 평균기온 / 126
수리통계학 점수 / 52
젖소 체온 / 148
조선 왕 / 62
주가(금속철강) / 158
주가(전기전자) / 157
프로야구 / 193
Cars93 / 186
diabetes / 217
Fiji 지진 / 78
iris / 222
stackloss / 168
UCBAdmissions / 134
volcano / 212
Zea Mays 자료 / 107

자기상관함수 autocorrelation function (ACF) / 153
잔차 residual / 39, 100
잡음 noise / 141
재표현 re-expression / 37, 85
저항성 resistance / 39
전망도 perspective plot / 84, 220
전치 transpose / 15
정규 임의수 normal random numbers / 109
정규분포 normal distribution / 24
정규확률 플롯 normal probability plot / 113
제곱 변환 square transform / 86
제곱근 변환 double root transform / 87
조각별 회귀 piecewise regression / 186
조건부 평행좌표 플롯 conditioning parallel coordinates plot / 200
조건부 플롯 conditioning plot / 215
종점 노드 terminal node / 251

주경향선 main trend line / 115
주성분 부하 principal component loadings / 206
주성분 분석 principal component analysis (PCA) / 205, 247
주성분 점수 principal component scores / 206
주요사례 leading cases / 45
줄기 그림 stem(-and-leaf) plot / 50
중간값 median / 39
중앙값 mid value / 71
중간값 다듬기 median polish / 126
지니 지수 Gini index / 251
지수변환 exponential transform / 9
지수분포 exponential distribution / 109

첨도 kurtosis / 30
총 정확도 total accuracy / 255
최대가능도 적합 maximum likelihood fitting / 121
최소제곱 선형회귀 least squares (LS) regression / 98, 161

추론 통계학 inferential statistics / 38
추세 trend / 150

커널 밀도추정 kernel density estimation / 182

탐색적 자료 분석 EDA, exploratory data analysis / 37
통계적 추론 statistical inference / 37
특이점 outliers / 64

파이조각 그림 pie segments plot / 194
평행좌표 플롯 parallel coordinate plot / 200
평균제곱오차 mean squared error / 255
평활 너비 smoothing span / 144
평활기 너비 smoother span / 189
평활법 smoothing method / 141
포아송 분포 Poisson distribution / 25, 112
표준화 standardization / 101, 240

행효과 row effects / 125
현시성 revelation / 39
혼합 정규분포 mixed normal distribution / 113
확증적 자료분석 confirmatory data analysis, CDA / 37
후버의 M-추정 Huber's M-estimation / 162
후버의 phi 함수 Huber's phi function / 173
후버의 rho 함수 Huber's rho function / 171
히스토그램 histogram / 59

biplot / 247
LMS/LTS least median of squares, least trimmed squares / 165
LOESS local regression / 208-209
LOWESS locally weighted scatterplot smoother / 188
k-평균 군집화 / 240
MAD median of absolute deviation / 164
pseudo-sigma / 70
qq 플롯 quantile-quantile plot / 118

R / 1
R 그래픽스 graphics / 25
R GUI / 2
R 콘솔 Console / 3
R 편집기 Editor / 9
R 함수 functions

abline() / 99, 162
abs() / 163, 170
acf() / 142, 154
addmargins() / 111, 136
apply() / 21, 136
as.numeric() / 17
as.table() / 141
attach() / 8, 25
bagplot() / 184
barplot() / 126, 136
bg3d() / 219
biplot() / 208, 247
boxplot() / 65, 79
c() / 10, 11
cbind() / 12, 13
ccf() / 141, 155
colnames() / 135, 207
cor() / 176, 177

curve() / 29
data() / 98, 134
data.frame() / 100
decompose() / 150, 153
density() / 175, 182
detach() / 8
diag() / 16
dnorm() / 29
eigen() / 16
equal.count() / 198
exp() / 71
factor() / 18
fitditr() / 121
for() / 22
function() / 30
ggobi() / 228
help() / 7
hclust() / 245
hist() / 6
ibar() / 222
ihist() / 223
imosaic() / 227
interactive() / 220
iplot() / 225
jitter() / 177
kdc2d() / 183
kmeans() / 241
lapply() / 22
length() / 10
levels() / 18
library() / 33
list() / 11
lm() / 98, 162
loess() / 209
log() / 74, 86
lowess() / 189
lqs() / 161
ls() / 8
material3d() / 219
matrix() / 11
mean() / 18
medpolish() / 125
merge() / 31
mosaicplot() / 125
names() / 207
ncol() / 12
nrow() / 12
open3d() / 219
order() / 20
order.endlink() / 202
pairs() / 195-196
par() / 28
parallel() / 200
persp3d() / 219
plot() / 25
plot3d() / 217
pnorm() / 109
points3d() / 220
predict() / 209
princomp() / 206
qqmath() / 105
qqnorm() / 105
qqplot() / 122
quantile() / 65
quit() / 6
rank() / 20
rbeta() / 27
rbind() / 12
rbinom() / 24
rcauchy() / 113

rchisq() / 113
read.csv() / 33
read.spss() / 33
read.table() / 4
rep() / 13
return() / 30
rexp() / 110
rf() / 113
rgamma() / 113
rgeom() / 113
rgl.pop() / 220
rhyper() / 113
rlm() / 161
rlnorm() / 113
rlogis() / 113
rm() / 34
rnbinorm() / 113
rnorm() / 24
round() / 15
rownames() / 136
rownames() / 136
rpart() / 252
rpois() / 25
rt() / 29
runif() / 23
runmed() / 149
rweibull() / 113
scan() / 61
sd() / 29
select3d() / 220
seq() / 12
set.seed() / 162
sin() / 141
sink() / 35
smooth() / 141
solve() / 16
sort() / 20
split() / 32
sqrt() / 71
stars() / 193
stem() / 51
stl() / 153
str() / 7
subset() / 19
summary() / 21
surface3d() / 221
symbols() / 179
t() / 15
table() / 19
text() / 27, 99
transform() / 19
trunc() / 108
ts() / 150
write.table() / 35
x11() / 74, 80
xyplot() / 198

R library

aplpack / 184
DAAG / 3
foreign / 33
gclus / 202
iplots / 222
lattice / 120
MASS / 98, 219

mclust / 217
rattel / 255
rggobi / 228
rgl / 217
rgtk2 / 228
rJava / 222
rpart / 252

저자 소개

허명회(許明會)
서울대학교 자연과학대학 계산통계학과 (졸업)
미국 스탠포드 대학교 통계학과 대학원 박사과정 (통계학 Ph.D.)
고려대학교 정경대학 통계학과 조교수, 부교수, 교수
성신여자대학교 교양교육대학 석좌교수
현) 고려대학교 데이터과학원 석좌교수

저서
R을 활용한 사회네트워크분석 입문
법과 통계학
수리통계학 강의
통계계산(Statistical Computing Using R)
데이터과학 입문과 토픽
데이터과학 입문: R과 Python의 활용 외 여러 권

E-mail: stat420@korea.ac.kr

R을 활용한
탐색적 자료분석 제3판

저 자 허명회
발 행 인 김지영
발 행 처 자유아카데미
주 소 경기도 파주시 회동길 37-42
파주출판도시
전 화 031-955-1321
팩 스 031-955-1322
홈페이지 www.freeaca.com
전자우편 main@freeaca.com (대표)
editor@freeaca.com (편집)
crm@freeaca.com (영업)
등 록 제406-2003-017호, 1980. 7. 12
제3판1쇄 2024년 1월 25일 발행

ISBN 979-11-5808-560-5 93310